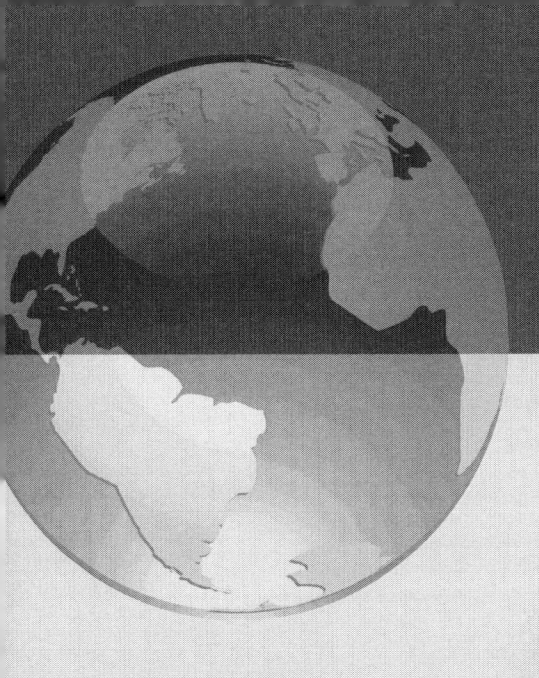

會計學基礎

（第二版）

主　編　張豔莉、蘇　虹、陳　富
副主編　李光緒、羅　潔、薛　軍

第二版前言

作為會計學課程的一本初級教材，《會計學基礎》強調了會計學知識的原理性和基礎性；同時作為會計學課程的一本入門教材，本書體現了會計學知識的實用性和趣味性，以期激發學生進一步學習的興趣。為此，我們組織了一批多年從事會計學教學和教學改革的教師編寫了這本《會計學基礎》教材。

本書在內容和體例上力圖體現以下幾個特點：

一是 吸收了會計學科最新成果及最新發展動態，確保教材內容的規範性和先進性。

二是按照應用型人才培養目標要求構建教材內容結構體系，並依照「會計憑證—會計帳簿—會計報表」這一基本順序，依次闡述了會計核算的幾個專門方法，突出了教材的適用性。

三是著重對會計的基本理論、基本方法和基本操作技術的介紹與闡述，融基礎性、實用性和可操作性於一體，為學生進一步學習后續專業課打好基礎。

四是大量地使用圖示、圖表和案例，使教材內容便於理解，讓學生易學、易懂、易用。

在本教材的編寫過程中，參閱了大量的會計學圖書和不同版本、不同層次的教材，並吸取了其中的最新研究成果和有益資料，在此謹向這些圖書和教材的原作者以及出版者致以衷心感謝！特別應該提到的是，在本書的編寫過程中得到了樂山師範學院旅遊與經濟管理學院有關領導和老師的鼎力支持，在此一併表示感謝！

本教材主要適用於會計學、財務管理和市場營銷等工商管理專業的本科教學，同時也可作為廣大財務和會計工作者提高會計水平的參考教材。

由於時間緊迫，編者水平有限，書中難免存在一些不足之處，懇請專家、同行和讀者不吝批評指正，以便再版時修訂，使之日臻完善。

編者

目 錄

第一章　總論 ……………………………………………………（1）
　　第一節　會計的產生和發展 ………………………………（1）
　　第二節　會計的職能、對象 ………………………………（6）
　　第三節　會計方法 …………………………………………（15）
　　第四節　會計核算的基本前提和會計信息質量要求 ……（17）

第二章　會計要素與會計等式 …………………………………（28）
　　第一節　會計要素 …………………………………………（28）
　　第二節　會計等式 …………………………………………（42）

第三章　帳戶與復式記帳 ………………………………………（55）
　　第一節　會計科目 …………………………………………（55）
　　第二節　帳戶 ………………………………………………（63）
　　第三節　借貸記帳法 ………………………………………（67）

第四章　會計憑證 ………………………………………………（87）
　　第一節　會計憑證的意義和種類 …………………………（87）
　　第二節　原始憑證 …………………………………………（88）
　　第三節　記帳憑證 …………………………………………（95）
　　第四節　會計憑證的傳遞和保管 …………………………（106）

第五章　帳簿 ……………………………………………………（122）
　　第一節　帳簿的含義和分類 ………………………………（122）
　　第二節　帳簿的設置和登記 ………………………………（129）
　　第三節　對帳和結帳 ………………………………………（140）
　　第四節　帳簿的登記和使用規則 …………………………（145）

第六章　製造業主要經濟業務的核算 (156)
第一節　資金籌集業務的核算 (156)
第二節　採購業務的核算 (161)
第三節　產品生產業務的核算 (167)
第四節　銷售業務的核算 (173)
第五節　財務成果的核算 (177)

第七章　財產清查 (190)
第一節　財產清查的意義和種類 (190)
第二節　財產清查的方法 (192)
第三節　財產清查結果的處理 (200)

第八章　財務報告 (209)
第一節　財務報告概述 (209)
第二節　資產負債表 (212)
第三節　利潤表 (220)

第九章　會計機構和會計人員 (232)
第一節　會計工作組織概述 (232)
第二節　會計機構 (233)
第三節　會計人員 (237)

練習題參考答案 (246)

第一章　總論

　　會計是現代社會必不可少的一個組成部分，每一個單位，包括以營利為目的的企業組織和不以營利為目的非企業組織，都必須設置會計機構和會計人員。那麼，會計究竟是什麼？它是怎樣產生和發展的？在現代社會中發揮怎樣的作用？其研究的內容如何？面對錯綜複雜的社會經濟環境，會計應採用怎樣的方法，遵循怎樣的規則來對其所處的社會經濟環境做出合理的判斷？本章將對其相關內容作一一介紹。

第一節　會計的產生和發展

一、會計的概念

　　會計是以貨幣為主要計量單位，以提高經濟效益為主要目標，運用專門方法對企業、機關、事業單位和其他組織的經濟活動進行全面、綜合、連續、系統地核算和監督，並隨著經濟的日益發展，逐步開展預測、決策、控制和分析的一種經濟管理活動。

　　從會計的定義可以看出：

　　(1) 會計首先是一種經濟計算。它要對經濟過程利用貨幣為主要計量尺度進行連續、系統、全面、綜合的計算。經濟計算是指人們對經濟資源（人力、物力、財力）、經濟關係（等價交換、所有權、分配、信貸、結算等）和經濟過程（投入、產出、收入、成本、效率等）所進行的數量計算的總稱。經濟計算既包括對經濟現象靜態狀況的存量計算，也包括對其動態狀況的流量計算；既包括事前的計劃計算，也包括事後的實際計算。會計是一種典型的經濟計算，經濟計算除包括會計計算外，還包括統計計算和業務計算等。

　　(2) 會計是一個經濟信息系統。它將一個企業分散的經營活動轉化成一組客觀的數據，提供有關企業的業績、問題，以及企業資金、勞動、所有權、收入、成本、利潤、債權、債務等的信息。向有關方面提供有關信息咨詢服務，任何人都可以通過會計提供的信息瞭解企業的基本情況，並作為其決策的依據。可見，會計是以提供財務信息為主的經濟信息系統，是企業經營的記分牌，因而，會計又被稱為「企業語言」。

　　(3) 會計是一項經濟管理工作。在非商品經濟條件下，會計是直接對財產物資進行管理；在商品經濟條件下，由於存在商品生產和商品交換，經濟活動中的財產物資都是以價值形式表現的，會計是利用價值形式對財產物資進行管理的。如果說會計是一個信息系統，主要是對企業外部的有關信息使用者而言的；說會計是一個經濟管理

活動，則主要是對企業內部來說的。從歷史的發展和現實狀況來看，會計是社會生產發展到一定階段的產物，是適應生產發展和管理需要而產生的，尤其是隨著商品經濟的發展和市場競爭的出現，要求通過管理對經濟活動進行嚴格的控制和監督。同時，會計的內容和形式也在不斷地完善和變化，由單純的記帳、算帳，主要辦理帳務業務、對外報送會計報表，發展為參與事前經營預測、決策，對經濟活動進行事中控制、監督，開展事後分析、檢查。可見，無論是過去、現在或將來，會計都是人們對經濟進行管理的活動。

二、會計的產生與發展

會計是適應社會發展和加強經濟管理、提高經濟效益的要求而產生並發展的。人們進行生產活動時，總是力求以盡可能少的勞動耗費，取得盡可能多的勞動成果，做到所得大於所費，提高經濟效益。因為生產所得超過了生產中的消耗，就有經濟效益，就有多餘的資料可供消費。如果生產所得抵償了消耗，恰恰足敷生活消費之用，生產就只能照原來的規模重複進行；如果生產所得抵償了消耗，還不夠生活消費之用，那麼要重複生產，勢必只能在縮小的規模上進行了；唯有在生產所得抵償了消耗，供生活消費之用後還有剩餘，生產才能得以在擴大的規模上重複進行。而再生產的規模能不能擴大，是社會能不能發展的關鍵。所以，就必須在不斷改革生產技術的同時，採用一定方法對勞動耗費和勞動成果進行記錄、計算，並加以比較和分析。

由上可知，會計是伴隨著人類的生產實踐和經濟管理的客觀需要而產生的一種活動，它是為管理好生產力起作用的。會計產生之初從屬於生產職能，就是在生產活動之外，附帶抽出一部分時間把生產的成果和耗費以及它們發生的日期等做成記錄。隨著生產的發展，會計逐漸從生產職能中分離出來，成為獨立的、特殊的、由專門人員從事的職能。

在原始社會，人類社會生產實踐活動極其簡單，生產水平極其低下，主要是通過採集野果、狩獵等簡單的生產活動謀生，勞動產品幾乎無剩餘，這時僅靠人腦記憶和計算即可滿足需要，因此，沒有發現有任何記錄的遺跡留下。人類社會出現了第一、第二次大分工之後，社會生產有所發展，勞動產品開始出現剩餘，有了交換勞動產品的條件。於是便出現了伏羲時期的結繩記事、刻記，黃帝、堯舜時期，原始社會後期的書契等簡單記錄和計算方法，這就是最原始的處於萌芽狀態的會計記錄與計量行為。據有關考古發掘證實，距今18,000多年的北京山頂洞人時代，就發現了這種刻契記事的會計萌芽行為。

「會計」一詞在中國最早出現是在夏代。《史記‧夏本紀》《周禮》和《孟子》中也曾出現「會計」一詞。但中國著名的會計史學家郭道揚教授則認為，以上兩個時期雖然字面上說的是「會計」，但並不是真正對會計的命名，真正從會計意義上給會計命名的應是西周時代。隨著會計的不斷發展，人們對會計的認識程度也在不斷加深，但對其定義總是難以取得完全統一。

在西方國家，20世紀初人們將會計視為一門藝術，到了20世紀中後期，認為會計應當是一個信息系統，這些信息將以財務會計報告的形式，提供給有關決策者而被

利用。

(一) 中國會計的產生和發展

　　隨著封建社會生產力的不斷發展，會計技術方法也有了進步。秦、漢時期廣泛採用了以「入」「出」為記帳符號，以「入－出＝余」為基本結算公式的簡明會計記錄法，用比較固定劃一的會計記錄格式，取代了文字敘述式的、煩瑣的會計記錄方法。自西漢始，人們將會計記錄與統計記錄分開，把記錄會計事項的簡冊稱為「簿」「簿書」或「計簿」，而把記錄統計事項的簡冊稱為「籍」。自此，中國的會計帳簿便有了較明確的命名。到了中國封建社會處於鼎盛時期的唐宋，農業、手工業和商業都呈現出空前的繁榮，反應到會計的方法和技術方面，其突出的成就是發明了「四柱清冊」的結帳與報帳方法。通過「舊管（期初結存）＋新收（本期收入）＝開除（本期支出）＋實在（期末結存）」的平衡公式進行結帳，具體地算清並交代了經管財物的責任。到了明末清初，由於商業和手工業繼續呈現繁榮景象，於是比「四柱清冊」更加完備的「龍門帳」便應運而生了。在這種會計核算方法下，把全部帳目按「進」（相當於「全部收入」）、「繳」（相當於「全部支出與費用」）、「存」（相當於「財產及債權」）、「該」（相當於「投資和負債」）四項分類，並分別編製「進繳表」和「存該表」，運用「進－繳＝存－該」的關係式雙向計算盤虧，在兩表上計算得出的盈虧數應當相等，稱為「合龍門」，以此勾稽全部帳目的正誤。到了清代，商品貨幣經濟進一步發展，資本主義經濟關係逐漸萌芽，又產生了「天地合帳」。在這種方法下，一切帳項，無論是現金出納、商品購銷、內外往來等，都要在帳簿上記錄兩筆，既登記「來帳」，又登記「去帳」，以反應同一帳項的來龍去脈，這種帳簿採用垂直書寫，直行分上下兩格，上格記收，稱為天；下格記付，稱為地。上下兩格所記數額必須相等，即所謂「天地合帳」。四柱清冊、龍門帳和天地合帳顯示了中國歷史上各個時期傳統中式簿記的特色。

　　近代，特別是清朝中晚期，資本主義經濟輸入中國后，資本主義會計也隨之輸入中國，會計出現了「中式簿記」與「西式簿記」並存的局面。

　　新中國成立後，國家在財政部設置了主管全國會計事務的機構，稱為會計制度司。會計制度司基於有計劃地進行大規模社會主義建設的需要，先後制訂出多種會計制度，強化了對會計工作的組織和指導；1985年頒布《中華人民共和國會計法》，中國會計工作從此進入法治階段。為了適應中國社會主義市場經濟的需要，1992年財政部頒布了《企業會計準則》，規定企業統一採用借貸記帳法。2000年6月21日國務院發布了《企業財務會計報告條例》，同年12月29日財政部頒布了《企業會計制度》。為了適應中國經濟在過去十幾年裡的飛速發展及相關領域法律條款的調整，滿足中國企業會計發展的自身需要，也是基於中國會計準則與國際接軌的迫切需要，財政部於2006年2月15日發布了包括1項基本準則和38項具體準則的企業會計準則體系，規定自2007年1月1日起在上市公司範圍內實行，鼓勵其他企業執行。新會計準則體系的建立，順應了中國經濟快速市場化和國際化的需要，以提高會計信息質量為核心，強化了為投資者和社會公眾提供決策有用信息的理念，構建了與中國社會主義市場經濟相適應、

與國際準則趨同、涵蓋企業各項經濟業務、可獨立實施的企業會計準則體系，並為改進國際財務報告準則提供了有益借鑑，實現了中國企業會計準則建設新的跨越和歷史性突破。

(二) 西方會計的產生和發展

西方會計源於歐洲，至今也已有幾千年的歷史。據馬克思考證，在「原始的規模小的印度公社」裡，已經有了「一個記帳員，登記農業帳目，登記和記錄與此有關的一切事項」。后來隨著歐洲大陸商品經濟的發展，出現了商業及政府記帳。公元 13~15 世紀，處於封建時代的意大利，其地中海沿岸的某些城市，如威尼斯、熱那亞、佛羅倫薩等，手工業、商業和金融業較為發達，產生了資本主義生產的最初萌芽，成為推動會計發展的重要因素，出現了較為科學早期的借貸復式記帳法。1494 年，意大利傳教士、數學家、會計學家盧卡·巴其阿勒在威尼斯出版了一部耗費了 30 年心血的世界名著——《算數·幾何·比及比例概要》。其中對意大利威尼斯簿記和借貸復式記帳法進行了全面、系統的描述和總結，稱為第一部會計理論專著，被稱為近代會計發展史上的第一個里程碑，標誌著近代會計的開端。盧卡·巴其阿勒也被尊稱為「近代會計之父」。

18 世紀后期發生的工業革命，極大地促進了西方社會生產力的發展和產業組織的變化。到了 19 世紀，英、美兩國的公司得到廣泛發展，成為具有代表性的企業組織形式。1853 年，英國在蘇格蘭成立了世界上第一個註冊會計師專業團體——愛丁堡會計師協會，並於 1854 年被授予皇家特許證，允許它的會計師冠予「特許會計師」的標誌，從此，會計開始成為一種社會性的專門職業和通用的商務語言，被稱為會計發展史上的第二個里程碑。同時，公司的發展使企業生產迅速擴大，投資者顯著增加，從而有力地推動了公司將簿記擴展為會計，會計知識得到了廣泛的傳播和普及。在此期間，出現了成本計算。此外，為防止公司經營者的舞弊行為，保護投資者的利益，逐步產生了外部審計和獨立的執業會計師審計。20 世紀 30 年代以後，為了使會計工作規範化，提高會計報表的真實性和可比性，西方各國先后研究並制訂了會計原則（即會計準則），進一步把會計理論和方法推上了一個新的水平。

20 世紀 50 年代以後，由於信息論、控制論、系統論、現代數學、行為科學等被引入會計領域，尤其是管理會計的出現，極大地豐富了會計學的內容。1952 年，世界會計學會正式批准使用「管理會計」一詞，由此將會計一分為二，形成現代會計的兩大門類（分支）：財務會計和管理會計，被稱為會計發展史上的第三個里程碑。其后，電子計算技術被引進會計領域，使會計信息的搜集、分類、處理、反饋等操作程序擺脫了手工操作，實現了自動化、電子化，為前一代會計人員夢想所不及。隨著國際經濟交往與合作的廣泛開展，以及經濟全球化進程的加快，會計日益成為「國際通用的商業語言」，出現了前所未有的繁榮景象。

(三) 會計產生和發展的客觀依據

綜上所述，會計的產生和發展經歷了相當長的歷史時間。它是隨著社會生產的發展和加強經濟管理的要求而產生，並隨著社會經濟，特別是市場經濟的發展和科學技

術的進步而不斷完善、提高的。

1. 會計在社會生產實踐中產生

人類社會的生產活動決定著人類其他一切活動，也是人類會計行為產生的根本前提，因此，人類的會計行為是社會生產發展到一定階段的產物。在原始社會，會計只是生產職能的附帶部分，當社會生產發展到一定水平、出現了私人佔有財產以後，人們為了保護私有權和不斷擴大其私有財產，在生產過程中逐步產生了用貨幣形式進行計量和記錄的方法，並使會計逐漸從生產職能中分離出來，成為獨立的職能。

2. 會計隨著社會經濟的發展而發展

從人類會計方法的演進過程中可以看到，隨著社會經濟的發展和管理要求的不斷提高，會計的地位和作用，所計算和考核的內容、範圍以及所要達到的目的和要求，都在不斷發展和變化。這也使會計的目標、應用原則，以及會計信息的披露內容、範圍等隨之不斷變化，日趨完善。總之，生產越發展，作為經濟管理重要組成部分的會計就越重要。

3. 會計的功能隨現代科技的發展而擴展

隨著現代科學技術的發展和經濟體制改革的深化，現代會計管理科學也得到了進一步的推廣，特別是電子計算機技術在會計上的應用，對會計的發展產生了更大的影響。會計在經濟管理中的作用日益顯著，會計在原有核算和監督功能的基礎上，又進一步擴展到預測經濟前景、參與經濟決策、考核和分析計劃執行情況等領域，這對於加強經濟管理，提高經濟效益有著重要的意義。

三、會計的特點

(一) 以貨幣為主要計量單位

會計從數量方面反應經濟活動，可以使用三種量度，即實物量度、勞動量度和貨幣量度。運用實物量度（如重量、長度等），只可以分別反應不同物質數量，但不能用來匯總各種不同類別的物資，更不能綜合反應各種不同的經濟活動。運用勞動量度（如勞動日、工時等），雖然可以反應經濟活動中耗用的工作時間，計算某一經濟活動過程中的勞動量耗費，但在商品貨幣經濟條件下，再生產過程所耗費的勞動量，還不能廣泛用勞動計量單位進行計算，仍要利用價值形式來表現。只有借助於統一的貨幣量度，才能計算出各項財產物資的費用、成本、利潤等綜合性經濟指標，才能全面核算和比較生產經營中的耗費及其成果。而貨幣量度是用來綜合計算各種不同經濟事項所採用的統一量度單位。因此，這就決定了在三種計算量度中，會計要以貨幣作為主要的計量尺度。

(二) 以會計憑證為依據

會計的任何記錄和計量都必須以會計憑證為依據，從而使會計信息具有真實性和可驗證性。只有經過審核無誤的原始憑證才能據以編製記帳憑證，登記帳簿並進行加工處理。這一特徵也是其他經濟管理活動所不具備的。

（三）對經濟活動的財務收支進行連續、系統、全面、綜合的記錄和計算

會計對企業的經濟業務，要按照其發生的先後順序，不分大小、不分主次，進行無遺漏的核算，做到會計核算具有連續性、系統性、全面性和綜合性。所謂「連續性」，是指對經濟活動中每一個具體事項，必須按其發生的時間順序，自始至終不間斷地反應；所謂「系統性」，就是對各種經濟活動進行會計處理時，必須採取一套專門的方法進行互相聯繫的記錄和科學的分類，最終提供系統化的數據和資料；所謂「全面性」，就是指對一切經濟業務都要無遺漏地登記入帳，予以反應和監督；所謂「綜合性」，就是通過統一的貨幣量度，以求得各種總括的價值指標，考核企業經濟效益。

（四）核算職能和監督職能相結合

會計核算是會計的首要職能，也是全部會計管理工作的基礎。任何經濟實體要進行經濟活動，都要求會計提供真實的、正確的、完整的、系統的會計信息，這就需要對經濟活動進行記錄、計算分類、匯總，將經濟活動的內容轉換成會計信息，成為能夠在會計報告中概括並綜合反應各單位經濟活動狀況的會計資料。

會計監督是會計的另一個基本職能。任何經濟活動都要有既定的目的，都要按一定的法規制度來運行。會計監督就是通過預測、決策、控制、分析、考評等具體方法，保證經濟活動按照規定的要求運行，以達到預期的目的。

會計的核算職能與監督職能是相輔相成的，只有在對經濟活動進行正確核算的基礎上，才可能為監督提供可靠的資料；同時，也只有搞好會計監督，按照會計監督的要求進行核算，並且達到預期的目的，才能發揮會計的核算作用。

綜合會計的特點，對會計本質的認識可概括為：會計是以貨幣為主要計量單位，核算和監督企業、事業、機關、團體等營利和非營利組織經濟活動的一種經濟管理工作，同時，它又是一個以提供財務信息為主的經濟信息系統。

對這個定義我們可以從幾個方面來理解：①會計是一項經濟管理活動或經濟信息系統，這屬於管理的範疇；②其對象是特定單位的經濟活動；③會計的基本職能是核算和監督，即對發生的經濟業務以會計語言進行描述，並在此過程中對經濟業務的合法性和合理性進行審查；④會計以貨幣為主要計量單位，各項經濟業務以貨幣為統一的計量單位才能夠匯總和記錄，但貨幣並不是唯一的計量單位。

第二節　會計的職能、對象

一、會計職能

會計職能是指會計作為經濟管理工作所具有的功能或能夠發揮的作用。馬克思在《資本論》中有精闢的論述：「過程越是按會計的規模進行，越是失去純粹個人的性質，作為對過程的控制和觀念的總結的簿記就越是必要。」這裡講的「簿記」指的就是會計，這裡講的「過程」指的就是社會再生產過程。這段話包括兩個意思：一是搞經濟

離不開會計，經濟越發展，會計越重要；二是會計的基本職能是對再生產過程的「控制和觀念總結」。中國會計界通常把「控制」理解為監督，把「觀念總結」理解為反應（或核算）。會計的職能可以有很多，對再生產過程的反應和監督是會計最基本的兩項職能。

(一) 會計的核算職能

會計核算是指會計以貨幣為主要計量單位，通過確認、計量、記錄和報告等環節，反應特定會計主體的經濟活動，向有關各方提供會計信息。會計核算是會計的首要職能。任何經濟實體要進行經濟活動，都需要會計提供相關而可靠的信息，從而要求會計對過去發生的經濟活動進行確認、計量、記錄和報告等工作，形成綜合反應各單位經濟活動情況的會計資料。

1. 會計核算的基本特點

(1) 以貨幣為主要計量單位反應經濟實體的經濟活動。由於經濟活動的複雜性，只有以貨幣為主要度量單位，才能將經濟活動用貨幣量化來表達，並能在一定程度反應經濟活動的結果。因此，會計核算以貨幣量度為主、以實物量度及勞動量度為輔，從數量上綜合核算各單位的經濟活動狀況。

(2) 會計核算具有完整性、連續性和系統性等特點。完整性是指對所有的會計對象都要進行確認、計量、記錄和報告，不能有遺漏；連續性是指對會計對象的確認、計量、記錄、報告要連續進行，不能有中斷；系統性是指應採用科學的核算方法對會計信息進行加工，保證所提供的會計數據能夠成為一個有機整體，從而可以揭示客觀經濟活動的規律性。

通過會計核算，會計人員對已發生的經濟活動進行事後的確認、計量、記錄、計算和報告，提供會計信息，反應企業經濟活動的全貌。對於會計信息的使用者來說，閱讀財務報告的目的，不僅是為了瞭解已經發生的經濟活動對企業財務狀況等的影響，更為重要的是，通過閱讀財務報告對企業未來的財務狀況、經營成果和現金流量進行合理的預測。因此，會計信息使用者會要求會計核算提供的信息要可靠，如此才能幫助信息使用者瞭解過去、把握現在、並更好地預測將來。

2. 會計核算的環節

會計核算包括四個環節：

(1) 確認。確認是指通過一定的標準或方式來確定所發生的經濟活動是否應該或能夠進行會計處理。

(2) 計量。計量是指以貨幣作為主要計量單位，對已確定可以進行會計處理的經濟活動確定其應記錄的金額。

(3) 記錄。記錄是指通過一定的會計專門方法，按照上述確定的金額將發生的經濟活動在會計特有的載體上進行登記的工作。

(4) 報告。報告是指通過編製財務報告的形式，向有關會計信息使用者提供會計信息。

（二）會計的監督職能

會計監督職能是指會計人員在進行會計核算的同時，對特定主體經濟活動的合法性、合理性進行審查。任何經濟活動都要有既定的目標，都應按照一定的規則進行。會計監督是通過預測、決策、控制、分析和考評等具體方法，促使經濟活動按照國家的財經政策、法規、制度以及單位內部的會計管理制度要求運行，以達到預期的目的。會計監督具有兩個方面的特點：

1. 主要通過價值指標進行監督

會計監督的主要依據是會計核算經濟活動的過程及其結果提供的價值指標。由於企業的經濟活動，一般都同時伴隨著價值運動，表現為價值量的增減變化和價值形態的轉化，因此，會計監督與其他監督相比，是一種更為有效的監督。

2. 對企業經濟活動的全過程進行監督

對企業經濟活動的全過程進行監督，包括事後監督、事中監督和事前監督。事後監督是對已發生的經濟活動及其相應核算資料進行的審查和分析；事中監督是對正在發生的經濟活動過程及其核算資料進行審查，並據此糾正經濟活動過程中的偏差與失誤，保證有關部門合理組織經濟活動，使其按照預定的目標與要求進行，發揮控制經濟活動進程的作用；事前監督是在經濟活動開始前進行的監督，即審查未來的經濟活動是否符合有關法令、政策的規定，在經濟上是否可行。監督的依據包括合法性與合理性兩方面。合法性的依據是國家頒布的法令、法規，合理性的依據是客觀經濟規律及經售管理方面的要求。

對經濟業務活動進行監督的前提是正確地進行會計核算，相關而可靠的會計資料是會計監督的依據；同時，也只有搞好會計監督，保證經濟業務按規定進行、達到預期的目的，才能真正發揮會計參與管理的作用。

會計核算是會計監督的前提和基礎，會計監督是會計核算信息的質量保證。二者密切聯繫，缺一不可。

沒有會計核算提供的會計信息，會計監督就沒有客觀依據，也就無從體現監督的作用；反之，沒有會計監督，就難以保證會計核算的真實性和準確性，會計也就不能更好地發揮其在企業生產經營中的作用，會計核算也就失去了意義。

（三）會計的擴展職能

隨著社會經濟、會計理論的發展以及會計實踐的豐富，會計的一些新的職能不斷出現。一般認為，會計除了核算和監督兩個基本職能之外，還有分析經濟情況、預測經濟前景、參與經濟決策等職能。

1. 會計的預測職能

從財務會計來看，在財務報表中揭示的歷史信息本身就具有預測價值。因為反應過去是為了預測未來，而針對整個企業未來的發展前景的描述必須基於企業發展的歷史基礎和客觀實際，儘管它所描述的歷史經濟事實已經不可能改變，但只要真實、可靠、公正並及時地予以反應，歷史信息同樣具有預測價值和反饋價值。至於管理會計，它是以企業預期的資金流動為對象，主要反應企業內部基於決策需要的有關經營、理

財和投資的未來經濟活動方案，其主要職能就是運用科學的方法對未來的經濟活動進行預測並加以規劃。因此，現代會計能夠對經濟管理事項，根據當前的會計資料及其他相關信息資料，採用專門的方法，對企業未來的發展變化趨勢進行預測分析，以謀求取得最佳的經濟效益。

同時，會計可以對企業經濟活動中的整個信息系統進行反應和預測。會計人員應當根據會計資料所反應的有用信息總結以往的經驗，以及預測未來可能發生的對企業信息系統的攻擊行為，並且據此提出相應的措施進行預先防範，並保證措施的有效性。

2. 會計的決策職能

所謂會計的決策職能是指會計人員為了解決企業資金運動過程中所出現的問題和把握機會而制訂和選擇活動的方案。由於企業資金運動具有可控性，人們就可以通過決策和控制，促使企業的資金運動朝著有利的方向發展。一般認為，對於企業資金運動的重大管理決策，會計人員是作為群體決策者中的一員，處於參與決策的地位。在參與企業的重大管理決策過程中，會計人員著重從經濟效益的角度分析決策的經濟可行性。

現代會計的職能中最重要的一點就是參與企業生產經營決策。在市場經濟條件下，企業成為「自主經營、自我約束、自我發展」的市場競爭主體，追求利潤成為企業生產經營的首要目標。為實現這一目標，企業內部各管理部門應從不同角度著手，為生產經營活動出謀劃策。會計人員在這一過程中發揮的作用尤其重大，財會人員必須為領導隨時提供決策所用的價格、成本、利潤等綜合性指標信息。

3. 會計的評價職能

財務會計和管理會計都具有評價企業經營業績的功能。在財務會計方面，經營業績的評價是通過財務報表的分析完成的。這種分析可以從總體上評價企業的經營活動，發現其中的問題，找出問題的原因，並提出改進意見。在管理會計方面，經營業績的評價是通過企業內部建立各種責任中心，推行責任會計來實現的。不僅如此，現代會計對企業業績的評價還更廣泛地擴展到投融資領域，從而能夠更加全面地評價一個企業的成敗得失。

同時，會計人員應還當定期評價本企業的信息安全，並提出改進意見和保安措施的實施建議，在評價之後，應向董事會、會計委員會和其他治理機構提交一份評價報告。該評價報告作為單獨的會計業務，也可以與其他經批准的業務一起執行。會計人員也要評價企業運行是否嚴格遵守法律法規。

綜上所述，會計的各項職能密切結合、相輔相成。對企業的經營活動進行核算和監督是會計最基本的兩項職能，是其他職能的基礎；而會計預測、決策、分析評價則是從這兩項基本職能中延伸出來的，是對兩項基本職能的拓展和提高。

二、會計對象

(一) 會計對象的概念

會計對象是指會計核算和監督的內容，是企業再生產過程中能以貨幣表現的資金

運動。

研究會計對象的目的,是要明確會計在企業經濟管理中的活動範圍,從而確定會計的任務,建立和發展會計的方法體系。會計需要以貨幣為主要計量單位,對特定單位的經濟活動進行核算和監督。因此,凡是特定單位能夠以貨幣表現的資金運動,都是會計核算和監督的內容,也就是會計的對象。以貨幣表現的經濟活動,通常又稱為價值運動或資金運動。

(二) 會計對象的具體內容

不同會計主體具有不同的經濟業務,其會計對象的具體內容也就有所不同。

1. 企業會計對象的具體內容

企業的經濟活動主要是指企業的生產經營活動。企業的資金會隨著生產經營活動的進行,依次經過供應、生產和銷售三個階段,不斷地進行循環周轉。因此,在資金的循環周轉過程中所發生的一切經濟活動就是企業會計對象的具體內容,即資金運動。在資金的循環周轉過程中,資金有靜態和動態兩種表現形式。

(1) 靜態表現

靜態表現是企業在某一時點上的資金分佈和存在形態及其取得和形成的來源兩個方面,如圖 1-1、圖 1-2 所示。

```
                            ┌─貨幣資金──庫存現金、銀行存款等
                   ┌─流動資產─┼─存貨────在途物資、在產品、庫存商品等
企業資金          │         └─結算債權──應收及預付款項
分布和存  ─────┤
在形態            │         ┌─固定資產──房屋及建築物、機器設備、在建工程等
                   └─非流動資產┤
                              └─無形資產──專利權、商標權、非專利技術等
```

圖 1-1　企業資金的分佈和存在形態

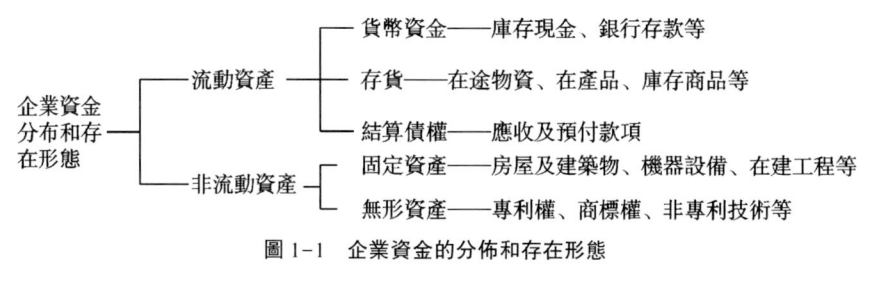

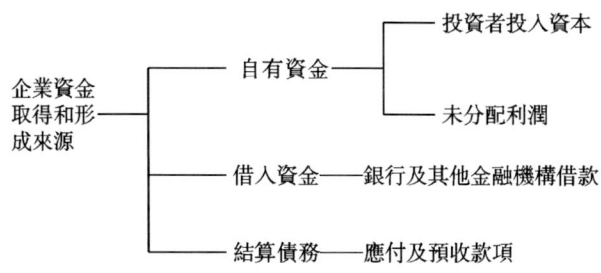

```
                            ┌─投資者投入資本
                   ┌─自有資金─┤
企業資金          │         └─未分配利潤
取得和形  ─────┤
成來源            ├─借入資金──銀行及其他金融機構借款
                   │
                   └─結算債務──應付及預收款項
```

圖 1-2　企業資金的取得和形成的來源

由圖 1-1 和圖 1-2 可見,從任何一個時點來看,企業的資金運動總是處於相對靜止狀態中,表現為既相互聯繫又相互制約的兩個方面。一方面表明企業資金的分佈和存在形態,即資產;另一方面表明企業資金的取得和形成的來源,反應債權人和投資者對企業資產的權益,即負債和所有者權益。

(2) 動態表現

動態表現是企業在一定時期內資金在生產經營各個階段中不斷運動並轉換形態,

周而復始地進行的循環周轉，即企業資金運動的動態表現為資金的循環周轉。下面以製造企業和商品流通企業予以說明。

①產品製造資金的循環周轉過程，如圖 1-3 所示。

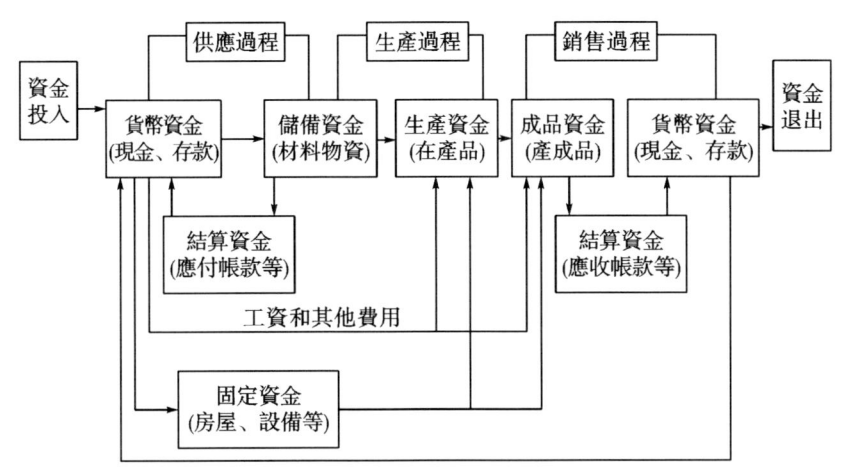

圖 1-3　產品製造資金的循環周轉過程

由圖 1-3 可見，製造企業的資金從貨幣資金形態開始，順次通過供、產、銷三個階段，不斷地改變資金的存在形態，最後又回到貨幣資金形態，這種資金運動的過程稱為資金的循環。由於企業的生產經營活動是連續不斷地進行的，因此，上一次資金循環的結束（終點）即預示著下一次資金循環的開始（起點），這種周而復始的資金循環稱為資金的周轉。

②商品流轉資金的循環周轉過程，如圖 1-4 所示。

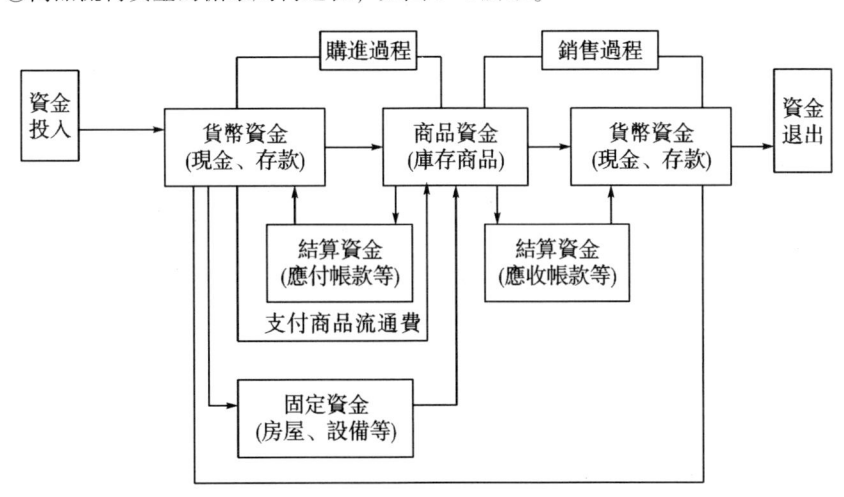

圖 1-4　商品流轉資金循環周轉過程

綜上可見，企業的資金運動主要包括：資金的投入、資金的循環周轉和資金的退出三個環節。其靜態表現為某一特定時點資產、負債和所有者權益之間的數量關係，

動態表現為收入、費用和利潤之間的數量關係。而資產、負債、所有者權益、收入、費用和利潤六要素正是會計核算所要反應的基本內容。

2. 機關、事業單位會計對象的具體內容

在中國，機關、事業單位屬於非營利組織，其資金主要來自於國家財政撥款，因此，機關、事業單位會計對象的具體內容是預算資金的收入和支出。即機關、事業單位的資金運動表現為預算資金的收支，如圖1-5所示。

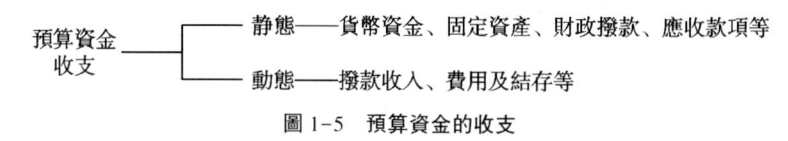

```
預算資金 ┬── 靜態──貨幣資金、固定資產、財政撥款、應收款項等
  收支   └── 動態──撥款收入、費用及結存等
```

圖1-5　預算資金的收支

三、會計的任務

會計任務是指對會計對象核算和監督所要達到的目的。會計是經濟管理的重要組成部分，其任務同整個經濟管理的任務是分不開的。會計任務的提出取決於會計職能和經濟管理的要求，並受會計對象特點所制約。會計只能完成與其對象有關的那一部分任務，而不能超越這個範圍。會計的主要任務是按照國家的財政法規、會計準則和制度進行會計核算，實行會計監督，並利用取得的信息幫助單位外部和內部的信息使用者進行經營決策。

（一）反應各單位財務狀況和經營成果，提供會計信息，加強經濟核算和提高經濟效益

一切企業、行政、事業單位為了履行各自受託責任，管好自身的經濟活動，加強經營管理、提高經濟效益和社會效益，必須瞭解和掌握各項經濟活動的進行情況，會計的基本任務就是運用專門的方法，對主要以貨幣表現的經濟活動進行完整、連續、系統的記錄、計算、分析和比較，並及時地為信息使用者提供與決策和進行管理有關的會計信息，揭示經濟活動中存在的問題及其產生的原因，促使管理當局改進經營管理，提高經濟效益，達到預期的目標。

（二）監督各單位對會計法規、制度以及各項財政政策的執行情況，維護財經紀律

貫徹執行會計法規、制度以及各項財政政策，是一切單位進行經濟活動的原則。因此，會計在反應經濟活動、提供會計信息的同時，還應以有關的法規和制度為依據，對經濟活動的合法性、合規性實行必要的監督。例如，審核各項收入和支出是否合理合法，是否遵守預算、計劃，是否符合開支標準；盈虧計算是否真實；有無偽造憑證、帳目、報表，篡改會計數字等弄虛作假行為等。對於違反法規、制度的行為，應及時予以制止和揭露。

（三）充分利用會計信息資料及其他有關資料，預測經濟前景，參與經營決策

隨著中國社會主義市場經濟體制的確定和發展，會計工作也必須相應地進行改革，改變過去只是對經濟活動和財務收支進行事後反應和監督的做法，要求在運用和掌握歷史資料的基礎上，根據管理要求，對經濟前景做出預測；並通過對可供選擇方案效

益的測算和比較，為經營決策提供有用的信息，從而使會計工作在規劃和指導未來經濟活動中發揮更大的作用。

上述各項任務是互相聯繫、互為補充的，共同發揮會計在經濟管理和提高經濟效益中的作用。

四、會計的目標

新企業會計準則對會計目標的表述是：會計的目標是向會計信息使用者提供與企業財務狀況、經營成果和現金流量等有關的會計信息，反應企業管理層受託責任履行情況，有助於財務會計報告使用者作出經濟決策。

會計管理活動的特點是價值管理，是對價值運動的管理，所以，作為經濟管理重要組成部分的會計管理工作，也應該以提高經濟效益作為最終目標。在將提高經濟效益作為終極目標的前提下，我們還要研究會計的具體目標。會計的具體目標集中表現為會計工作在提供信息資料方面所要達到的境地或標準，具體包括四個方面的內容：向誰提供信息、為何提供信息、提供什麼信息以及如何提供信息。

1. 向誰提供信息

在社會主義市場經濟條件下，企業是一種具有自主經營、自負盈虧、自我發展能力的獨立經濟實體。企業外部利害關係集團和個人有權要求企業提供有關的會計信息。會計究竟應向哪些使用者提供信息呢？概括起來，主要局限於與企業有利害關係的群體（包括企業本身），具體包括投資者、債權人、政府及有關部門和社會公眾等。

上述不同的信息使用者對會計信息所反應的內容各有不同的要求，有的側重於經營狀況，有的側重於變現能力、償債能力等，以便為他們據此做出正確的決策。例如，企業要從銀行取得短期借款，銀行就要考查企業的短期償還能力，這就要看企業是否有充足的流動資產來抵補其流動負債。又如，一個企業要對某個企業進行長期股票投資，最關心的是現時這個企業的獲利能力即每股淨收益，並且要分析這個企業潛在的發展能力和是否能夠持續、正常地經營下去。

2. 為何提供信息

聯繫會計的基本職能，可以認為提供會計信息是會計工作的首要任務，但並不是會計工作本身的最終目的。會計之所以要提供信息，目的是為了反應企業管理層受託責任履行情況，有助於財務會計報告使用者做出經濟決策。

具體地說，企業管理當局作為資源的受託方接受委託，管理委託方所交付的資源，企業管理當局因此就承擔了合理的、有效的管理與使用受託資源的責任，應使受託資源盡可能地保值和增值，並如實向委託方報告其受託責任的履行過程與結果。

3. 提供什麼信息

會計信息的使用者是多方面的，不同的使用者對會計信息的要求也不一樣。但財務會計報告的信息不可能滿足所有使用者的要求，所以，會計目標的建立是有選擇的。首先要滿足企業經濟活動最主要的要求，即把企業的資產、負債和所有者權益有關的會計信息通過財務會計報告提供給不同的使用者，以便他們據此做出有關決策。財務會計報告提供的這些信息主要包括以下幾個方面的內容：

(1) 營利能力。營利能力是投資者、債權人、政府部門和企業管理者等會計信息使用者最關心的問題。對於投資者來說，它最關心的是企業的營利狀況，因為企業營利能力的高低決定著投資者投資效益的好壞，同時企業營利能力的高低還直接影響著現存的和潛在的投資人的資金投向。對於債權人來說，儘管它關心的主要是債務能力、能否到期還本付息以及企業的變現能力，但從長遠來看，企業的變現能力與營利能力是密切相關的，即企業的變現能力和償債能力是由營利能力決定的，一個營利能力極差的企業，卻有很強的償債能力，這是很難想像的。對於政府部門來說，也很關注這方面的會計信息，因為營利是稅收的主要來源。同時，對於企業管理者來說，它又是考核企業經營管理者業績的一項重要指標。

(2) 資產結構。現代企業在兩權分離原則下，肩負著強烈的「受託責任」。通俗一點講，企業營利了，投資者可以獲取相應的回報，分取利潤；相反，企業虧損了，投資者則應分擔相應的風險，即虧本。但這並不意味著所有者不需要企業向其報告資產的結構和管理狀況；相反，應要求企業如實報告資產的結構及使用效果，以便於所有者掌握企業的營利能力和風險狀況。

(3) 變現能力。變現能力是指企業資產轉變為現金的能力。變現能力越強，償債能力越大，風險越小；反之，則風險越大。對於企業的債權人來說，他們更關心企業對他們的短期債務能否到期還本付息。

(4) 負債水平。負債經營是現代企業普遍運用的一種經營手段。在市場競爭日趨激烈的條件下，企業搞負債經營要善於把握好負債的「度」。這個「度」，即負債水平，是債權人和投資人都十分關心的一項指標。從債權人角度來說，它們總是關心債權的安全程度，因此不希望企業的負債水平過高，否則企業的風險將主要由債權人來承擔；從投資人角度來說，企業通過舉債所籌措的資金越多，需要支付的利息就越多，經營風險也就越大。

(5) 分配關係。分配關係是指財務成果在企業與投資人、國家與投資人，以及各投資人之間的分配比例關係。分配關係直接影響各方的利益關係，因此正確報告財務成果的分配關係信息，是正確處理利益各方關係的重要手段。

4. 如何提供信息

會計信息既不是對原始數據信息的集中，也不是對原始數據信息的簡單處理，而是需要會計人員根據各方面的情況，對原始數據信息進行科學、有效、有目的的加工和處理，最後將經過加工處理的會計信息編印成各類報表和文件，供各類信息使用者使用。這些會計報表和文件主要包括資產負債表、利潤表、現金流量表、所有者權益（或股東權益）變動表、會計報表附註和其他應當披露的相關信息和資料等。企業通過採用財務會計報告的形式提供會計信息，以滿足各種使用者對會計信息的需求。

上述會計目標所涉及的四個方面不是相互獨立的，而是層層遞進、相互關聯地共同構成一個完整的會計目標體系。

第三節　會計方法

一、會計方法的定義和組成

會計方法是指用何種手段去實現會計的任務，完成會計核算與監督的職能。會計核算和監督的內容日趨複雜，以及經濟管理工作對會計不斷提出新的要求方法也在不斷改進和發展。

一般來說，會計由三個部分組成：一是會計核算，即通常說的記帳、算帳、報帳；二是會計分析，即在詳細取得會計核算資料的基礎上，對資產、負債、所有者權益、收入、費用、利潤等各項指標進一步核算、分析和比較；三是會計檢查，即以會計準則和其他有關制度法規為標準，對會計核算資料的真實性、正確性、合法性進行檢查。其中，會計核算是會計的基礎環節，會計分析是會計核算的繼續和發展，會計檢查是會計核算的必要補充。但是，這三部分既相互聯繫，又具有相對的獨立性，它們所應用的方法各不相同。因此，會計方法相應應包括會計核算方法、會計分析方法和會計檢查方法。其中，會計核算方法是最基本、最主要的方法。

二、會計核算方法

會計核算方法是對會計對象（會計要素）進行完整的、連續的、系統的反應和監督所應用的方法，主要包括以下七種專門方法：

(一) 設置會計科目和帳戶

所謂會計科目，就是對會計對象的具體內容進行分類核算的項目。設置會計科目是對會計對象的具體內容進行分類核算的方法。假如某個企業買進一輛汽車，還買進了一批原材料，在會計核算時不應該把汽車和原材料一併核算，而應把它們區分為兩個不同的項目來分別核算，這就需要設置會計科目和帳戶。設置會計科目就是在設計會計制度時事先規定這些項目，然後根據它們在帳簿中開立的帳戶，分類地、連續地記錄各項經濟業務，反應由於經濟業務的發生而引起的各會計要素的增減變動的情況和結果。

(二) 復式記帳

記帳方法是在帳戶中登記經濟業務的方法，即根據一定的原理、記帳符號、記帳規則，採用一定的計量單位，利用文字和數字記錄經濟業務活動的一種專門方法。按記錄方式的不同，記帳方法可分為單式記帳法和復式記帳法。單式記帳法是對發生的經濟業務，只在一個帳戶中進行登記的記帳方法。復式記帳法是指對每一項經濟業務所引起的資金增減變化，必須同時在兩個或兩個以上相互聯繫的帳戶中加以全面記錄的一種專門方法。復式記帳法較單式記帳法更為完善和合理。任何一項經濟活動都會引起資金的增減變動或財務收支的變動，如以銀行存款收回銷售商品貨款為例，該項

經濟活動，一方面引起收入的增加；另一方面引起銀行存款的增加。為了全面反應每一項經濟業務所引起的資金的雙重（或多重）變化，就必須將這種變化反應在兩個或兩個以上的帳戶中。用復式記帳法，才能完整地反應資金的來龍去脈，全面反應和監督一個組織的經濟活動。而且採用復式記帳法來核算經濟業務可以通過檢查帳戶間的平衡關係來檢驗帳目的正確性。

（三）填製和審核會計憑證

會計憑證是記錄經濟業務、明確經濟責任的書面證明，是登記帳簿的依據。填製和審核會計憑證是指任何一項經濟業務發生后都必須取得或填製會計憑證，並經過會計機構、會計人員審核。只有經過審核並認為正確無誤的會計憑證，才能作為登記帳簿的依據。填製和審核會計憑證，不僅為經濟管理提供真實可靠的數據資料，也是實行會計監督的一個重要方面。

（四）登記帳簿

帳簿是由具有一定格式的帳頁組成的，用以記載各項經濟業務的簿籍。登記帳簿是指根據審核無誤的會計憑證，在帳簿上連續、系統、全面、完整地記錄經濟業務的一種專門方法。登記帳簿能為經濟管理的需要提供總括的和明細的核算資料。登記帳簿必須以憑證為依據，並定期進行結帳、對帳，以便為編製會計報表提供完整而又系統的會計數據。

（五）成本核算

成本計算是指在生產經營過程中，按照一定對象歸集和分配發生的各種費用支出，以確定該對象的總成本和單位成本的一種專門方法。通過成本計算，可以確定材料的採購成本、產品的生產成本和銷售成本，可以反應和監督生產經營過程中發生的各項費用是否節約或超支，並據以確定企業盈虧。

（六）財產清查

財產清查就是通過對實物、庫存現金的實地盤點和對銀行存款、債權債務的查對，來確定各項財產物資、貨幣資金、債權債務的實存數，並查明帳面結存數與實存數是否相符的一種專門方法。通過財產清查，可以查明各項財產的實存數與帳存數的差異，以及發生差異的原因及責任，及時按照規定把帳存數調整為實存數，從而達到帳實相符，保證會計資料的準確可靠。通過財產清查，可以查明各種財產的結存和利用情況，發現有無儲備不足、積壓、閒置等情況，以便採取措施，充分挖掘物資潛力，合理有效地利用企業的各項資源。通過財產清查，還可以查明各項財產有無短缺、毀損、變質、貪污盜竊等情況。對發現的問題應及時分析原因，追查責任，同時要吸取教訓，改進管理工作，切實保證各項財產物資的安全與完整。

（七）編製財務會計報告

財務會計報告是以貨幣為主要計量單位，根據日常會計核算資料編製的總括反應企業、事業、機關等單位在一定時期內經濟活動情況和財務收支情況的報告性文件。

編製財務會計報告是指以書面報告的形式，定期並總括地反應企業、事業、機關等單位經濟活動情況和結果的一種專門方法。由於財務會計報告提供的數字比帳簿更概括、更集中，因此通過財務會計報告可以對企業、事業單位的財務狀況和經營情況一目了然，從而使會計的反應和監督職能得到充分發揮。

上述各種會計核算方法相互聯繫、密切配合，構成了一個完整的會計方法體系。在會計核算方法體系中，就其工作程序和工作過程來說，主要是三個環節：填製和審核憑證、登記帳簿以及編製會計報表。在一個會計期間所發生的經濟業務，都要通過這幾個環節周而復始地進行會計處理，將大量的經濟業務轉換為系統的會計信息。這個轉換過程，就是一般所謂的會計循環。其基本內容是：經濟業務發生後，經辦人員要填製或取得原始憑證，經會計人員審核整理後，按照設置的會計科目，運用復式記帳法，編製記帳憑證，並據以登記帳簿；對生產經營過程中發生的各項費用要進行成本計算，對於帳簿記錄，要通過財產清查加以核實，在保證帳實相符的基礎上，根據帳簿資料編製會計報告。本課程主要介紹會計核算方法。

三、會計分析方法

會計分析是會計的又一主要方法。會計分析方法是指依照會計核算提供的各項資料及經濟業務發生的過程，運用一定的專門方法，對企業的經營過程及其成果進行定性或定量分析的一種方法。如果說會計核算就是記帳、算帳和報帳的話，那麼會計分析則是用帳。所以，在會計核算的基礎上，進一步利用會計核算資料進行分析，對於更好地發揮會計的作用、提高企業的經營管理水平具有重要的意義。

會計分析所採用的方法主要有比率分析法、趨勢分析法、因素分析法等。會計分析方法將在后續課程「財務報表分析」中介紹。

四、會計檢查方法

會計檢查是指會計人員依據會計準則和其他有關制度法規，對會計資料的合法性、合理性、真實性和準確性進行的審查和稽核。會計檢查是對經濟活動和財務收支所進行的一種事後監督，是會計工作的重要組成部分。通過會計檢查，能夠起到查錯防弊、強化監督的作用，對於更好地完成會計任務、發揮會計作用具有重要的意義。會計檢查方法將在后續課程「審計學」中介紹。

第四節　會計核算的基本前提和會計信息質量要求

一、會計核算的基本前提

組織會計核算工作之前，需要具備一定的前提條件。會計核算基本前提又稱會計基本假設，是企業會計確認、計量和報告的前提，是對會計核算所處的時間、空間環境等所作的合理的設定。會計對象的確定、會計政策和方法的選擇都要以會計核算的

基本前提為依據。目前，中國會計理論界比較公認的會計基本假設有四個：會計主體、持續經營、會計分期和貨幣計量。

（一）會計主體

會計主體是指會計為之服務的對象，或者說是對會計對象、會計工作的空間範圍所作的界定以及會計工作人員應採取的立場。會計主體假設對會計工作提出了以下基本要求：

（1）區分會計主體與法律主體

會計主體和人們通常所說的法律主體不是同一個概念，兩者是有區別的。作為法律主體，一般來說，應該是會計主體，但並不是所有會計主體都得是法律主體。如：獨資企業、合夥企業等，它們不具有法人資格，但是在會計核算上必須將其作為會計主體。

（2）區別會計主體與主體所有者

會計只限於對會計主體服務，即對會計主體所發生的經濟業務進行會計處理，而不對會計主體所有者所發生的經濟業務或經濟活動進行會計處理。這樣，有利於區分會計主體的經濟資源和主體所有者的經濟資源，以便各自享有相應的權利和承擔相應的義務。

（3）遵循會計主體假設處理會計主體之間的經濟業務

在錯綜複雜的市場經濟條件下，會計主體之間通常要發生頻繁的經濟往來，而一項經濟業務可以從兩個方面來考慮。至於從哪個方面來考慮，就應遵循會計主體假設，即從會計人員為之服務的會計主體方面去確認、計量、記錄、報告這些經濟業務事項，而不是從企業的投資者或所有者、其他企業或經濟主體方面來處理這些經濟業務事項。

（二）持續經營

持續經營假設又稱之為繼續經營假設或經營連續性假設，它是指會計主體的生產經營活動將在可以預見的未來，正常地繼續它的經營管理活動，不會面臨清算和破產等。會計主體假設是對會計工作範圍在空間上的一種界定，而持續經營假設則是對會計工作範圍在時間上的一種界定。

企業是否持續經營，在會計原則、會計方法的選擇上有很大差別。一般情況下，明確這個基本假設，就意味著會計主體將按照既定用途使用資產，按照既定的合約條件清償債務，會計人員就可以在此基礎上選擇會計原則和會計方法。持續經營假設對會計工作提出了以下幾點要求：

（1）會計主體經濟資源的計價應建立在正常條件下

會計主體經濟資源的計量，在不同的會計環境中其計量方法有所不同。如：資產的計價，在正常條件下，一般來說，按歷史成本計價；在破產清算條件下，按重置價格或清算價格計價。

（2）會計處理工作應按照公認的會計原則和會計制度連續地進行

在激烈的市場競爭中，一些企業關、停、並、轉屬於正常現象，也就是企業不能持續經營的可能性總是存在。所以，企業需要定期對其持續經營假設進行分析判斷。

如果可以判斷企業不能持續經營，就應當改變會計核算的原則與方法。如上述在破產清算條件下，企業資產按照重置價格或清算價格計價。如果一個企業在不能持續經營時還假定企業能夠持續經營，並仍按持續經營基本假設選擇會計確認、計量和報告原則與方法，就不能客觀地反應企業的財務狀況、經營成果和現金流量，會誤導會計信息使用者的經濟決策。

（三）會計分期

會計分期，是指將一個企業持續經營的生產經營活動劃分為一個個連續的、長短相同的期間。會計分期的目的，在於通過會計期間的劃分，將持續經營的生產經營活動劃分成連續、相等的期間，據以結算盈虧，按期編製財務報告，從而及時向財務報告使用者提供有關企業財務狀況、經營成果和現金流量的信息。一般說來，會計期間通常為1年，又稱為會計年度。會計年度的起訖日期，世界上大多數國家都是採用公歷年制，中國也不例外，即公歷1月1日至12月31日。但是，也有一些國家為了遵循民族習慣，會與上述起訖時間不一致。如美國、伊朗、日本、泰國、新加坡、加拿大、孟加拉國、澳大利亞、埃及等。會計分期假設對會計工作提出了以下三方面要求：

（1）區別會計主體營業週期與會計期間

企業通常以一年作為劃分會計期間的標準，也可以以半年度、季度或月度劃分會計期間，這種短於一個完整會計年度的期間，又稱為會計中期。營業週期是指在生產經營過程中，生產資金從投入到收回，完成一次周轉所間隔的時間期限。會計期間可能大於也可能小於、等於會計主體營業週期，這取決於會計主體的生產類型和生產規模。因此，會計主體財務報表揭示的不一定是會計主體在一個營業週期內的經營業績。

（2）定期出具財務會計報告

會計除了在年度終了要及時出具財務會計報告外，還應該及時按月度、季度、半年度出具財務會計報告，也稱為月報、季報、半年報。企業年度結帳日為公歷年度每年的12月31日；半年度、季度、月度結帳日分別為公歷年度每半年、每季度、每月的最後一天。企業結帳日不得提前或者延遲。年度、半年度財務會計報告應當包括：會計報表、會計報表附註、財務情況說明書三大部分；季度、月度財務會計報告通常僅指會計報表，會計報表至少應當包括資產負債表和利潤表。上述規定，雖然對於手工會計來說，增加了不少的會計工作量，但是，對於電算化會計，就顯得易如反掌。

（3）處理好各會計期間之間的經營業績與經營責任

一般說來，會計期間的長短對會計主體當期損益將產生一定的影響。會計期間愈短，反應會計主體經營成果的信息就愈不可靠。但是，會計期間也不可能太長，否則，不能滿足信息使用者的要求。因此，在進行會計工作時，要按照公認的會計原則和政策法規，採用規定的程序和方法，處理好相鄰會計期間（包括小的會計期間）的經營業績和經營責任。

（四）貨幣計量

貨幣計量是指會計主體在會計核算過程中採用貨幣為主要的計量單位，計量、記錄、報告會計主體的財務狀況、經營成果和現金流量。用貨幣反應會計主體經濟業務，

是會計核算的基本特徵，是會計核算的又一個基本假設條件。貨幣作為會計計量的統一尺度，是市場經濟的基本要求，是實現會計核算職能的根本條件之一。貨幣計量假設對會計工作提出了以下要求：

(1) 幣值穩定

幣值穩定，即假定用作計量單位的貨幣的購買能力是穩定不變的。雖然，在現實生活中，貨幣的購買能力會隨著經濟的通貨膨脹或緊縮發生變化，但是，如果沒有這個假設就無法產生可靠的、穩定的、具有可比性的會計計量、記錄和報告等。幣值穩定並不是否認貨幣堅挺或疲軟的客觀存在，從長期來看，貨幣堅挺和疲軟相抵後，其值基本上能夠反應實際情況，由此而產生的財務信息失真度不會太大，能夠為信息使用者所接受。

(2) 確定記帳本位幣

在一國發生的經濟業務，難免涉及多國貨幣，因此，在會計工作中，必須對入帳的計量貨幣做統一規定。如中國是以人民幣作為記帳本位幣，業務收支以外幣為主的企業和境外企業，也可設定某種外幣作為記帳本位幣，但在編製財務報表時應折算為人民幣予以反應。

上述會計核算的四項基本前提，具有相互依存、相互補充的關係。會計主體確立了會計核算的空間範圍，持續經營與會計分期確立了會計核算的時間長度，會計分期是對持續經營的補充，而貨幣計量則為會計核算提供了必要手段。沒有會計主體，就不會有持續經營，沒有持續經營，就不會有會計分期；沒有貨幣計量，就不會有現代會計。

二、會計信息質量要求

會計信息質量要求是對企業財務報告中所提供的會計信息質量的基本要求，是為保證所提供的會計信息對信息使用者決策有用而要求其應具備的基本特徵，主要包括可靠性、相關性、可理解性、可比性、實質重於形式、重要性、謹慎性和及時性等。其中，可靠性、相關性、可理解性、可比性是會計信息的首要質量要求，是會計信息應具備的基本質量特徵；實質重於形式、重要性、謹慎性和及時性是會計信息的次級質量要求，是對首要質量要求的補充和完善。

(一) 可靠性

可靠性，又稱為客觀性或真實性，可靠性要求企業應當以實際發生的交易或事項為依據進行確認、計量和報告，如實反應符合確認和計量要求的各項會計要素及其他相關信息，保證會計信息真實可靠、內容完整。

財務會計報告的目標是向會計信息使用者提供對其決策有用的信息，這是會計工作的首要職責。當然，有用的信息首先應當是真實的，如果會計信息不能保證其真實性，會計工作就失去了存在的意義。因此，會計人員應當以能證明經濟業務發生的合法憑證為依據進行會計確認、計量和報告；還要在符合重要性和成本效益原則的前提下，保證會計信息的完整性；同時，財務報告中的會計信息應是中立的、無偏的，不

能為達到事先設定的結果或效果，通過選擇或列示有關會計信息以影響決策和判斷。

(二) 相關性

相關性要求企業提供的會計信息應當與財務報告使用者的經濟決策需要相關，有助於財務會計報告使用者對企業過去、現在或者未來的情況做出評價或者預測。

相關性是會計工作和會計信息本質的體現，因為會計的目標就是向信息使用者提供會計信息。只有對信息使用者決策有用的信息，才是會計應當披露的信息。因此，相關性要求的相關，是指與信息使用者的決策相關，需要企業在確認、計量和報告會計信息的過程中，充分考慮使用者的決策模式和信息需要。但是，相關性是以可靠性為基礎的，會計信息應在可靠性前提下，盡可能地做到相關性，以滿足會計信息使用者的決策需要。

(三) 可理解性

可理解性又稱明晰性，可理解性要求企業提供的會計信息應當清晰明瞭，便於財務會計報告使用者理解和使用。

會計信息是專業人員按照會計的專門方法，對大量的經濟業務數據進行系統加工整理的結果。會計信息使用者具備的會計知識往往是有限的，如果提供的會計信息不能讓信息使用者正確理解，會計信息就失去了使用價值。按照可理解性要求，會計人員提供的會計信息應做到會計記錄清晰，文字使用規範、簡潔，財務會計報告項目完整、關係清楚、數字準確。

(四) 可比性

可比性要求企業提供的會計信息應當相互可比。

可比性包含兩層含義：一是同一企業不同時期可比。即要求同一企業不同時期發生的相同或者相似的交易或者事項，應當採用一致的會計政策，不得隨意變更；確需變更的，應當在附註中說明。二是不同企業相同會計期間可比。即要求不同企業同一會計期間發生的相同或者相似的交易或者事項，應當採用規定的會計政策，確保會計信息口徑一致，相互可比。實際上，可比性既要求同一企業不同會計期間的會計信息縱向可比，也要求不同企業在同一會計期間的會計信息橫向可比。

要使同一企業在不同會計期間提供的會計信息能夠進行縱向比較，企業必須在會計核算過程中，對不同地點、不同時間發生的相同或類似的會計事項採用統一的會計處理方法和程序，以便於會計信息使用者通過分析會計信息瞭解企業的過去、現在和未來發展趨勢。要使不同企業在同一會計期間所提供的會計信息能夠進行橫向比較，就要求不同企業共同遵守《企業會計準則》等相關條例，對發生的相同或類似的會計事項採用統一的會計處理方法和程序，以便於會計信息使用者對不同企業的會計信息進行比較、分析和匯總，從而有助於信息使用者做出正確決策。

需要說明的是，會計信息的可比不是絕對可比，而是相對可比，因為在《企業會計準則》中，對同一項會計事項的處理方法可以有多種選擇。例如，發出存貨的計價方法有先進先出法、加權平均法和個別計價法三種，企業選擇不同的方法，則期末存

貨成本就會出現不同的結果。可比性要求同一企業使用的會計處理程序和方法應當盡可能前後各期保持一致，不得隨意變更，但並不絕對禁止會計政策的變更。

中國《企業會計準則第28號——會計政策、會計估計變更和差錯更正》中規定，滿足下列條件之一時，可以變更會計政策：①法律、行政法規或者國家統一的會計制度等要求變更；②會計政策變更能夠提供更可靠、更相關的會計信息。

（五）實質重於形式

實質重於形式要求企業應當按照交易或者事項的經濟實質進行會計確認、計量和報告，不應僅以交易或者事項的法律形式為依據。

在實際工作中，交易或事項的外在法律形式或人為形式並不總能完全反應其實質內容。所以，會計信息要想反應其所擬反應的交易或事項，就必須根據交易或事項的實質和經濟現實，而不能僅僅根據它們的法律形式進行會計確認、計量和報告。例如，企業按照銷售合同銷售商品但又簽訂了售後回購協議，雖然從法律形式上看實現了收入，但如果企業沒有將商品所有權上的主要風險和報酬轉移給購貨方，沒有滿足收入確認的各項條件，那麼，即使簽訂了商品銷售合同或者已將商品交付給購貨方，也不應當確認銷售收入。

（六）重要性

重要性要求企業提供的會計信息應當反應與企業財務狀況、經營成果和現金流量等有關的所有重要交易或者事項。

在會計確認、計量和報告的過程中，應區別不同交易或事項的重要程度採用不同的會計處理程序和方法。具體來說，對影響會計信息使用者決策的重要交易或事項，應當分別核算，單獨反應，並在財務會計報告中重點說明；對會計信息使用者決策影響不大的交易或事項，在財務會計報告中可簡化或合併反應。但是，交易或事項是否重要以及重要程度都是相對的，需要會計人員進行職業判斷。例如，企業發生的某些支出，金額較小的，從支出受益期來看，可能需要若干會計期間進行分攤，但根據重要性要求應一次性計入當期損益。

（七）謹慎性

謹慎性要求企業對交易或者事項進行會計確認、計量和報告時應當保持應有的謹慎，不應高估資產或者收益、低估負債或者費用。

由於企業的經濟活動存在著不確定因素，會計人員在進行會計處理時要採取謹慎的態度，應充分估計風險與損失，既不高估資產或者收益，也不低估負債或者費用。

謹慎性要求在會計實務中有很多體現，例如固定資產的加速折舊法、計提資產減值準備、確認預計負債等。這些會計方法有利於企業化解風險，保護投資者與債權人的權益，增強企業的市場競爭力。當然，謹慎性應用並不意味著企業可以設置秘密準備，故意低估資產或者收入、高估負債或者費用，這樣做不符合會計信息的可靠性和相關性的要求，也不符合會計準則的要求，會對會計信息使用者的決策產生誤導。

(八) 及時性

及時性要求企業對於已經發生的交易或者事項，應當及時進行會計確認、計量和報告，不得提前或者延后。

會計信息的價值在於幫助所有者或者其他信息使用者做出經濟決策，具有時效性。即使是可靠的、相關的會計信息，如果不及時提供，也會失去時效性，對於使用者的效用將大大降低，甚至不再具有實際意義。在市場環境變幻莫測的今天，信息使用者對於信息及時性的要求越來越高，甚至希望獲得實時的會計信息。根據及時性要求，會計人員應做到：及時收集會計數據；及時對所收集的會計數據進行會計處理；及時編製財務會計報告；及時將會計信息提供給信息使用者。

三、會計核算基礎

(一) 會計核算基礎的定義

會計核算基礎是指在確認和處理一定會計期間收入和費用時，選擇的處理原則和標準，其目的是對收入和支出進行合理配比，進而作為確認當期損益的依據。運用的會計核算基礎不同，對同一企業，同一期間的收入、費用和財務成果，會計核算出現的結果也不同。

(二) 設定會計核算基礎的原因

因為在企業的經濟活動過程中，會大量地、頻繁地發生著各種各樣的交易或事項，在這些交易或事項中，有屬於本期的，有不屬於本期而為跨期的，例如，企業在一定會計期間為進行生產經營活動而發生的費用和收入有以下幾種情況：

可能在本期付出了費用，收到了貨幣資金；可能付出了費用，未收到貨幣資金；也可能未付出費用，收到了貨幣資金，這就形成了本期實際得到的收入可能與本期支付的費用有關，也可能與本期支付的費用無關；同樣，本期支付的費用可能與本期收入有關，也可能與本期收入無關，如何把收入和費用在時間上加以配合呢？這就是處理會計業務的出發點，即會計核算基礎，只有確定了這種出發點才能正確計算本期盈虧。

(三) 會計核算基礎的內容

會計核算基礎有權責發生制和收付實現制兩種。

1. 收付實現制

收付實現制，又稱為實收實付制或現金收付基礎。它是以款項的實際收付作為確定本期收入、費用的基礎。在收付實現制下，凡是在本期實際以現款付出的費用，不論其應否在本期收入中獲得補償，均應作為本期的費用；凡是在本期實際收到的現款收入，不論其是否屬於本期均應作為本期的收入。反之，凡是本期還沒有以現款收到的收入和沒有以現款支付的費用，即使歸屬於本期，也不能作為本期的收入和費用。

2. 權責發生制

權責發生制是與收付實現制相對應的一種會計基礎。權責發生制，又稱為應收應

付制,或應計基礎。它是以款項的應收、應付作為確認本期收入、費用的基礎。根據權責發生制的要求,收入的歸屬期間應該是創造收入的會計期間,費用的歸屬期間應該是費用所服務的期間。在權責發生制下,凡是當期已經實現的收入和已經發生或應當負擔的費用,不論款項是否收付,都應當作為當期的收入和費用;凡是不屬於當期的收入和費用,即使款項已在當期收付,也不應當作為當期的收入和費用;權責發生制會計核算基礎要求合理劃分收益性支出與資本性支出。

現金收付基礎和應計基礎是對收入和費用而言的,都是會計核算中確定本期收入和費用的會計處理方法。但是現金收付基礎強調款項的收付,應計基礎強調應計的收入和為取得收入而發生的費用相配合。採用現金收付基礎處理經濟業務對反應財務成果欠缺真實性、準確性,主要是行政事業單位採用。採用應計基礎比較科學、合理,被大多數企業普遍採用。因此,中國《企業會計準則》規定,企業會計的確認、計量和報告應當以權責發生制為基礎。

3. 權責發生制和收付實現制的區別

根據上述內容,權責發生制和收付實現制的區別,可以通過表1-1予以比較。

表1-1　　　　　　　　　　權責發生制和收付實現制的區別

區別	權責發生制	收付實現制
別稱	應收應付制	實收實付制
收入確認時間	創造收入的會計期間	實際收到現款的期間
費用確認時間	費用所服務的會計期間	實際付出現款的期間
科目	存在預提、待攤	不存在預提、待攤
適用範圍	企業、非營利組織等	行政、事業單位等
側重點	側重資產負債表和利潤表,盈虧計算準確	側重現金流量表,盈虧計算不準確
複雜程度	複雜	簡單

為了便於對權責發生制和收付實現制的理解,下面舉例說明權責發生制和收付實現制的區別,如表1-2所示。

表1-2　　　　　　　　　　權責發生制和收付實現制的比較

交易或事項	權責發生制	收付實現制
企業某年12月份銷售一批商品,當年12月31日尚未收到貨款,次年1月收到款項	當年確認收入和應收帳款	當年不確認收入和應收帳款,次年1月確認
企業某年1月1日從銀行借入2年期貸款,到期一次還本付息	當年末和次年末均確認貸款利息費用,即預提利息費用	次年末實際支付本息時,確認2年的利息費用
企業某年12月份支付次年全年的報刊費用	當年確認待攤費用,但不計入當年費用	計入當年費用

本章小結

　　隨著社會生產的發展和經濟的進步，會計從產生、發展到逐步完善。會計是以貨幣為主要計量單位，採用一系列的專門方法對企業、行政事業單位的經濟活動進行連續、系統、全面和綜合的核算和監督，並向信息使用者提供決策有用信息的一項經濟管理活動。會計的目標是向會計信息使用者提供與企業財務狀況、經營成果和現金流量等有關的會計信息，反應企業管理層受託責任履行情況，有助於財務會計報告使用者做出經濟決策。

　　會計具有核算和監督兩大基本職能。會計對象是指會計核算和監督的內容，是企業再生產過程中能以貨幣表現的資金運動。不同會計主體具有不同的經濟業務，其會計對象的具體內容也就有所不同。生產型企業的資金運動過程主要包括資金的投入、資金的循環周轉和資金的退出三個環節。

　　為了發揮會計的職能作用，實現會計的目標，會計必須具備一定的前提條件。會計核算的基本前提又稱為會計假設，具體包括會計主體、持續經營、會計期間、貨幣計量。其中，會計主體確立了會計核算的空間範圍，持續經營與會計分期確立了會計核算的時間長度，會計分期是對持續經營的補充，而貨幣計量則為會計核算提供了必要手段。

　　為了保證會計信息的質量，會計核算應當遵循一定的要求，這些要求包括可靠性、相關性、可理解性、可比性、實質重於形式、重要性、謹慎性和及時性。

　　會計在確認和核算一定期間的收入和費用時，為了對收入和支出進行合理配比，正確確認當期損益，應選擇一定的處理原則和標準，這些處理原則和標準就是指會計基礎。會計基礎有權責發生制和收付實現制。權責發生制是以權利和責任是否轉移或發生來確認收入和費用的歸屬期間；收付實現制是以實際收到或支付款項為依據來確認收入和費用的歸屬期間。中國《企業會計準則》規定，企業會計的確認、計量和報告應當以權責發生制為基礎。

　　會計方法是實現會計任務，完成會計職能的手段。會計方法通常包括會計核算方法、會計分析方法、會計檢查方法、會計預測方法、會計決策方法及會計控制方法等。其中，會計核算方法是最基本、最主要的方法。會計核算方法包括設置會計科目和帳戶、復式記帳、填製和審核會計憑證、登記帳簿、成本核算、財產清查和編製會計報表七種專門方法。各種方法相互聯繫、密切配合，構成一個完整的會計核算方法體系。

思考題

1. 什麼是會計？會計有哪些特點？
2. 在會計發展的歷史上曾經經歷了三個里程碑，這三個里程碑的產生時間和標誌是什麼？
3. 會計核算方法主要有哪幾種？它們之間的關係如何？

4. 什麽叫會計的職能？會計的基本職能有哪些？它們之間的關係是什麽？

5. 會計基本假設有哪些？它們之間的關係是什麽？

6. 簡述會計信息質量要求。

7. 簡述會計核算基礎。

練習題

一、單項選擇題

1. 確認辦公用樓租金60萬元，用銀行存款支付10萬元，50萬元未付。按照權責發生制和收付實現制分別確認費用（　　）元。
   A. 10萬，60萬　　B. 60萬，10萬　　C. 60萬，50萬　　D. 60萬，0萬

2. 下列不屬於會計核算三項工作的是（　　）。
   A. 記帳　　　　B. 算帳　　　　C. 報帳　　　　D. 查帳

3. 界定從事會計工作和提供會計信息的空間範圍的會計基本前提是（　　）。
   A. 會計主體　　B. 持續經營　　C. 會計分期　　D. 貨幣計量

4. 會計分期是從（　　）引申出來的。
   A. 會計主體　　B. 貨幣計量　　C. 權責發生制　　D. 持續經營

5. 資產的計價是以（　　）為尺度，衡量、計算和確定資產的價值。
   A. 貨幣　　　　B. 價值　　　　C. 購買力貨幣　　D. 使用價值

6. 標誌著近代會計開端的時間是（　　）。
   A. 1952年　　　B. 1854年　　　C. 1494年　　　D. 1853年

7. 企業進行會計處理的最基本、最主要的方法是（　　）。
   A. 會計處理方法　　　　　　B. 會計核算方法
   C. 會計分析方法　　　　　　D. 會計檢查方法

二、多項選擇題

1. 下列屬於會計核算具體方法的有（　　）。
   A. 設置會計科目和帳戶　　　B. 復式記帳
   C. 填製和審核會計憑證　　　D. 登記帳簿

2. 下列說法正確的是（　　）。
   A. 會計人員只能核算和監督所在主體的經濟業務，不能核算和監督其他主體的經濟業務
   B. 會計主體可以是企業中的一個特定部分，也可以是幾個企業組成的企業集團
   C. 會計主體一定是法律主體
   D. 會計主體假設界定了從事會計工作和提供會計信息的空間範圍

3. 根據權責發生制原則，應計入本期的收入和費用的有（　　）。

A. 前期提供勞務未收款，本期收款　　B. 本期銷售商品一批，尚未收款
C. 本期耗用的水電費，尚未支付　　　D. 預付下一年的報刊費

4. 工業企業資金運動的內容包括（　　）。
A. 資金的投入　　B. 資金的循環　　C. 資金的退出　　D. 資金的周轉

5. 下列關於會計監督的說法正確的有（　　）。
A. 對特定主體的經濟活動的真實性、合法性和合理性進行審查
B. 主要通過價值指標來進行
C. 包括事前監督和事中監督，不包括事後監督
D. 會計監督是會計核算的質量保障

6. 會計核算所產生的會計信息的特點包括（　　）。
A. 準確性　　　　B. 完整性　　　　C. 連續性　　　　D. 系統性

三、判斷題

1. 會計是以貨幣為主要計量單位，反應和監督一個單位經濟活動的一種經濟管理工作。（　　）
2. 會計的基本職能是會計核算和會計監督，會計監督是首要職能。（　　）
3. 企業會計的對象就是企業的資金運動。（　　）
4. 資金的退出指的是資金離開本企業，退出資金的循環與周轉，主要包括提取盈餘公積、償還各項債務、上交各項稅金以及向所有者分配利潤等。（　　）
5. 會計主體必須是法律主體。（　　）
6. 持續經營假設是假設企業可以長生不老，即使進入破產清算，也不應該改變會計核算方法。（　　）
7. 會計主體前提為會計核算確定了空間範圍，會計分期前提為會計核算確定了時間範圍。（　　）
8. 根據《企業會計制度》的規定，會計期間分為年度、半年度、季度和月度，所謂的會計中期指的是不足一年的會計期間，半年度、季度和月度都屬於會計中期。（　　）
9. 業務收支以外幣為主的單位，也可以選擇某種外幣作為記帳本位幣，並按照記帳本位幣編製財務會計報告。（　　）
10. 按照權責發生制原則的要求，凡是本期實際收到款項的收入和付出款項的費用，不論是否歸屬於本期，都應當作為本期的收入和費用處理。（　　）

第二章　會計要素與會計等式

　　會計要素是會計核算的基礎。會計要素在數量上存在特定的平衡關係，這種平衡關係用等式來表示就是會計等式。會計等式是設置帳戶、復式記帳和編製會計報表的理論依據。本章主要介紹會計要素的定義、內容、特點、確認條件和會計等式及其經濟業務的發生對會計等式的影響和經濟業務的類型。

第一節　會計要素

一、會計要素及其組成

　　會計要素是會計核算對象的基本分類，是設定會計報表的結構和內容，也是進行確認和計量的依據。對會計要素加以嚴格定義，就能為會計核算奠定堅實的基礎。根據 2006 年 2 月財政部頒布的《企業會計準則——基本準則》規定，企業的會計要素包括資產、負債、所有者權益、收入、費用和利潤六要素。其中資產、負債、所有者權益構成資產負債表的基本框架，又稱為資產負債表要素，反應了在一定時點上企業資金的靜態表現，即企業的財務狀況；收入、費用、利潤構成利潤表的基本框架，又稱為利潤表要素，反應了在一定時期內企業資金的動態表現，即企業的經營成果，如圖 2-1 所示：

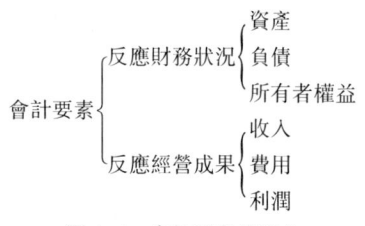

$$
會計要素\begin{cases}反應財務狀況\begin{cases}資產\\負債\\所有者權益\end{cases}\\反應經營成果\begin{cases}收入\\費用\\利潤\end{cases}\end{cases}
$$

圖 2-1　會計要素的構成

二、反應企業財務狀況的會計要素

（一）資產

　　1. 資產的定義

　　資產是指過去的交易或事項形成的、由企業擁有或控制的、預期會給企業帶來經濟利益的資源。

一個企業從事生產經營活動，必須具備一定的物質資源，或者說物質條件。在市場經濟條件下，這些必需的物質條件表現為貨幣資金、廠房場地、機器設備、材料等，統稱為資產，它們是企業從事生產經營活動的物質基礎。除以上的貨幣資金以及具有物質形態的資產以外，資產還包括那些不具備物質形態，但有助於生產經營活動的專利、商標等無形資產，也包括對其他單位的投資。

　2. 資產的特徵

　　根據資產的定義，作為會計要素的資產，必須具備以下特徵：

　（1）資產是由過去的交易或事項形成的

　　這就是說，作為企業的資產，必須是現實的而不是預期的資產，它是由企業過去已經發生或完成的交易或事項所產生的結果，包括購置、生產、建造等行為或其他交易、事項。預期在未來發生或完成的交易或事項不形成企業的資產，如計劃購入的機器設備等。

　（2）資產是由企業擁有或控制的

　　擁有是指企業享有某項資產的法定所有權，企業擁有資產，就能夠從該項資產中獲得經濟利益；控制是指企業雖然不享有某項資產的法定所有權，但該項資產能夠被企業所控制，而且同樣能夠從該項資產中獲取經濟利益，如融資性租入固定資產。而企業沒有買下使用權的礦藏、對工廠周圍的控制，都不能作為企業的資產。

　（3）資產預期會給企業帶來經濟利益

　　預期會給企業帶來經濟利益，是指資產必須具有使用價值，能夠直接或者間接導致現金和現金等價物流入企業的潛力。如貨幣資金可以用於購買廠房機器、原材料、商品，也可以用於利潤分配或投資，出售商品或提供勞務等，這些經濟活動都能直接或者間接地為企業創造經濟利益。如果資產不具有使用價值，就不能作為企業的資產入帳。如企業報廢的機器設備就不能再作為企業的資產入帳。

　3. 資產的確認條件

　　凡符合資產定義的資源，在同時滿足以下兩個條件時確認為資產：

　（1）與該資源有關的經濟利益很可能流入企業

　　從資產的定義可以看到，能否帶來經濟利益是資產的一個本質特徵，但在現實生活中，由於經濟環境瞬息萬變，與資源有關的經濟利益，能否流入企業或者能夠流入多少，實際上帶有很大的不確定性。因此，資產的確認還應與經濟利益流入的不確定性程度的判斷結合起來。如果根據編製財務報表時所取得的證據，與資源有關的經濟利益很可能流入企業，那麼就應當將其作為企業的資產予以確認；反之，則不能確認為企業的資產。如某企業賒銷一批商品給某一客戶，從而形成了對該客戶的應收帳款，由於企業最終收到款項與銷售實現之間有時間差，而且收款又在未來期間，因此帶有一定的不確定性，如果企業在銷售時判斷未來很可能收到款項或者能夠確定收到款項，企業就應當將該應收帳款確認為一項資產；如果企業判斷在通常情況下很可能部分或者全部無法收回，表明該部分或者全部應收帳款已經不符合資產的確認條件，應當計提壞帳準備，減少資產的價值。

　（2）該資源的成本或者價值能夠可靠地計量

　　財務會計系統是一個確認、計量和報告的系統，其中計量起著樞紐作用，可計量

性是所有會計要素確認的重要前提，資產的確認也是如此。只有當有關資源的成本或者價值能夠可靠地計量時，資產才能予以確認。在會計實務中，企業取得的許多資產都是發生了實際成本的，如企業購買或者生產的存貨，企業購置的廠房或者設備等，對於這些資產，只要實際發生的購買成本或者生產成本能夠可靠計量，就視為符合了資產確認的可計量條件，就應當確認為資產。在某些情況下，企業取得的資產沒有發生實際成本或者發生的實際成本很小，如企業持有的某些衍生金融工具形成的資產，對於這些資產，儘管它們沒有實際成本或者發生的實際成本很小，但是如果其公允價值能夠可靠計量，也被認為符合了資產確認的可計量性條件，也應確認為資產。

凡是符合資產定義和資產確認條件的項目，均應當列入資產負債表；凡是符合資產定義、但不符合資產確認條件的項目，均不應當列入資產負債表。

4. 資產的分類

按照不同的標準，資產可以分為不同的類別。按耗用期限的長短，可分為流動資產和非流動資產；按是否有實體形態，可分為有形資產和無形資產。目前，中國會計實務中，常見的是將資產按流動性（資產的變現能力或耗用時間的長短）分類，分為流動資產和非流動資產。非流動資產還可以進一步分為持有至到期投資、固定資產、無形資產、長期待攤費用等。

（1）流動資產

流動資產，是指將在一年（含一年）或超過一年的一個營業週期內變現或耗用的資產。即流動資產是指滿足下列條件之一的資產：①預計在一個正常營業週期中變現、出售或耗用；②主要為交易目的而持有；③預計在資產負債表日起一年內（含一年）變現；④自資產負債表日起一年內交換其他資產或清償負債的能力不受限制的現金或現金等價物等。流動資產主要包括庫存現金、銀行存款、交易性金融資產、應收票據、應收帳款、預付帳款、應收利息、應收股利、其他應收款、存貨、一年內到期的長期資產等。

庫存現金，是指單位為了滿足經營過程中零星支付需要而保留的現金。

銀行存款，是指企業存放在銀行和其他金融機構的貨幣資金。按照國家現金管理和結算制度的規定，每個企業都要在銀行開立帳戶，稱為結算戶存款，用來辦理存款、取款和轉帳結算。

交易性金融資產，是指企業為了近期內出售而持有的金融資產，如以賺取差價為目的從二級市場購買的股票、債券、基金等。交易性金融資產是2006年企業會計準則新增加的項目，主要為了適應現在的股票、債券、基金等出現的市場交易，取代了原來的短期投資，與之類似，又有不同。

應收票據，是指企業持有的、尚未到期兌現的商業票據，包括商業承兌匯票和銀行承兌匯票。

應收帳款，是指企業對外銷售商品、材料以及提供勞務等而應向購貨方或接受勞務方收取的款項。

預付帳款，是指企業按照購貨合同規定預付給供應單位的款項。

應收利息，是指企業因債權投資而應收取的一年內到期收回的利息。

應收股利，是指企業因股權投資而應收取的現金股利以及應收其他單位的利潤。

其他應收款，是指企業除應收帳款、應收票據以外的其他各種應收、暫付款項。如職工預借的差旅費等。

存貨，是指企業在日常活動中持有以備出售的產成品或商品，或者仍處在生產過程中的在產品，或者在生產過程或提供勞務過程中耗用的材料、物料等。

一年內到期的長期資產，是指將在一年內到期的持有至到期投資、長期應收款等長期資產。

（2）非流動資產

非流動資產，也稱為長期資產，是指除流動資產以外的資產，主要包括持有至到期投資、固定資產、無形資產、長期應收款、長期待攤費用等。

持有至到期投資，是指到期日固定、回收金額固定或可確定，且企業有明確意圖和能力持有至到期的非衍生金融資產。如企業購買的 5 年期國債等。

固定資產，是指同時具有下列兩個特徵的有形資產：為生產商品、提供勞務、出租或經營管理而持有的；使用壽命超過一個會計期間，包括房屋及建築物、機器設備、運輸設備、工具器具等。

無形資產，是指企業擁有或者控制的沒有實物形態的可辨認非貨幣性資產。包括專利權、非專利技術、商標權、著作權、土地使用權等。

長期應收款，是指企業融資租賃產生的應收款項和採用遞延方式分期收款、實質上具有融資性質的銷售商品和提供勞務等經營活動產生的應收款項。

長期待攤費用，是指企業已經支出，但攤銷期限在一年以上的各項費用。長期待攤費用不能全部計入當年損益，應當在以後年度內分期攤銷，具體包括租入固定資產的改良支出及攤銷期限在一年以上的其他待攤費用。

綜上所述，企業資產的構成如圖 2-2 所示。

```
                           ┌── 庫存現金
                           ├── 銀行存款
                           ├── 交易性金融資產
                           ├── 應收票據
                           ├── 應收帳款
                ┌─ 流動資產 ─┼── 預付帳款
                │          ├── 應收利息
                │          ├── 應收利息
                │          ├── 其他應收款
                │          ├── 存貨
   資產 ────────┤          └── 1年內到期的長期資產
                │
                │          ┌── 持有至到期投資
                │          ├── 固定資產
                └─非流動資產─┼── 無形資產
                           ├── 長期應收款
                           └── 長期待攤費用
```

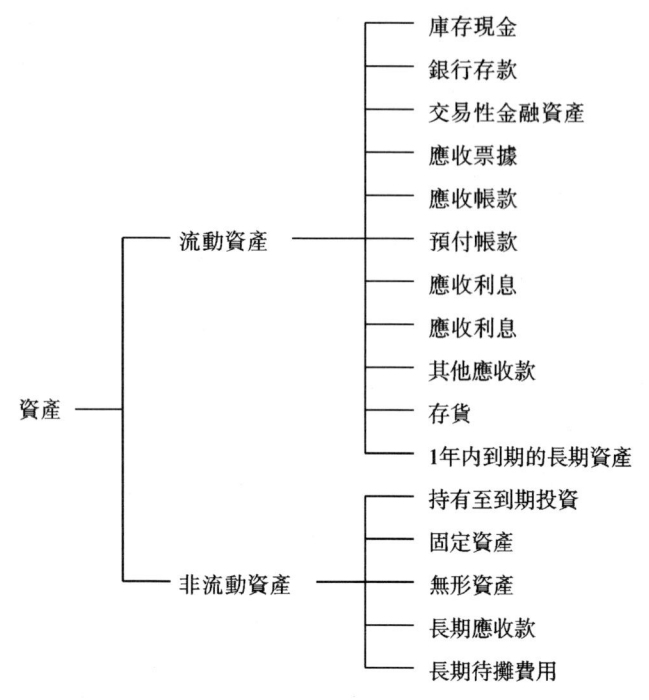

圖 2-2　資產的構成

(二) 負債

1. 負債的定義

負債是指企業過去的交易或者事項形成的、預期會導致經濟利益流出企業的現時義務。如果把資產理解為企業的權利，那麼負債就可以理解為企業所承擔的義務。

2. 負債的特點

(1) 負債是由過去的交易或事項形成的義務

負債由過去的交易或事項形成的經濟責任或經濟義務，是企業過去的交易或事項的一種結果，尚未發生的交易或事項不能確認為負債。如從銀行借入的款項、購貨形成的應付帳款等，應作為一項負債確認。

(2) 負債是一種企業承擔的現時義務

現時義務是指企業在現行條件下已承擔的義務，未來發生的交易或者事項形成的義務，或預期在將來要發生的交易或事項可能產生的債務，不屬於現時義務，不應當確認為負債。如企業將在未來發生的承諾、與供貨單位簽訂的賒購合同等交易或者事項，就不能作為一項負債確認。

(3) 負債必須於未來某個特定時期予以償還

一般情況下，負債都有確切的債權人和到期日，到期都必須加以償還，負債只有清償后才能消失。如短期借款、應付帳款、應交稅費等。

(4) 清償負債會導致經濟利益流出企業

企業可以以現金、實物資產等資產或提供勞務方式清償負債，也可以通過承諾新的負債或將負債轉化為所有者權益等方式清償負債。通過承諾新的負債清償，只是將負債的償付時間延遲了，最終也要以企業的經濟資源來清償；將負債轉化為所有者權益方式清償，時間上相當於企業用增加所有者權益而獲得的資產來償還了現時負債。可見，不管採用哪種方式清償負債都意味著未來企業資產的減少。

3. 負債的確認條件

凡是符合負債定義的義務，在同時滿足以下條件時，確認為負債：

（1）與該義務有關的經濟利益很可能流出企業

從負債的定義可以看到，預期會導致經濟利益流出企業是負債的一個本質特徵。但在現實生活中，由於經濟環境瞬息萬變，與負債有關的經濟利益能否流出企業帶有很大的不確定性。因此，負債的確認應與經濟利益流出的不確定性程度的判斷結合起來，如果有確鑿的證據表明，與現時義務有關的經濟利益很可能流出企業，就應當將其作為企業的負債予以確認；反之，如果企業承擔了的現時義務，但是與該現時義務有關的經濟利益流出企業的很可能很小，則不應當將其作為企業的負債予以確認。

（2）未來流出的經濟利益的金額能夠可靠地計量

可計量性是所有會計要素確認的重要前提，負債的確認也是如此。只有當與現時義務有關的經濟利益未來流出企業的金額能夠可靠計量時，才能將其作為企業的負債予以確認；否則，不能將其作為企業的負債予以確認，只能進行披露。

凡是符合負債定義和負債確認條件的項目，應當列入資產負債表；凡是符合負債定義，但不符合負債確認條件的項目，不應當列入資產負債表。

4. 負債的分類

按償還期限的長短，一般將負債分為流動負債和非流動負債。

（1）流動負債

流動負債，是指將在一年或超過一年的一個營業週期內償還的債務。即流動負債是指滿足下列條件之一的負債：①預計在一個正常營業週期內清償；②主要為交易目的而持有；③預計在資產負債表日起一年內（含一年）到期應予以清償；④企業無權將清償推遲至資產負債表日後一年以上。流動負債主要包括短期借款、應付票據、應付帳款、預收帳款、應付職工薪酬、應交稅費、應付股利、其他應付款，以及一年內到期的長期負債等。

短期借款，是指企業向銀行或其他金融機構等借入的、還款期限在一年以下（含一年）的各種借款。一般是企業為維持正常的生產經營所需的資金或為抵償某項債務而借入的款項。

應付票據，是指由出票人出票，委託付款人在指定日期無條件支付確定的金額給收款人或者票據持票人的票據。應付票據通常是企業因購買材料、商品或接受勞務供應等而開出、承兌的商業匯票，包括商業承兌匯票和銀行承兌匯票。

應付帳款，是指因購買材料、商品或接受勞務供應等而應付給供應單位的款項。它是買賣雙方在購銷活動中由於取得物資與支付貨款在時間上不一致而產生的負債。

預收帳款，是指企業按照合同規定或交易雙方的約定，在尚未向購買單位或接受

勞務單位發出商品或提供勞務前預先收取的款項。

應付職工薪酬，是指企業根據有關規定應付給職工的各種薪酬。包括職工工資、獎金、津貼、補貼、社會保險費、住房公積金等。

應交稅費，是指企業根據在一定時期內取得的營業收入、實現的利潤等，按照現行稅法規定，採用一定的計稅方法計算的應交納的各種稅費。包括增值稅、消費稅、營業稅、所得稅、城市維護建設稅、教育費附加等。

應付股利，是指企業經董事會或股東大會，或類似機構決議確定分配給投資者的現金股利或利潤。

其他應付款，是指企業除應付帳款、應付票據以外的其他各種應付、暫收款項。如應付賠償款、存入保證金等。

一年內到期的長期負債，是指將在一年內到期的長期借款、應付債券、長期應付款等非流動負債。

（2）非流動負債

非流動負債，也稱為長期負債，是指除流動負債以外的負債，即是指償還期在一年或超過一年的一個營業週期以上的債務。主要包括長期借款、應付債券、長期應付款等。

長期借款，是指企業向銀行或其他金融機構借入的期限在一年以上（不含一年）或超過一年的一個營業週期以上的各項借款。

應付債券，是指企業為籌集長期資金而實際發行的債券及應付的利息。它是企業籌集長期資金的一種重要方式。

長期應付款，是指除了長期借款和應付債券以外的其他各種長期應付款項。如應付融資租入固定資產租賃費等。

綜上所述，企業負債的構成，如圖2-3所示。

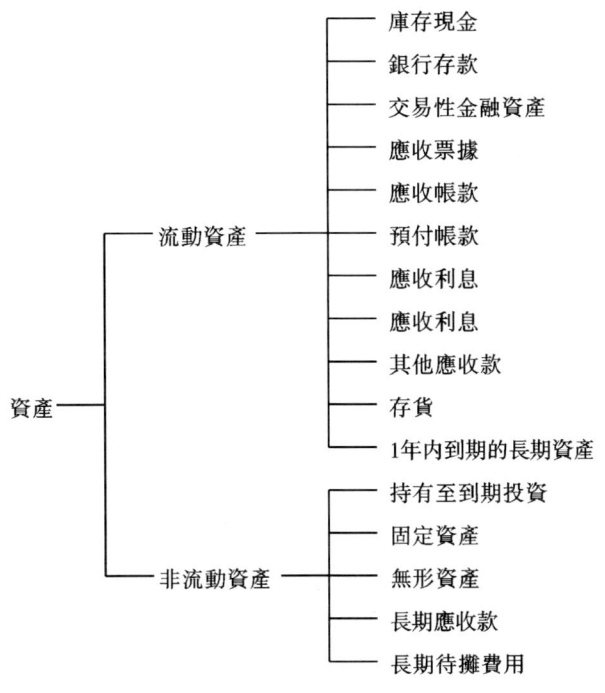

```
                    ┌─ 庫存現金
                    ├─ 銀行存款
                    ├─ 交易性金融資產
                    ├─ 應收票據
                    ├─ 應收帳款
        ┌─ 流動資產 ─┤─ 預付帳款
        │           ├─ 應收利息
        │           ├─ 應收利息
        │           ├─ 其他應收款
資產 ───┤           ├─ 存貨
        │           └─ 1年內到期的長期資產
        │
        │           ┌─ 持有至到期投資
        │           ├─ 固定資產
        └─非流動資產 ┤─ 無形資產
                    ├─ 長期應收款
                    └─ 長期待攤費用
```

圖 2-3　負債的構成

(三) 所有者權益

1. 所有者權益的定義

所有者權益是指企業資產扣除負債後，由所有者享有的剩餘權益。股份公司的所有者權益又稱為股東權益。所有者權益是所有者對企業資產的剩餘索取權，它是企業資產扣除債權人權益後應由所有者享有的部分，既可反應所有者投入資本的保值情況，又體現了保護債權人權益的理念。資產減去負債後的差額，又稱為淨資產，也就是說，所有者權益是所有者在企業淨資產中享有的經濟利益。

2. 所有者權益的特點

所有者權益相對於負債而言，具有以下特點：

(1) 所有者不像負債那樣需要償還，除非發生減值、清算，企業不需要償還所有者。

(2) 企業清算時，往往優先清償負債，而只有在清償所有的負債之后，才返還給所有者。

(3) 所有者權益能夠分享利潤，而負債則不能參與利潤分配。

(4) 所有者權益在性質上，體現為所有者對企業資產的剩餘收益；在數量上，也就體現為資產減去負債後的差額。

3. 所有者權益的確認

所有者權益體現的是所有者對企業淨資產的所有權，在數量上體現為資產減去負

債后的余額。因此，所有者權益的確認主要依賴於其他會計要素，尤其是取決於資產和負債的確認，所有者權益金額的確認也主要取決於資產和負債的計量。如企業接受投資人投入的資產，在該資產符合資產的確認條件時，就相應地符合了所有者權益的確認條件；當該資產的金額能夠可靠地計量時，所有者權益的金額也就可以確認。

4. 所有者權益的來源構成

所有者權益的來源包括所有者投入的資本、直接計入所有者權益的利得和損失、留存收益等。通常由實收資本（或股本）、資本公積、盈余公積和未分配利潤等項目構成。其中，實收資本（或股本）和資本公積是企業投資者實際投入企業的資本，盈余公積和未分配利潤是企業歷年實現的淨利潤留存於企業的部分，屬於企業淨利潤的累積，因此，又稱為留存收益。

直接計入所有者權益的利得和損失，是指不應計入當期損益、會導致所有者權益發生增減變動的、與所有者投入資本或者向所有者分配利潤無關的利得或者損失。

利得，是指由企業非日常活動所形成的、會導致所有者權益增加的、與所有者投入資本無關的經濟利益的流入。如可供出售金融資產的公允價值高於其帳面價值的差額等。

損失，是指由企業非日常活動所發生的、會導致所有者權益減少的、與向所有者分配利潤無關的經濟利益的流出。如可供出售金融資產的公允價值低於其帳面價值差額等。

（1）實收資本（或股本）

實收資本（或股本），是指投資者按照企業章程或者合同、協議的約定實際投入企業的資本。包括投資者投入的現金、實物資產或無形資產等各種財產物資。企業投資者的出資額構成企業的資本總額，經工商行政管理部門登記的資本總額稱為註冊資本。一般情況下，企業的實收資本（或股本）與註冊資本應保持一致。

（2）資本公積

資本公積，是指企業收到投資者出資超出其在註冊資本或股本中所占的份額。主要包括資本溢價或股本溢價。資本溢價或股本溢價是企業投資者投入企業的資金超出其在註冊資本或股本中所占份額的部分。

（3）盈余公積

盈余公積，是指企業從淨利潤中提取的公積金，包括法定盈余公積和任意盈余公積。法定盈余公積是企業按照規定比例（一般為10%）從淨利潤中提取的盈余公積；任意盈余公積是企業經過股東大會或類似機構批准，從淨利潤中提取的盈余公積，其提取比例視企業情況而定（一般不超過10%）。盈余公積可以用於彌補虧損，也可以按照規定程序轉增企業的資本（或股本）等。

（4）未分配利潤

未分配利潤，是指企業實現的淨利潤在彌補虧損、提取盈余公積和向投資者分配利潤后，留待以后年度分配的利潤。未分配利潤的使用、分配具有較大的靈活性和自主性。

綜上所述，所有者權益的構成如圖2-4所示。

```
所有者權益 ┬─ 實收資本(或股本)
          ├─ 資本公積
          ├─ 盈餘公積
          └─ 未分配利潤
```

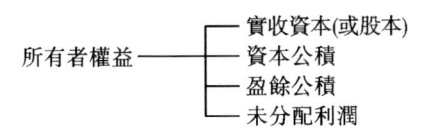

圖 2-4　所有者權益的構成

三、反應企業經營成果的會計要素

(一) 收入

1. 收入的定義

收入是企業在日常活動中形成的、會導致所有者權益增加的、與所有者投入資本無關的經濟利益的總流入。

2. 收入的特點

(1) 收入是從企業的日常活動中產生的，而不是從偶發的交易或事項中產生的

日常活動是指企業為完成其生產經營目標所從事的經常性活動，以及與之相關的其他活動，如製造企業產品的生產和銷售活動，商品流通企業的購銷活動，服務企業提供勞務的活動等均屬於日常活動，所產生的經濟利益的流入稱為收入（狹義的收入）。而企業取得的罰款收入、出售固定資產的淨收益等活動產生的經濟利益的流入，則不能確認為收入，應當確認為利得（廣義的收入）。

(2) 收入會導致企業所有者權益的增加

與收入相關的經濟利益的流入會導致企業所有者權益的增加，不會導致企業所有者權益增加的經濟利益的流入不符合收入的定義，不能確認為收入。如企業從銀行借入的款項，雖然也導致了企業經濟利益的流入，但該流入並沒有導致企業所有者權益的增加，而是使企業承擔了一項現時義務，應將其確認為一項負債，不應確認為收入。

(3) 收入是與所有者投入資本無關的經濟利益的總流入

收入的取得會導致企業經濟利益的流入，從而導致企業資產的增加。如企業銷售商品，應當在收到現金或者有權在未來收到現金，才表明該交易符合收入的定義；而有時經濟利益的流入是由於所有者投入資本的增加所導致的，所有者投入資本的增加不應確認為收入，應當直接確認為所有者權益；企業為第三方或客戶代收的款項，也會導致經濟利益的流入，但不應確認為收入，應當確認為一項負債。

3. 收入的確認條件

對於符合收入定義的項目，應當在同時滿足以下條件時確認為收入：一是經濟利益很可能流入從而導致企業資產增加或者負債減少；二是經濟利益的流入額能夠可靠地計量。

4. 收入的分類

收入分為狹義的收入和廣義的收入。狹義的收入包括主營業務收入和其他業務收入，廣義的收入除包括主營業務收入和其他業務收入外，還包括投資收益和營業外收入等。

(1) 主營業務收入

主營業務收入，是指企業從事主營業務活動所取得的收入，如製造企業銷售產品和提供工業性勞務取得的收入，商品流通企業銷售商品取得的收入等。

(2) 其他業務收入

其他業務收入，是指企業除主營業務以外的其他經營活動實現的收入，包括出租固定資產、出租無形資產、出租包裝物和商品、銷售材料等實現的收入。

(3) 投資收益

投資收益，是指企業對外投資取得的投資收益減去發生的投資損失後的淨額。

(4) 營業外收入

營業外收入，是指企業發生的與其經營活動無直接關係的各項淨收入，主要包括處置非流動資產利得、非貨幣性資產交換利得、債務重組利得、罰沒利得、政府補助利得、捐贈利得等。

綜上所述，企業收入的構成如圖 2-5 所示。

```
                    ┌─ 主營業務收入
         ┌─ 狹義 ──┤
         │        └─ 其他業務收入
收入 ────┤        ┌─ 主營業務收入
         │        │─ 其他業務收入
         └─ 廣義 ──┤
                  │─ 投資收益
                  └─ 營業外收入
```

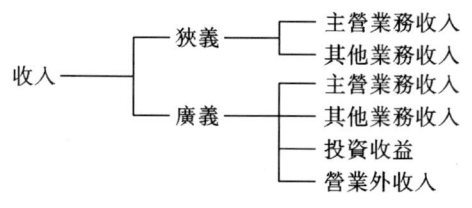

圖 2-5　收入的構成

(二) 費用

1. 費用的定義

費用是指企業在日常活動中發生的、會導致所有者權益減少的、與向所有者分配利潤無關的經濟利益的總流出。

2. 費用的特點

(1) 費用是在企業日常活動中產生的

費用必須是在企業日常活動中產生的，費用產生的日常活動的界定與收入產生的日常活動的界定是一致的。企業日常活動中所發生的費用主要包括兩類：一類是企業為生產產品或提供勞務等發生的費用，應計入產品成本或勞務成本；另一類是不應計入成本而直接計入當期損益的期間費用，主要包括銷售成本、折舊費、職工薪酬等。企業日常活動中產生的經濟利益的流出稱為狹義的費用；企業非日常活動中產生的經濟利益的流出稱為廣義的費用，廣義的費用不能確認為費用，應當確認為損失，如罰款支出、捐贈支出、非常損失等。

(2) 費用的發生會導致企業所有者權益的減少

與費用相關的經濟利益的流出會導致企業所有者權益的減少，不會導致企業所有者權益減少的經濟利益的流出不符合費用的定義，不能確認為費用。

(3) 費用是與向所有者分配利潤無關的經濟利益的總流出

費用的發生必然會導致企業經濟利益的流出，從而導致企業資產的減少或負債的增加或二者同時發生。如企業以現金支付水費表現為資產的減少，年末根據企業實現的淨利潤計算企業應付的所得稅則表現為負債的增加等。企業經股東大會或類似機構決議，向股東或投資者分配利潤，也會導致經濟利益流出企業，但該經濟利益的流出是所有者權益的抵減項目，不應確認為費用。

3. 費用的確認條件

對於符合費用定義的項目，應當在同時滿足以下條件時確認為費用：一是經濟利益很可能流出從而導致企業資產減少或者負債增加；二是經濟利益的流出額能夠可靠地計量。

4. 費用的分類

（1）費用按其經濟用途分類

費用按其經濟用途分類，可以分為應記入產品成本的生產費用和不應記入產品成本的期間費用兩大類。生產費用是指在產品生產過程中發生的各種耗費，包括直接材料、直接人工和製造費用；期間費用是指不計入產品生產成本、直接計入發生當期損益的各種費用，包括管理費用、財務費用和銷售費用。

①直接材料，是指直接用於產品生產、構成產品實體的原料及主要材料、外購半成品、有助於產品形成的輔助材料及其他直接材料。

②直接人工，是指直接從事產品生產的生產工人工資以及按生產工人工資總額和規定比例提取的職工福利費等。

③製造費用，是指企業內部各個生產單位（分廠、車間）為組織和管理生產所發生的各項間接費用，包括分廠、車間管理人員工資、固定資產折舊費、維修費、修理費及其他製造費用（辦公費、差旅費、勞保費）等。

企業為生產一定種類和數量的產品所發生的費用，稱為產品的生產成本，即產品的生產成本是由直接材料、直接人工和製造費用三個成本項目構成的。

④管理費用，是指企業為組織和管理企業生產經營所發生的各項費用，包括企業的董事會和行政管理部門在企業的經營管理中發生的或者應由企業統一負擔的公司經費（包括行政管理部門職工薪酬、修理費、物料消耗、低值易耗品攤銷、辦公費和差旅費等）、工會經費、董事會費（包括董事會成員津貼、會議費和差旅費等）、聘請仲介機構費、咨詢費（含顧問費）、訴訟費、業務招待費、房產稅、車船使用稅、土地使用稅、印花稅、技術轉讓費、礦產資源補償費、研究費用、排污費等。

⑤財務費用，是指企業為籌集生產經營所需資金等而發生的籌資費用，包括利息支出（減利息收入）、匯兌差額以及相關的手續費、企業發生的現金折扣或收到的現金折扣等。

⑥銷售費用，是指企業銷售商品和材料、提供勞務的過程中發生的各種費用，包括保險費、包裝費、展覽費和廣告費、商品維修費、預計產品質量保證損失、運輸費、裝卸費等以及為銷售本企業商品而專設的銷售機構（含銷售網點、售後服務網點等）的職工薪酬、業務費、折舊費等經營費用。

(2) 費用按其與收入的配比關係分類

費用按其與收入的配比關係分類，可分為主營業務成本、其他業務成本、營業稅金及附加、營業外支出、所得稅費用等。

①主營業務成本，是指因銷售商品、提供勞務等主營業務活動而發生的實際成本。

②其他業務成本，是指企業除主營業務活動以外的其他經營活動所發生的支出，包括銷售材料的成本、出租固定資產的累計折舊、出租無形資產的累計攤銷、出租包裝物的成本或攤銷額、採用成本模式計量的投資房地產的累計折舊或累計攤銷等。

③營業稅金及附加，是指企業經營活動發生的營業稅、消費稅、城市維護建設稅、資源稅和教育費附加等相關稅費。

④營業外支出，是指企業發生的與其經營活動無直接關係的各項淨支出，包括處置非流動資產損失、非貨幣性資產交換損失、債務重組損失、罰款支出、捐贈支出、非常損失等。

⑤所得稅費用，是指企業按照所得稅法的規定，從當期利潤總額中扣除的應向國家繳納的所得稅。

綜上所述，企業費用的構成如圖2-6所示。

```
                                      ┌─ 生產費用 ─┬─ 直接材料
                                      │          ├─ 直接費用
               ┌─ 按經濟用途分類 ──────┤          └─ 制造費用
               │                      │          ┌─ 管理費用
               │                      └─ 期間費用 ┼─ 財務費用
費用 ──────────┤                                 └─ 銷售費用
               │                                 ┌─ 主營業務成本
               │                                 ├─ 其他業務成本
               │                                 ├─ 營業稅金及附加
               └─ 按與收入的配比關系分類 ────────┼─ 營業外支出
                                                 ├─ 期間費用
                                                 ├─ 營業外支出
                                                 └─ 所得稅費用
```

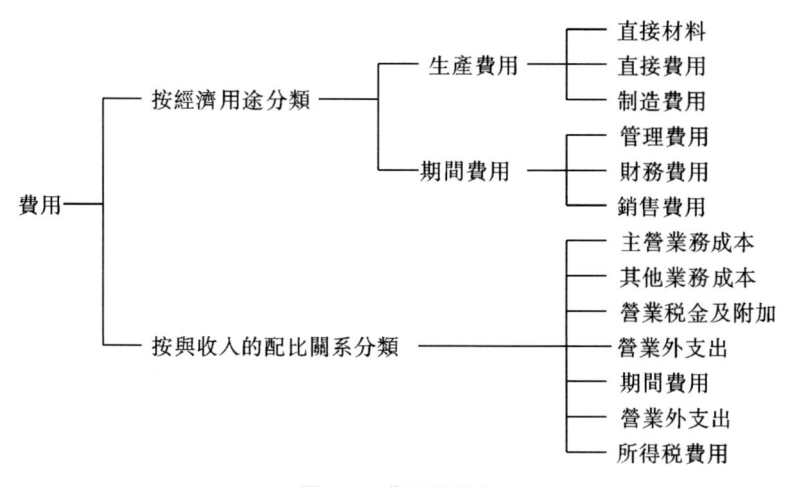

圖2-6　費用的構成

(三) 利潤

1. 利潤的定義

利潤是企業在一定會計期間的經營成果。如果企業實現了利潤，表明企業所有者權益增加；反之，如果企業發生了虧損，表明企業所有者權益減少。因此，利潤是評價企業管理層業績的一項重要指標，也是投資者等財務報告信息使用者進行財務決策時的重要參考。

2. 利潤的構成

利潤包括收入減去費用后的淨額、直接計入當期利潤的利得和損失等。其中，收

入減去費用后的淨額反應的是企業日常活動的業績；直接計入當期利潤的利得和損失是指應當計入當期損益，會導致所有者權益發生增減變化的、與所有者投入資本或向所有者分配利潤無關的利得和損失。

利潤按其構成層次的不同，通常分為營業利潤、利潤總額和淨利潤。

（1）營業利潤

營業利潤是指企業在銷售商品、提供勞務等日常活動中所產生的利潤。它由營業收入（包括主營業務收入和其他業務收入）減去營業成本（包括主營業務成本和其他業務成本）、營業稅金及附加、銷售費用、管理費用、財務費用、資產減值損失再加上公允價值變動淨收益和投資淨收益后形成。

（2）利潤總額

利潤總額又稱為稅前利潤，是指企業在一定時期內經營活動的總成果，反應企業在報告期內實現的盈利或虧損總額。利潤總額由營業利潤加上營業外收入減去營業外支出構成。

（3）淨利潤

淨利潤又稱為稅后利潤，是指在利潤總額扣除所得稅費用後的余額。

利潤的構成如圖2-7所示。

利潤 ── 營業利潤
　　　　利潤總額
　　　　淨利潤

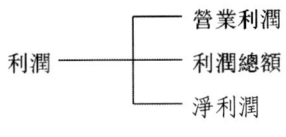

圖2-7　利潤的構成

3. 利潤的確認條件

利潤反應的是收入減去費用、利得減去損失後的淨額，因此，利潤的確認主要依賴於收入和費用以及利得和損失的確認，其金額的確定也主要取決於收入和費用以及利得和損失的計量。

以上會計要素中，資產、負債及所有者權益能夠反應企業在某一時點的財務狀況，屬於靜態要素，在資產負債表中予以列示；收入、費用及利潤能夠反應企業在某一期間的經營成果，屬於動態要素，在利潤表中予以列示。

第二節　會計等式

會計等式，也稱會計平衡公式、會計恒等式或會計方程式，它是對各會計要素的內在經濟關係利用數學公式所作的概括表達，即會計等式是反應各會計要素之間數量關係的等式。它揭示了各會計要素之間的聯繫，是復式記帳、試算平衡和編製會計報表的理論依據。

一、資產、負債及所有者權益之間的關係

任何企業要從事生產經營活動，必定要有一定數量的資產。而每一項資產，如果我們一分為二地看，就不難發現，一方面，任何資產只不過是經濟資源的一種實際存在或表現形式，或為機器設備，或為庫存現金、銀行存款等。另一方面，這些資產都是按照一定的渠道進入企業的，或由投資者投入，或通過銀行借入等，即必定有其提供者。顯然，一般人們不會無償地將經濟資源（即資產）讓渡出去，也就是說，企業中任何資產都有其相應的權益要求，誰提供了資產，誰就對這些資產擁有了相應的索償權，這種索償權在會計上稱為權益。這樣就形成了最初的會計等式：

$$資產 = 權益$$

這一等式表明，會計等式之所以成立就是因為資產和權益是同一事物的兩個方面：一方面是歸企業所有的一系列財產（資產）；另一方面是對這些財產的一系列所有權（權益）。而且，由於權益要求表明資產的來源，而全部來源又必與全部資產相等，所以全部資產必須等於全部權益。

而權益通常分為兩種：

一是以投資者的身分向企業投入資產而形成的權益，稱為所有者權益；

二是以債權人的身分向企業提供資產而形成的權益，稱為債權人權益或負債。

這樣，上述等式又可表達成：

$$資產 = 負債 + 所有者權益 \qquad (等式1)$$

該等式反應了資產的歸屬關係，是會計對象的公式化，其經濟內容和數學上的等量關係，既是資金平衡的理論依據，也是設置帳戶、復式記帳和編製資產負債表的理論依據。因此，會計上又稱為基本會計等式。

二、收入、費用與利潤之間的關係

資金運動在動態的情況下，其循環周轉過程中必然會取得收入、發生費用，將一定會計期間取得的收入和發生的費用進行配比，便可以確定該期間的經營成果，即利潤。因此，收入、費用與利潤之間也存在著平衡關係，用公式表示如下：

$$收入 - 費用 = 利潤 \qquad (等式2)$$

若利潤為正，則表明企業盈利；若利潤為負，則表明企業虧損。該等式反應了企業在一定期間的經營成果，是編製利潤表的依據。

三、綜合等式

企業在經營過程中，或盈利，或虧損。在某一時點，「收入−費用＝利潤」，利潤為正，表明經濟利益流入大於經濟利益流出，導致企業資產增加和所有者權益等額增加。由此可見，上述等式 1 和等式 2 之間存在著必然的聯繫，用公式表示如下：

新的所有者權益＝舊的所有者權益＋利潤＝舊的所有者權益＋收入−費用

新資產＝負債＋新的所有者權益

新資產＝負債＋舊所有者權益＋收入−費用　　　　　　　　　　（等式 3）

在會計期末，將收入和費用進行配比，計算出利潤，利潤經過分配，轉入所有者權益中，等式 3 又恢復為：

資產＝負債＋所有者權益　　　　　　　　　　（等式 4）

由上面分析可以看出，等式 1 反應的是資金運動的整體情況，也就是企業活動經營中某一時點（一般是開始日或結算日）的財務狀況；等式 2 反應的是企業資金運動的狀況，資產加以運用取得收入后，資產便轉化為費用，收入減去費用後即為利潤，該利潤作為資產用到下一輪經營活動中，於是便產生了等式 3，當利潤進行分配后，等式 3 便消失，又回到等式 1。所以，不管會計的六大要素如何相互轉變，最終均要回到基本會計等式，即「資產＝負債＋所有者權益」。

四、經濟業務對會計等式的影響

(一) 經濟業務及其類型

1. 經濟業務

經濟業務，又稱為會計事項，或交易或事項，它是指企業在生產經營過程中發生的能以貨幣計量的，並能引起會計要素發生增減變化的事項。企業在生產經營過程中，會不斷地發生各種經濟業務，如購買材料、生產和銷售產品、支付工資、計提折舊、上交稅金等。這些經濟業務可以分為兩大類：

一類為外部經濟業務，即企業發生在兩個不同會計主體之間價值轉移的經濟業務，如所有者投入資本、向銀行借款、向供應單位購貨、向客戶銷貨、與其他單位進行款項結算等。這類經濟業務又稱為交易。

另一類為內部經濟業務，即發生在一個會計主體內部（企業內部）各部門之間資源轉移的經濟業務，如生產經營過程中領用材料、計提折舊等。這類經濟業務又稱為事項。

這裡需要注意區分經濟業務與經濟活動的概念。如簽訂合同屬於經濟活動，但不能稱之為經濟業務，因為簽訂合同不需要進行會計記錄和會計核算。只有當實際履行合同並引起資金運動時，才需要對履行合同這一經濟活動如實記錄和反應，進行會計核算，履行合同才屬於經濟業務。

2. 經濟業務的類型

企業在生產經營過程中，每天都會發生大量的經濟業務，任何一項經濟業務的發

生，必然會對相關會計要素產生影響，引起會計等式中具體會計要素項目發生增減變化。儘管企業經濟業務多種多樣，但對會計等式的影響不外乎以下四種類型：

第一種類型：經濟業務的發生，引起等式兩邊資產與權益雙方同時等額增加。

經濟業務的發生，引起會計等式兩邊會計要素同時發生變動，兩邊同時增加，增加的數額相等，但不影響會計等式的平衡，只是經濟業務的發生導致會計等式兩邊的總額增加了。

第二種類型：經濟業務的發生，引起等式兩邊資產與權益雙方同時等額減少。

經濟業務的發生，引起會計等式兩邊會計要素同時發生變動，兩邊同時減少，減少的數額相等，但不影響會計等式的平衡，只是經濟業務的發生導致會計等式兩邊的總額減少了。

第三種類型：經濟業務的發生，引起等式左邊資產內部有增有減，增減的金額相等。

經濟業務的發生，引起會計等式左邊資產要素內部項目發生變動，一個項目增加，另一個項目減少，增減的數額相等。這類經濟業務的發生，最終不會引起會計等式兩邊的總額發生變動，同樣不影響會計等式的平衡。

第四種類型：經濟業務的發生，引起等式右邊權益內部有增有減，增減的金額相等。

經濟業務的發生，引起會計等式右邊負債和所有者權益要素內部項目發生變動，一個項目增加，另一個項目減少，增減的數額相等。這類經濟業務的發生，最終不會引起會計等式兩邊的總額發生變動，同樣不影響會計等式的平衡。

(二) 資產、權益變動的經濟業務對會計等式的影響

上述涉及資產、權益變動的經濟業務對會計等式影響的四種類型，還可以進一步細分為以下九種具體情況：

（1）一項資產增加，一項負債增加，增加的金額相等，等式保持平衡，等式雙方金額也等額增加。

（2）一項資產增加，一項所有者權益增加，增加的金額相等，等式保持平衡，等式雙方金額也等額增加。

（3）一項資產減少，一項負債減少，減少的金額相等，等式保持平衡，等式雙方金額也等額減少。

（4）一項資產減少，一項所有者權益減少，減少的金額相等，等式保持平衡，等式雙方金額也等額減少。

（5）一項資產增加，另一項資產減少，增減的金額相等，等式保持平衡，等式雙方金額保持不變。

（6）一項負債增加，另一項負債減少，增減的金額相等，等式保持平衡，等式雙方金額保持不變。

（7）一項所有者權益增加，另一項所有者權益減少，增減的金額相等，等式保持平衡，等式雙方金額保持不變。

(8) 一項負債減少，一項所有者權益增加，增減的金額相等，等式保持平衡，等式雙方金額保持不變。

(9) 一項負債增加，一項所有者權益減少，增減的金額相等，等式保持平衡，等式雙方金額保持不變。

上述經濟業務對會計等式影響的九種具體情況，如表 2-1 所示。

表 2-1　　　　　　　　　　經濟業務對會計等式的影響

經濟業務類型	資　產＝	負　債　　＋	所有者權益
(1) 第一種類型	增加	增加	
(2) 第一種類型	增加		增加
(3) 第二種類型	減少	減少	
(4) 第二種類型	減少		減少
(5) 第三種類型	增加、減少		
(6) 第四種類型		增加、減少	
(7) 第四種類型			增加、減少
(8) 第四種類型		減少	增加
(9) 第四種類型		增加	減少

下列舉例說明資產、權益變動的經濟業務對會計等式的影響。

[例 2-1] 假設光明公司 2009 年 3 月 31 日，資產、負債和所有者權的狀況如表 2-2 所示。

表 2-2　　　　　　　　　　光明公司資產負債表

2009 年 3 月 31 日　　　　　　　　　　　　　單位：元

資　產	金額	權　益	金額
庫存現金	2,000	短期借款	4,000
銀行存款	40,000	應付帳款	18,000
應收帳款	8,000	應付股利	
原材料	10,000	長期借款	8,000
庫存商品	10,000	實收資本	120,000
固定資產	100,000	資本公積	10,000
無形資產	10,000	未分配利潤	20,000
資產合計	180,000	權益合計	180,000

從表 2-2 中可見，2009 年 3 月 31 日光明公司的資產總額和權益總額均為 180,000 元，權益中負債總額為 30,000 元，所有者權益總額為 150,000 元。

假設光明公司 2009 年 4 月份發生下列涉及資產、權益變動的經濟業務：

(1) 從供應單位購買材料 5,000 元，貨款尚未支付。

這項經濟業務發生后，一方面使資產方的原材料增加了 5,000 元，另一方面使負

債方的應付帳款也增加了 5,000 元，會計等式兩邊同時增加 5,000 元，雙方總額仍然保持平衡。

（2）收到國家追加投入的資本 100,000 元，當即存入銀行。

這項經濟業務發生后，一方面使資產方的銀行存款增加了 100,000 元，另一方面使所有者權益方的實收資本也增加了 100,000 元，會計等式兩邊同時增加 100,000 元，雙方總額仍然保持平衡。

（3）以銀行存款 5,000 元償還前欠供應單位貨款。

這項經濟業務發生后，一方面使資產方的銀行存款減少了 5,000 元，另一方面使負債方的應付帳款也減少了 5,000 元，會計等式兩邊同時減少 5,000 元，雙方總額仍然保持平衡。

（4）經批准減少資本 8,000 元，以銀行存款退還投資者。

這項經濟業務發生后，一方面使資產方的銀行存款減少了 8,000 元，另一方面使所有者權益方的實收資本也減少 8,000 元，會計等式兩邊同時減少 8,000 元，雙方總額仍然保持平衡。

（5）收到客戶前欠貨款 3,000 元，存入銀行。

這項經濟業務發生后，一方面使資產方的銀行存款增加了 3,000 元，另一方面使資產方的應收帳款減少了 3,000 元，會計等式左邊一增一減，增減金額相等，右邊不受任何影響，雙方總額仍然保持平衡。

（6）向銀行申請取得短期借款 6,000 元，直接償還前欠供應單位的貨款。

這項經濟業務發生后，一方面使負債方的短期借款增加了 6,000 元，另一方面使負債方的應付帳款減少了 6,000 元，會計等式右邊一增一減，增減金額相等，左邊不受任何影響，雙方總額仍然保持平衡。

（7）光明公司經批准將其資本公積 10,000 元，轉增資本。

這項經濟業務發生后，一方面使所有者權益方的資本公積減少了 10,000 元，另一方面使所有者權益方的實收資本增加了 10,000 元，會計等式右邊一增一減，增減金額相等，左邊不受任何影響，雙方總額仍然保持平衡。

（8）某企業將光明公司所欠貨款 10,000 元，轉作對本企業的投入資本。

這項經濟業務發生后，一方面使負債方的應付帳款減少了 10,000 元，另一方面使所有者權益方的實收資本增加了 10,000 元，會計等式右邊一增一減，增減金額相等，左邊不受任何影響，雙方總額仍然保持平衡。

（9）光明公司經研究，決定向投資者分配利潤 20,000 元，予以轉帳。

這項經濟業務發生后，一方面使負債方的應付股利增加了 20,000 元，另一方面使所有者權益方的未分配利潤減少了 20,000 元，會計等式右邊一增一減，增減金額相等，左邊不受任何影響，雙方總額仍然保持平衡。

上述幾筆經濟業務對會計等式的影響，可用表 2-3 表示如下。

表 2-3　　　　　　　　　光明公司經濟業務發生對會計等式的影響　　　　　　　單位：元

資產項目	月初余額	本期增加	本期減少	月末余額	權益項目	月初余額	本期增加	本期減少	月末余額
庫存現金	2,000			2,000	短期借款	4,000	⑥ 6,000		10,000
銀行存款	40,000	②100,000 ⑤ 3,000	③5,000 ④8,000	130,000	應付帳款	18,000	① 5,000	③ 5,000 ⑥ 6,000 ⑧10,000	2,000
應收帳款	8,000		⑤3,000	5,000	應付股利		⑨ 20,000		20,000
原材料	10,000	① 5,000		15,000	長期借款	8,000			8,000
庫存商品	10,000			10,000	實收資本	120,000	②100,000 ⑦ 10,000 ⑧ 10,000	④ 8,000	232,000
固定資產	100,000			100,000	資本公積	10,000		⑦10,000	0
無形資產	10,000			10,000	未分配利潤	20,000		⑨20,000	0
資產合計	180,000	108,000	16,000	272,000	權益合計	180,000	151,000	59,000	272,000

從上述幾筆經濟業務中可以看出，雖然企業在生產經營過程中會發生各種各樣的經濟業務，然而對企業來說，任何經濟業務的發生，要麼引起會計等式左右兩方同時發生等額的增減變化，要麼引起會計等式左方或右方某一會計要素增加和另一會計要素等額減少，但無論怎樣變化，都不會破壞會計等式的平衡關係。

(三) 收入、費用變動的經濟業務對會計等式的影響

下面仍以光明公司為例，說明涉及收入、費用變動的經濟業務對會計等式的影響。上述九筆經濟業務發生後，光明公司資產、負債、所有者權益、收入、費用的數量關係為：

資產＝負債＋所有者權益＋收入－費用

移項後為：資產＋費用＝負債＋所有者權益＋收入

272,000＋0＝40,000＋232,000＋0

假設光明公司 2009 年 4 月份除發生以上涉及資產、權益變動的經濟業務外，還發生了下列涉及收入、費用變動的經濟業務：

(10) 銷售產品 1,000 件，每件售價 10 元，取得銷售收入 10,000 元，款項已存入銀行。

這項經濟業務發生後，一方面使企業收入項目的主營業務收入增加 10,000 元，另一方面使企業資產項目的銀行存款增加 10,000 元。此項業務發生後，企業資產總額和收入總額同時增加，會計等式兩邊總額保持平衡。

資產＋費用＝負債＋所有者權益＋收入

(272,000＋10,000)＋0＝40,000＋232,000＋10,000

(11) 向供應材料的甲工廠出售產品 200 件，每件售價 10 元，貨款 2,000 元用於抵還應付的材料價款。

這項經濟業務發生后，一方面使企業收入項目的主營業務收入增加2,000元，另一方面使企業負債項目的應付帳款減少2,000元。此項經濟業務發生后，使企業負債總額減少，收入總額增加，會計等式兩邊總額保持平衡。

資產+費用=負債+所有者權益+收入

282,000+0=（40,000-2,000）+232,000+（10,000+2,000）

（12）計算出本月應付的水電費1,600元，款項尚未支付。

這項經濟業務發生后，一方面使企業費用項目的管理費用增加1,600元，另一方面使企業負債項目的應付帳款增加1,600元。此項經濟業務發生后，企業費用總額和負債總額同時增加，會計等式兩邊總額保持平衡。

資產+費用=負債+所有者權益+收入

282,000+1,600=（38,000+1,600）+232,000+12,000

（13）結轉已售產品的實際成本8,400元。

這項經濟業務發生后，一方面使企業費用項目的主營業務成本增加8,400元，另一方面使企業資產項目的庫存商品減少8,400元。此項經濟業務發生后，企業資產總額減少，費用總額增加，會計等式兩邊總額保持平衡。

資產+費用=負債+所有者權益+收入

（282,000-8,400）+（1,600+8,400）=39,600+232,000+12,000

通過以上分析可以發現，對於涉及收入、費用變動的經濟業務的發生，也會引起會計等式中有關會計要素項目的增減變動，但無論怎樣變化，也都不會破壞會計等式的平衡關係。

綜上所述，每筆經濟業務（交易或事項）的發生，必然會引起資產、負債和所有者權益三要素中某一會計要素的增加和另一會計要素等額的減少，或者引起會計等式左右兩方會計要素同時發生等額的增減變化。但無論怎樣變化都不會破壞會計等式的平衡關係，會計等式兩端的金額永遠保持相等。

本章小結

會計要素是會計對象的具體化，是設定會計報表的結構和內容，也是進行確認和計量的依據。會計要素包括資產、負債、所有者權益三大靜態要素和收入、費用和利潤三大動態要素。資產是指企業過去的交易或事項形成的、由企業擁有或控制的、預期會給企業帶來經濟利益的資源；負債是指過去的交易或事項形成的現時義務，履行該義務預期會導致經濟利益流出企業；所有者權益是指企業資產扣除負債後，由所有者享有的剩餘權益；收入是企業在日常活動中形成的、會導致所有者權益增加的、與所有者投入資本無關的經濟利益的總流入；費用是指企業在日常活動中發生的、會導致所有者權益減少的、與向所有者分配利潤無關的經濟利益的總流出；利潤是企業在一定會計期間的經營成果。

會計要素在數量上的關係可用會計等式來描述。「資產=負債+所有者權益」是靜態的會計等式，也是基本的會計等式；「收入-費用=利潤」是動態的會計等式；「資產

+費用＝負債+所有者權益+收入」是擴展的會計等式。任何經濟業務的發生，都會引起會計要素項目的增減變動，但均不會破壞會計等式的平衡關係，所以會計等式又稱為會計方程式或會計恒等式。

思考題

1. 什麼是會計要素？中國企業的會計要素有哪些？
2. 簡述各會計要素的定義、特點、分類及其確認條件。
3. 基本的會計等式是什麼？它有何作用？
4. 經濟業務的發生對會計等式有何影響？
5. 簡述經濟業務的類型。

練習題

一、單項選擇題

1. 企業的原材料屬於會計要素中的（　　）。
   A. 資產　　　B. 負債　　　C. 所有者權益　　D. 權益
2. 企業所擁有的資產從財產權利歸屬來看，一部分屬於投資者，另一部分屬於（　　）。
   A. 企業職工　B. 債權人　　C. 債務人　　　D. 企業法人
3. 構成企業所有者權益主體的是（　　）。
   A. 盈余公積　B. 資本公積　C. 實收資本　　D. 未分配利潤
4. 一個企業的資產總額與所有者權益總額（　　）。
   A. 必然相等　　　　　　　B. 有時相等
   C. 不會相等　　　　　　　D. 只有在期末時相等
5. 一項資產增加，一項負債增加的經濟業務發生后，都會使資產與權益原來的總額（　　）。
   A. 發生同增的變動　　　　B. 發生同減的變動
   C. 不會變動　　　　　　　D. 發生不等額的變動
6. 某企業剛剛建立時，權益總額為 80 萬元，現發生一筆以銀行存款 10 萬元償還銀行借款的經濟業務，此時，該企業的資產總額為（　　）。
   A. 80 萬元　　B. 90 萬元　　C. 100 萬元　　D. 70 萬元
7. 企業收入的發生往往會引起（　　）。
   A. 負債增加　　　　　　　B. 資產減少
   C. 資產增加　　　　　　　D. 所有者權益減少
8. 以下各項屬於固定資產的是（　　）。
   A. 為生產產品所使用的機床　　B. 正在生產之中的機床

C. 已生產完工驗收入庫的機床　　D. 已購入但尚未安裝完畢的機床

9. 經濟業務發生僅涉及資產這一會計要素時，只引起該要素中某些項目發生（　）。

A. 同增變動　　B. 同減變動　　C. 一增一減變動　　D. 不變動

10. 下列引起資產和權益同時減少的業務是（　）。

A. 用銀行存款償還應付帳款　　B. 向銀行借款直接償還應付帳款

C. 購買材料貨款暫未支付　　D. 工資計入產品成本但暫未支付

二、多項選擇題

1. 下列等式中屬於正確的會計等式有（　）。

A. 資產＝權益

B. 資產＝負債＋所有者權益

C. 收入－費用＝利潤

D. 資產＝負債＋所有者權益＋（收入－費用）

E. 資產＋負債－費用＝所有者權益＋收入

2. 下列經濟業務同時引起會計等式左右兩邊會計要素變動的有（　）。

A. 收到某單位前欠貨款 20,000 元存入銀行

B. 以銀行存款償還銀行借款

C. 收到某單位投來機器一臺，價值 80 萬元

D. 以銀行存款償還前欠貨款 10 萬元

E. 購買材料 8,000 元以銀行存款支付貨款

3. 下列經濟業務只引起會計等式左邊會計要素變動的有（　）。

A. 購買材料 800 元，貨款暫欠

B. 銀行提取現金 500 元

C. 購買機器一臺，以存款支付 10 萬元貨款

D. 接受國家投資 200 萬元

E. 收到某外商捐贈貨物一批，價值 80 萬元

4. 企業的資產按流動性分為（　）。

A. 長期待攤費用　　　　　　B. 固定資產

C. 流動資產　　　　　　　　D. 無形資產

5. 所有者權益與負債有著本質的不同，即（　）。

A. 兩者性質不同

B. 兩者償還期不同

C. 兩者享受的權利不同

D. 兩者風險程度不同

E. 兩者對企業資產有要求權的順序先後不同

6. 企業的收入具體表現為一定期間（　）。

A. 現金的流入　　　　　　　B. 銀行存款的流入

C. 企業其他資產的增加 D. 企業負債的增加
E. 企業負債的減少

7. 企業的費用具體表現為一定期間（　　）。
   A. 現金的流出 B. 企業其他資產的減少
   C. 企業負債的增加 D. 銀行存款的流出
   E. 企業負債的減少

8. 下列經濟業務中，會引起會計等式右邊會計要素發生增減變動的有（　　）。
   A. 以銀行存款償還前欠貨款
   B. 某企業將本企業所欠貨款轉作投入資本
   C. 將資本公積轉增資本
   D. 向銀行借款，存入銀行
   E. 投資者追加對本企業的投資

9. 下列屬於流動資產的有（　　）。
   A. 存放在銀行的存款 B. 存放在倉庫的材料
   C. 廠房和機器 D. 企業的辦公樓
   E. 企業的辦公用品

三、判斷題

1. 會計要素中既有反應財務狀況的要素，也含反應經營成果的要素。（　　）
2. 與所有者權益相比，負債一般有規定的償還期，而所有者權益沒有。（　　）
3. 與所有者權益相比，債權人無權參與企業的生產經營、管理和收益分配，而所有者權益則相反。（　　）
4. 資產、負債與所有者權益的平衡關係是反應企業資金運動的靜態要素，如考慮收入、費用等動態要素，則資產與權益總額的平衡關係必然被破壞。（　　）
5. 資產=負債+所有者權益，是靜態的會計等式，而動態的會計等式則是資產=負債+所有者權益+（收入－費用）。（　　）
6. 企業接受捐贈物資一批，計價10萬元，該項經濟業務會引起收入增加，權益增加。（　　）
7. 企業以存款購買設備，該項業務會引起等式左右兩方會計要素發生一增一減的變化。（　　）
8. 企業收到某單位還來欠款1萬元，該項經濟業務會引起會計等式左右兩方會計要素發生同時增加的變化。（　　）
9. 不管是什麼企業發生任何經濟業務，會計等式的左右兩方全額永不變，故永相等。（　　）

四、業務題

（一）1. 目的：練習對會計要素進行分類，並熟練掌握它們之間的相互關係。

2. 資料：宏遠公司某月末各項目余額如下：

(1) 出納員處存放現金 1,700 元；

(2) 存入銀行的存款 2,939,300 元；

(3) 投資者投入的資本金 13,130,000 元；

(4) 向銀行借入三年期的借款 500,000 元；

(5) 向銀行借入半年期的借款 300,000 元；

(6) 原材料庫存 417,000 元；

(7) 生產車間正在加工的產品 584,000 元；

(8) 產成品庫存 520,000 元；

(9) 應收外單位產品貨款 43,000 元；

(10) 應付外單位材料貨款 45,000 元；

(11) 對外短期投資 60,000 元；

(12) 公司辦公樓價值 5,700,000 元；

(13) 公司機器設備價值 4,200,000 元；

(14) 公司運輸設備價值 530,000 元；

(15) 公司的資本公積金共 960,000 元；

(16) 盈余公積金共 440,000 元；

(17) 外欠某企業設備款 200,000 元；

(18) 擁有某企業發行的三年期公司債券 650,000 元；

(19) 上年尚未分配的利潤 70,000 元。

3. 要求：

(1) 劃分各項目的類別（資產、負債或所有者權益），並將各項目金額填入下表中。

(2) 計算資產、負債、所有者權益各要素金額合計。

項目 序號	金　　額（單位：元）		
	資　產	負　債	所有者權益
合計			

(二) 1. 目的：進一步練習並掌握收入的確認。
2. 資料：某企業 7 月初的資產總額為 1,000,000 元，負債總額 300,000 元，所有者權益總額為 700,000 元，7 月中旬從銀行借入借款期為 3 個月的短期借款 400,000 元，應當由 7 月份承擔的費用為 60,000 元，7 月末的資產總額為 1,420,000 元，假設 7 月份沒有其他的經濟業務。
3. 要求：計算 7 月份的收入額是多少？
(三) 1. 目的：練習會計要素之間的相互關係。
2. 資料：假設某企業 12 月 31 日的資產、負債和所有者權益的情況如下表所示：

資產	金額(元)	負債及所有者權益	金額(元)
庫存現金	1,000	短期借款	10,000
銀行存款	27,000	應付帳款	32,000
應收帳款	35,000	應交稅費	9,000
原材料	52,000	長期借款	B
長期投資	A	實收資本	240,000
固定資產	200,000	資本公積	23,000
合計	375,000	合計	C

3. 要求：(1) 計算表中的 A、B、C；
(2) 計算該企業的流動資產總額；
(3) 計算該企業的流動負債總額；
(4) 計算該企業的淨資產總額。
(四) 1. 目的：練習經濟業務的簡單處理。
2. 資料：企業一月份有如下業務：
(1) 以銀行存款支付材料款 2,000 元，料已入庫；
(2) 購進並入庫原材料 30,000 元，貨款尚未支付；
(3) 取得短期借款 9,000 元，存入銀行；
(4) 以銀行存款償還上月的原材料價款 6,000 元；
(5) 向銀行取現金 8,000 元；
(6) 以銀行存款 50,000 購入機器設備；
(7) 投資人向企業投資 40,000 元存入銀行。
3. 要求：根據資料完成下列表格。

企業的財務狀況及增減變動表

項目	期初余額	本月增加額	本月減少額	期末余額
庫存現金	1,000			
銀行存款	70,000			

表(續)

項目	期初余額	本月增加額	本月減少額	期末余額
原材料	20,000			
固定資產	270,000			
應付帳款	6,000			
短期借款	5,000			
實收資本	350,000			

（五）1. 目的：練習與掌握經濟業務的類型及對會計等式的影響。

2. 資料：宏遠公司2012年5月31日的資產負債表顯示資產總計375,000元，負債總計112,000元，所有者權益總計263,000元。該公司2012年6月發生如下經濟業務：

(1) 用銀行存款購入全新機器一臺，價值30,000元；

(2) 投資人投入原材料，價值10,000元；

(3) 以銀行存款償還所欠供應單位帳款5,000元；

(4) 收到供應單位所欠帳款8,000元，收存銀行；

(5) 將一筆長期負債50,000元轉為對企業的投資；

(6) 按規定將20,000元資本公積金轉為實收資本。

3. 要求：

(1) 根據6月份發生的經濟業務，說明經濟業務對會計要素的影響；

(2) 計算6月末宏遠公司的資產總額、負債總額和所有者權益總額。

第三章　帳戶與復式記帳

　　為了全面、系統地反應和監督企業資金運動的來龍去脈，一方面要通過設置會計科目和會計帳戶來核算各項會計要素的具體內容及其各個會計要素增減變化的情況和結果；另一方面要使用一定的記帳方法在帳簿中記錄交易或事項。本章主要介紹會計科目、會計帳戶以及借貸記帳法的相關內容。

第一節　會計科目

一、會計科目的概念

　　企業在經營活動過程中，會發生各種各樣的交易或事項，引起各項會計要素發生增減變化。由於企業的經營業務錯綜複雜，即使涉及同一類會計要素，也往往具有不同的性質和內容。如固定資產和現金雖然都屬於資產，但他們的經濟內容以及在經濟活動中的周轉方式和所起的作用各不相同；又如應付帳款和長期借款，雖然都是負債，但他們的形成原因和償付期限也是各不相同的；再如所有者投入的實收資本和企業的利潤，雖然都是所有者權益，但它們的形成原因與用途不大一樣。為了實現會計的基本職能，要從數量上反應各項會計要素的增減變化，就不但需要取得各項會計要素增減變化及其結果的總括數字，而且還要取得一系列更加具體的分類和數量指標。因此，為了滿足不同信息使用者對會計信息的不同要求，如所有者需要瞭解企業利潤的構成及其分配情況、負債及構成情況；債權人需要瞭解債務人的流動比率、速動比率等有關指標，並據此判斷債權的安全情況；稅務機關需要瞭解企業應繳和欠繳稅金的詳細情況等，需要對會計要素作進一步的分類。這種對會計要素對象的具體內容進行分類核算的項目，就稱為會計科目，簡稱為科目。

　　會計科目是進行各項會計記錄和提供各項會計信息的基礎，設置會計科目是復式記帳中編製、整理會計憑證和設置帳簿的基礎。通過會計科目提供的全面、統一的會計信息，有利於投資人、債權人以及其他會計信息使用者掌握和分析企業的財務狀況、經營成果和現金流量等情況。

二、設置會計科目的原則

　　會計科目作為反應會計要素的構成情況及其變化情況，為投資者、債權人、企業管理者等提供會計信息的重要手段，在其設置過程中應努力做到科學、合理、實用。

在設計會計科目時，應遵循下列基本原則：

（一）設置會計科目要符合國家的會計法規體系的規定，具有統一性

國家的會計法規體系，體現了國家對財務會計工作的要求，因此，企業應根據《企業會計準則》及其實施細則等規定的要求，對主要會計科目進行統一設置、統一核算標準和核算口徑，以便為填製會計憑證、登記會計帳簿、編製會計報表、實行會計電算化等會計工作奠定基礎，保證會計核算指標的綜合匯總和分析利用。

（二）設置會計科目要結合會計要素的內容和特點，具有一定的靈活性

設置會計科目必須對會計要素的具體內容進行分類，分門別類地反應和監督各項交易或事項。由於不同的會計主體，具有不同的經濟活動和交易或事項，會計要素的具體項目也各不相同，因此，會計主體應根據自身的經濟活動和交易或事項的內容和特點，設置一套適合自身經營管理需求的會計科目。比如，製造工業產品的企業，就必須設置反應和監督其經營情況和生產過程的會計科目，如「主營業務收入」「生產成本」等科目；而農業企業就可以設置「消耗性生物資產」「生產性生物資產」等科目；金融企業為了反應和監督吸收和貸出存款的相關業務，可以設置「利息收入」「利息支出」等科目。此外為了便於發揮會計的管理作用，企業可以根據實際情況自行增加、減少或合併會計科目，即會計科目的設置具有一定的靈活性。如對於預收帳款業務不多的企業，可以不設置「預收帳款」科目，對於發生的預收款項直接記入「應收帳款」科目。

（三）設置會計科目要全面反應企業交易或事項的內容

在會計要素的基礎上對會計對象的具體內容做進一步分類時，為了全面、系統地反應企業生產經營活動的情況，保持會計指標體系的完整，企業所有能用貨幣表現的交易或事項，都必須通過所設置的會計科目進行核算。因此，企業所設置的會計科目要能覆蓋企業所有的要素，不能有任何遺漏。

（四）會計科目的名稱力求簡明扼要，內容確切

每一個會計科目都有特定的核算內容，在設置會計科目時，對每一個會計科目特定的核算內容必須嚴格、明確地界定，各科目之間不能相互混淆。會計科目的名稱應與其核算的內容一致，要含義明確，通俗易懂。企業可以根據本企業的具體情況，在不違背會計科目使用原則的基礎上，確定適合本企業的會計科目名稱。

（五）設置的會計科目應相對穩定

為了將不同會計期間的會計資料進行比較分析，會計科目一經確定，不能隨意變動，應保持相對穩定。

三、會計科目的分類

（一）會計科目按其所反應的經濟內容分類

根據《企業會計準則》規定，會計科目按其所反應經濟內容的不同，可分為資產

類科目、負債類科目、所有者權益類科目、成本類科目和損益類科目。2006 年財政部頒布的《企業會計準則——應用指南》統一制定了企業實際工作中需要使用的會計科目，並已於 2007 年 1 月 1 日開始在上市公司實施。現將其會計科目表的名稱和編號列示如表 3-1 所示。

表 3-1　　　　　　　　　　　　　會計科目表

順序號	編號	會計科目名稱	會計科目適用範圍說明
		一、資產類	
1	1001	庫存現金	
2	1002	銀行存款	
3	1003	存放中央銀行款項	銀行專用
4	1011	存放同業	銀行專用
5	1015	其他貨幣資金	
6	1021	結算備付金	證券專用
7	1031	存出保證金	金融共用
8	1051	拆出資金	金融共用
9	1101	交易性金融資產	
10	1111	買入返售金融資產	金融共用
11	1121	應收票據	
12	1122	應收帳款	
13	1123	預付帳款	
14	1131	應收股利	
15	1132	應收利息	
16	1211	應收保戶儲金	保險專用
17	1221	應收代位追償款	保險專用
18	1222	應收分保帳款	保險專用
19	1223	應收分保未到期責任準備金	保險專用
20	1224	應收分保保險責任準備金	保險專用
21	1231	其他應收款	
22	1241	壞帳準備	
23	1251	貼現資產	銀行專用
24	1301	貸款	銀行和保險共用
25	1302	貸款損失準備	銀行和保險共用
26	1311	代理兌付證券	銀行和證券共用
27	1321	代理業務資產	
28	1401	材料採購	
29	1402	在途物資	

表3-1(續)

順序號	編號	會計科目名稱	會計科目適用範圍說明
30	1403	原材料	
31	1404	材料成本差異	
32	1406	庫存商品	
33	1407	發出商品	
34	1410	商品進銷差價	
35	1411	委託加工物資	
36	1412	包裝物及低值易耗品	
37	1421	消耗性生物資產	農業專用
38	1431	周轉材料建造	承包商專用
39	1441	貴金屬	銀行專用
40	1442	抵債資產	金融共用
41	1451	損余物資	保險專用
42	1461	存貨跌價準備	
43	1501	待攤費用	
44	1511	獨立帳戶資產	保險專用
45	1521	持有至到期投資	
46	1522	持有至到期投資減值準備	
47	1523	可供出售金融資產	
48	1524	長期股權投資	
49	1525	長期股權投資減值準備	
50	1526	投資性房地產	
51	1531	長期應收款	
52	1541	未實現融資收益	
53	1551	存出資本保證金	保險專用
54	1601	固定資產	
55	1602	累計折舊	
56	1603	固定資產減值準備	
57	1604	在建工程	
58	1605	工程物資	
59	1606	固定資產清理	
60	1611	融資租賃資產	租賃專用
61	1612	未擔保余值租賃專用	
62	1621	生產性生物資產	農業專用
63	1622	生產性生物資產累計折舊	農業專用
64	1623	公益性生物資產	農業專用

表3-1(續)

順序號	編號	會計科目名稱	會計科目適用範圍說明
65	1631	油氣資產	石油天然氣開採專用
66	1632	累計折耗	石油天然氣開採專用
67	1701	無形資產	
68	1702	累計攤銷	
69	1703	無形資產減值準備	
70	1711	商譽	
71	1801	長期待攤費用	
72	1811	遞延所得稅資產	
73	1901	待處理財產損溢	
		二、負債類	
74	2001	短期借款	
75	2002	存入保證金	金融共用
76	2003	拆入資金	金融共用
77	2004	向中央銀行借款	銀行專用
78	2011	同業存放	銀行專用
79	2012	吸收存款	銀行專用
80	2021	貼現負債	銀行專用
81	2101	交易性金融負債	
82	2111	賣出回購金融資產款	金融共用
83	2201	應付票據	
84	2202	應付帳款	
85	2205	預收帳款	
86	2211	應付職工薪酬	
87	2221	應交稅費	
88	2231	應付股利	
89	2232	應付利息	
90	2241	其他應付款	
91	2251	應付保戶紅利	保險專用
92	2261	應付分保帳款	
93	2311	代理買賣證券款	證券專用
94	2312	代理承銷證券款	證券和銀行共用
95	2313	代理兌付證券款	證券和銀行共用
96	2314	代理業務負債	
97	2401	預提費用	
98	2411	預計負債	

表3-1(續)

順序號	編號	會計科目名稱	會計科目適用範圍說明
99	2501	遞延收益	
100	2601	長期借款	
101	2602	應付債券	
102	2701	未到期責任準備金	保險專用
103	2702	保險責任準備金	保險專用
104	2711	保戶儲金	保險專用
105	2721	獨立帳戶負債	保險專用
106	2801	長期應付款	
107	2802	未確認融資費用	
108	2811	專項應付款	
109	2901	遞延所得稅負債	
		三、共同類	
110	3001	清算資金往來	銀行專用
111	3002	外匯買賣	金融共用
112	3101	衍生工具	
113	3201	套期工具	
114	3202	被套期項目	
		四、所有者權益類	
115	4001	實收資本	
116	4002	資本公積	
117	4101	盈餘公積	
118	4102	一般風險準備	金融共用
119	4103	本年利潤	
120	4104	利潤分配	
121	4201	庫存股	
		五、成本類	
122	5001	生產成本	
123	5101	製造費用	
124	5201	勞務成本	
125	5301	研發支出	
126	5401	工程施工	建造承包商專用
127	5402	工程結算	
128	5403	機械作業	
		六、損益類	
129	6001	主營業務收入	

表3-1(續)

順序號	編號	會計科目名稱	會計科目適用範圍說明
130	6011	利息收入	金融共用
131	6021	手續費收入	金融共用
132	6031	保費收入	保險專用
133	6032	分保費收入	保險專用
134	6041	租賃收入	租賃專用
135	6051	其他業務收入	
136	6061	匯兌損益	金融專用
137	6101	公允價值變動損益	
138	6111	投資收益	
139	6201	攤回保險責任準備金	保險專用
140	6202	攤回賠付支出	保險專用
141	6203	攤回分保費用	保險專用
142	6301	營業外收入	
143	6401	主營業務成本	
144	6402	其他業務支出	
145	6405	營業稅金及附加	
146	6411	利息支出	金融共用
147	6421	手續費支出	金融共用
148	6501	提取未到期責任準備金	保險專用
149	6502	提取保險責任準備金	保險專用
150	6511	賠付支出	保險專用
151	6521	保戶紅利支出	保險專用
152	6531	退保金	保險專用
153	6541	分出保費	保險專用
154	6542	分保費用	保險專用
155	6601	銷售費用	
156	6602	管理費用	
157	6603	財務費用	
158	6604	勘探費用	
159	6701	資產減值損失	
160	6711	營業外支出	
161	6801	所得稅費用	
162	6901	以前年度損益調整	

企業應當按照《企業會計準則》及其應用指南的規定，設置會計科目進行帳務處理，在不違反統一規定的前提下，可以根據本企業的實際情況自行增設、分拆、合併會計科目。表3-1中的會計科目編號，供企業填製會計憑證、登記會計帳簿、查閱會計帳目、採用會計軟件系統等參考，企業也可以根據本規定，結合本企業的實際情況自行確定會計科目編號。

表3-1中，共同類科目的特點是既可能是資產也可能是負債。在某些條件下是一項權益，形成經濟利益的流入，就是資產；在某些條件下是一項義務，將導致經濟利益流出企業，這時就是負債。

(二) 會計科目按提供核算指標的詳細程度分類

會計科目按提供核算指標詳細程度的不同，可分為總分類科目和明細分類科目。

各個會計科目並不是彼此孤立的，而是相互聯繫、相互補充，組成一個完整的會計科目體系。通過這些會計科目，可以全面、系統、分類地反應和監督會計要素的增減變動情況及其結果，為經營管理提供所需要的一系列核算指標。在生產經營過程中，由於經濟管理的要求不同，所需要的核算指標的詳細程度也就不同。根據經濟管理的要求，既需要設置提供總括核算指標的總帳科目，又需要設置提供詳細核算資料的二級科目和三級明細科目等。

1. 總分類科目

總分類科目也稱總帳科目或一級科目，是對會計要素的具體內容進行總括分類、提供總括核算指標的會計科目，是進行總分類核算的依據。如「固定資產」「原材料」「應付帳款」等科目。為了滿足會計信息使用者對信息質量的要求，總帳科目是由財政部《企業會計準則——應用指南》統一規定的，如表3-1所示。

2. 明細分類科目

明細分類科目也稱為明細科目、子目或細目，是對總帳科目所反應的經濟內容所做的進一步分類，是提供詳細、具體核算指標的科目。如在「原材料」科目下，按材料類別開設「原料及主要材料」「輔助材料」「燃料」等二級科目。明細科目的設置，除了要符合財政部統一規定外，一般應根據經營管理需要，由企業自行設置。對於明細科目較多的科目，可以在總帳科目和明細科目之間設置二級、三級科目等。如在「原料及主要材料」下，再根據材料規格、型號等開設三級明細科目。

實際工作中，並不是所有的總帳科目都需要開設二級和三級明細科目，根據會計信息使用者所需不同信息的詳細程度，有些只需設一級總帳科目，有些只需要設一級總帳科目和二級明細科目，不需要設置三級科目等。現將「原材料」總帳科目和所屬明細科目的級別列示於表3-2。

表 3-2　　　　　　　「原材料」總帳和明細帳會計科目

總帳科目 (一級科目)	明細科目	
	二級科目（子目）	三級科目（細目）
原材料	原料及主要材料	圓鋼、角鋼
	輔助材料	潤滑劑、石炭酸
	燃　　料	汽油、原煤

第二節　帳戶

一、會計帳戶的概念

　　會計科目只是對會計對象的具體內容（會計要素）進行分類的項目。為了能夠分門別類地對各項交易或事項的發生所引起會計要素的增減變動情況及其結果進行全面、連續、系統、準確的反應和監督，為經營管理提供需要的會計信息，還必須根據會計科目開設會計帳戶。

　　會計帳戶簡稱為帳戶，是指根據會計科目設置的，具有一定格式和結構，用來分類、連續地記錄交易或事項，反應會計要素增減變動及其結果的一種核算工具。設置會計科目以後，還要根據規定的會計科目開設一系列反應不同經濟內容的帳戶，每個帳戶都有一個科學而簡明的名稱，帳戶的名稱就是會計科目。設置帳戶是會計核算的一種專門方法，運用帳戶，把各項交易或事項的發生情況及由此引起的資產、負債、所有者權益、收入、費用和利潤各要素的變化，系統地、分門別類地進行核算，以便提供所需要的各項指標。

　　會計帳戶是對會計要素的內容所作的科學再分類。會計科目與帳戶是兩個既相互區別，又相互聯繫的不同概念。它們的共同點是：會計科目和會計帳戶所反應的經濟內容相同，會計科目是會計帳戶的名稱，也是設置會計帳戶的依據，會計帳戶是會計科目的具體運用。沒有會計科目，帳戶就失去了設置的依據；沒有帳戶，就無法發揮會計科目的作用。它們之間的區別在於：會計科目只是對會計要素具體內容進行分類核算的項目名稱，只能說明交易或事項的性質而不能記錄交易或事項的數量變化，即會計科目本身沒有結構；帳戶則可以借助於一定格式的帳頁記錄交易或事項的增減變化及其結果，即帳戶既有名稱，又有結構。

二、帳戶的結構和內容

　　帳戶是用來記錄交易或事項的，必須具有一定的結構。對於一個具體的會計主體而言，交易或事項的數量多、種類複雜，對各個會計要素的影響也各不相同。但是，從數量上來看，交易或事項對會計要素的影響不外乎「增加」和「減少」兩個方面。因此，用來分類記錄交易或事項的帳戶也必須包括兩個最基本的部分：增加和減少。

於是，就將帳戶的基本結構分為左右雙方，分別用於登記增加和減少。其簡化格式如圖 3-1 所示。

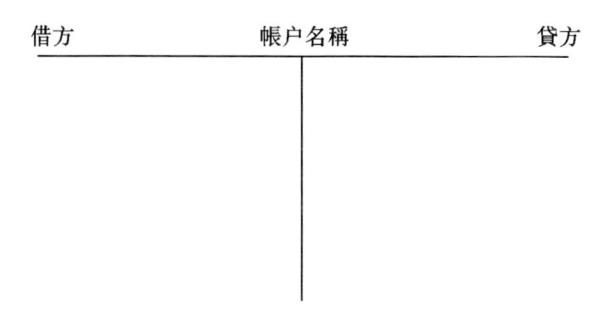

借方	帳戶名稱	貸方

圖 3-1 「丁」字形帳戶結構

為了便於說明帳戶的結構，中國習慣於將簡化格式的帳戶結構，稱為「丁」字形帳戶或「T」形帳戶。

在借貸記帳法下，以「借」或「貸」兩個記帳符號來表示會計要素的增加或減少，因此，將帳戶的左方稱為「借方」，右方稱為「貸方」。相應的帳戶基本結構如圖 3-2 所示。

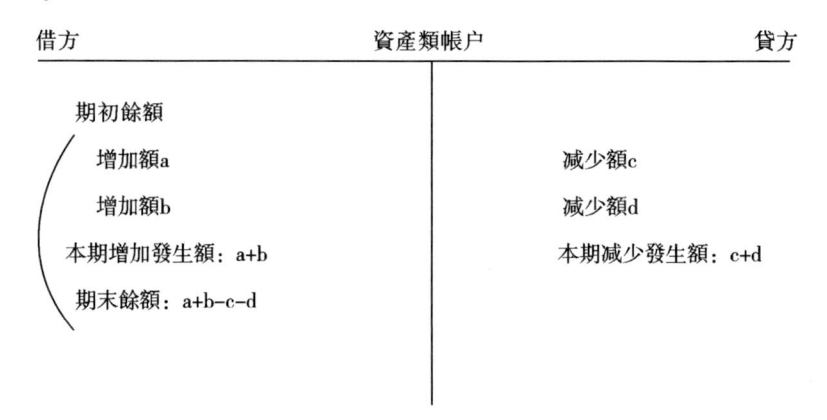

借方	資產類帳戶	貸方
期初餘額		
增加額a		減少額c
增加額b		減少額d
本期增加發生額：a+b		本期減少發生額：c+d
期末餘額：a+b-c-d		

圖 3-2 「丁」字形帳戶結構

至於帳戶的哪一方登記增加，哪一方登記減少，則是由所採用的記帳方法和帳戶的性質決定的，同時又與會計恒等式密切相關。

我們知道，最基本的會計恒等式是「資產＝負債+所有者權益」，而帳戶又是根據資產、負債、所有者權益等會計要素分別設置的，這樣資產類與負債及所有者權益類帳戶就分別處於等式的左右兩方，在結構上就應該保持對稱的關係。因此，帳戶的左右兩方是按相反方向來記錄增加額和減少額的。也就是說，如果規定在左方記錄增加額，就應該在右方記錄減少額；反之，如果在右方記錄增加額，就應該在左方記錄減少額。

在一定的會計期間內（月、季或年），帳戶的左右兩方登記的增加額合計數或減少額合計數，稱為本期增加發生額或本期減少發生額，統稱為本期發生額。本期增加發

生額和本期減少發生額相抵后的差額，就是本期期末余額，且帳戶余額的方向一般與登記帳戶增加額的方向相同。如果將本期的期末余額轉入下一期，就是下一期的期初余額。在帳戶上所記錄的本期發生額和余額之間應滿足下列恒等關係：

期末余額＝期初余額＋本期增加發生額−本期減少發生額

在借貸記帳法下，對於資產類帳戶借方登記增加額，貸方登記減少額，余額在借方；負債及所有者權益類帳戶正好相反，貸方登記增加額，借方登記減少額，余額在貸方。會計上，把登記在借方的發生額，稱為本期借方發生額；登記在貸方的發生額，稱為本期貸方發生額；存在於借方的余額稱為借方余額，存在於貸方的余額稱為貸方余額。因此，在借貸記帳法下，帳戶的本期發生額和余額之間形成的恒等關係如下：

資產類帳戶：

期末余額（借方）＝期初余額（借方）＋本期借方發生額−本期貸方發生額

負債及所有者權益類帳戶：

期末余額（貸方）＝期初余額（貸方）＋本期貸方發生額−本期借方發生額

資產類帳戶和負債及所有者權益類帳戶的帳戶結構如圖3-3和圖3-4所示。

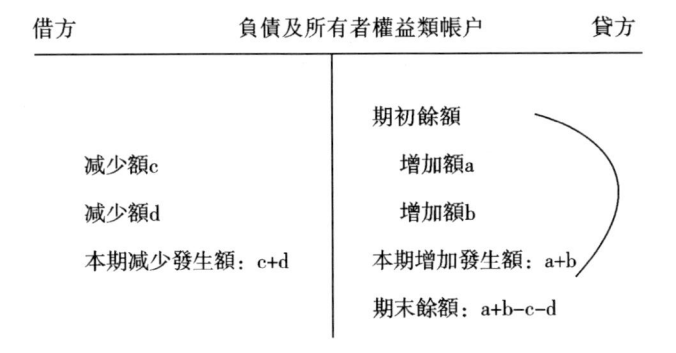

借方	負債及所有者權益類帳戶	貸方
		期初餘額
減少額c		增加額a
減少額d		增加額b
本期減少發生額：c+d		本期增加發生額：a+b
		期末餘額：a+b−c−d

圖3-3　資產類帳戶結構

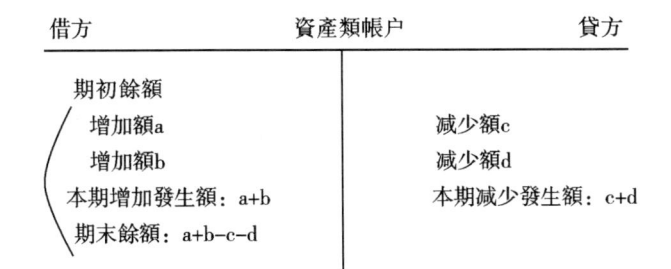

借方	資產類帳戶	貸方
期初餘額		
增加額a		減少額c
增加額b		減少額d
本期增加發生額：a+b		本期減少發生額：c+d
期末餘額：a+b−c−d		

圖3-4　負債及所有者權益類帳戶結構

雖然在不同的記帳方法下，對於不同性質的帳戶，帳戶的結構也不同。但是，不管採用何種記帳方法，也不論帳戶的性質如何，帳戶的基本結構和包括的內容是基本相同的。帳戶的結構一般應包括以下內容：

（1）帳戶的名稱，即會計科目；

（2）日期和摘要，即交易或事項發生的時間和內容；

（3）憑證號數，即帳戶記錄的來源和依據；

（4）增加和減少的金額；

（5）余額，即增減變動后的差額。

在實際工作中，應用較普遍的帳戶結構是借貸余三欄式，其結構見表3-3。

表 3-3　　　　　　　　　　帳戶名稱

日　期	憑證號數	摘　要	借方	貸方	借或貸	余　額

三、帳戶的分類

會計帳戶是根據會計科目設置的，有什麼樣的會計科目，就應該設置相應的會計帳戶。因此，會計帳戶的分類和會計科目的分類是一致的。

（一）帳戶按經濟內容分類

帳戶按其所反應經濟內容的不同，可分為資產類帳戶、負債類帳戶、所有者權益類帳戶、成本類帳戶和損益類帳戶五類。

（1）資產類帳戶：按照資產的流動性，資產類帳戶又可以分為庫存現金、銀行存款、應收帳款、原材料、庫存商品、固定資產、無形資產等帳戶。

（2）負債類帳戶：按照債務償還期限的不同，負債類帳戶又可以分為短期借款、應付帳款、應付職工薪酬、應交稅費、長期借款、長期應付款等帳戶。

（3）所有者權益類帳戶：按照所有者權益類來源的不同，所有者權益類帳戶又可以分為實收資本、資本公積、盈余公積、本年利潤、利潤分配等帳戶。

（4）成本類帳戶：主要包括製造費用、生產成本等帳戶。

（5）損益類帳戶：包括收入類帳戶和費用類帳戶兩類。收入類，如主營業務收入、其他業務收入、營業外收入、投資收益等帳戶；費用類，如主營業務成本、其他業務成本、營業稅金及附加、管理費用、財務費用、銷售費用、營業外支出等帳戶。

（二）帳戶按提供核算指標的詳細程度分類

帳戶按提供核算指標的詳細程度分為總分類帳戶和明細分類帳戶。

1. 總分類帳戶

總分類帳戶簡稱為總帳帳戶或一級帳戶，是根據總分類科目設置的，用來對交易或事項進行總分類核算，提供總括核算指標的帳戶。一般只使用貨幣度量，進行金額

核算。如「庫存現金」「銀行存款」「固定資產」「原材料」「應付帳款」等帳戶。

2. 明細分類帳戶

明細分類帳戶簡稱為明細帳戶或二級帳戶、三級帳戶，是根據企業經濟管理的需要，按照明細分類科目設置的，用來對交易或事項進行明細分類核算，提供詳細、具體核算指標的帳戶。明細分類帳戶除了使用貨幣度量進行金額核算外，還可以使用實物度量等進行實物數量核算。

仍以「原材料」總分類帳戶與明細分類帳戶為例，列示如表 3-4 所示。

表 3-4　　　　　　「原材料」總分類帳戶和明細分類帳戶

總帳分類帳戶（一級帳戶）	明細分類帳戶	
	二級明細分類帳戶	三級明細分類帳戶
原材料	原料及主要材料	圓鋼、角鋼
	輔助材料	潤滑劑、石炭酸
	燃　　料	汽油、原煤

第三節　借貸記帳法

一、記帳方法

(一) 記帳方法及其種類

記帳方法，就是登記交易或事項的方法，即根據一定的記帳原則、記帳符號、記帳規則，採用一定的計量單位，利用文字和數字記錄交易或事項的一種專門方法。交易或事項的發生必然會引起會計要素的增減變動，如何將這些交易或事項記錄到有關的帳戶中，在會計的歷史發展過程中曾採用過兩種典型的記帳方法：單式記帳法和復式記帳法。

(二) 單式記帳法

單式記帳法是指對發生的每一筆交易或事項，只在一個帳戶中進行登記的記帳方法。這種記帳方法只對主要方面設置帳戶進行登記，而對次要方面則不單獨設置帳戶進行登記或只作備查記錄。如用銀行存款購買固定資產，只在「銀行存款」帳戶中登記銀行存款的減少，而對這筆交易或事項引起的固定資產的增加，卻不設「固定資產」帳戶予以記錄。

(三) 復式記帳法

復式記帳法是指對發生的每一筆交易或事項，都要用相等的金額，在兩個或兩個以上相互聯繫的帳戶中進行記錄的記帳方法。如上述用銀行存款購買固定資產業務，在記帳時，應以相等的金額，一方面在「銀行存款」帳戶中登記銀行存款的減少，另

一方面同時在「固定資產」帳戶中登記固定資產的增加。可見，在復式記帳法下，對發生的每一筆交易或事項，通過在相關帳戶中的雙重等額記錄，可以清晰地表明交易或事項的來龍去脈，同時也便於運用帳戶體系的平衡關係進行試算平衡和檢查帳戶記錄的正確性。所以，復式記帳法作為科學的記帳方法，與單式記帳法相比較，具有不可比擬的優越性，因此，被世界各國廣泛地運用。目前，中國的企業和行政、事業單位所採用的記帳方法，都屬於復式記帳法。

復式記帳法根據記帳符號、記帳規則等的不同，又可分為借貸記帳法、增減記帳法和收付記帳法，等等。其中，借貸記帳法是世界各國普遍採用的一種復式記帳方法，在中國也是應用最廣泛的一種記帳方法。中國《企業會計準則》明文規定：中國境內的所有企業都應該採用借貸記帳法記帳。

二、借貸記帳法

借貸記帳法是以「借」「貸」二字作為記帳符號，以「有借必有貸，借貸必相等」為記帳規則，在兩個或兩個以上相互聯繫的帳戶中記錄會計要素增減變動情況的一種復式記帳法。

(一) 借貸記帳法的理論基礎

借貸記帳法的對象是會計要素的增減變動過程及其結果。這個過程及結果可用「資產＝負債＋所有者權益」這一恒等式來表示。這一恒等式揭示了以下三個方面的內容：

第一，會計主體各要素之間的數字平衡關係。有一定數量的資產，就必然有相應數量的負債和所有者權益與之相對應，任何交易或事項所引起的會計要素增減變動，都不會破壞這個等式的平衡關係。如果把等式的「左」「右」兩方，用「借」「貸」兩方來表示的話，就是說每一次記帳的借方和貸方是平衡的；一定時期內帳戶的借方、貸方的金額是平衡的；所有帳戶的借方、貸方餘額的合計數是平衡的。

第二，各會計要素增減變化的相互聯繫。從上一章可以看出，任何交易或事項的發生都會引起兩個或兩個以上相關會計要素項目發生金額的變動，因此，當交易或事項發生後，在一個帳戶中記錄的同時必然要有另一個或一個以上帳戶的記錄與之相對應。

第三，等式有關因素之間是對立統一的。資產在等式的左邊，當想移到等式右邊時，就要以「－」表示，負債和所有者權益也具有同樣情況。也就是說，當我們用左邊（借方）記錄資產類項目增加時，就要用右邊（貸方）來記錄資產類項目減少。與之相反，當我們用右方（貸方）記錄負債和所有者權益增加額時，就需要通過左方（借方）來記錄負債和所有者權益的減少額。

這三個方面的內容貫穿了借貸記帳法的始終。會計等式對記帳方法的要求決定了借貸記帳法的帳戶結構、記帳規則、試算平衡的基本理論，因此說會計恒等式是建立借貸記帳法的理論基礎。

(二) 借貸記帳法的記帳符號和帳戶結構

1. 記帳符號

「借」和「貸」是借貸記帳法的記帳符號，也是借貸記帳法區別於其他復式記帳法的主要標誌。對帳戶來說，它們是帳戶的兩個部位，分別代表左方和右方，即左方為借方，右方為貸方。借貸記帳法的記帳符號，要同具體的帳戶結合起來應用才能真正反應出它們分別代表的不同內容：

(1) 代表帳戶中兩個固定的部位：左方為借方，右方為貸方，用以記錄帳戶金額的增減變動。

(2) 與不同類型的帳戶相結合，分別表示增加或減少。借和貸本身不等於增加或減少，只有當其與具體的帳戶相結合，才可以表示增加或減少。如對於資產類帳戶，借方表示增加，貸方表示減少；對於負債及所有者權益類帳戶，貸方表示增加，借方表示減少。

(3) 表示余額的方向。一般情況下，資產、負債和所有者權益類帳戶期末都有余額。其中，資產類帳戶的餘額在借方，負債及所有者權益類帳戶的餘額在貸方。

2. 帳戶結構

在借貸記帳法下，帳戶按其所反應經濟內容的不同，可分為資產類帳戶、負債類帳戶、所有者權益類帳戶、成本類帳戶和損益類帳戶五類。帳戶的記帳符號與各類具體的帳戶相結合，才能真正反應交易或事項的發生所引起的會計要素的增減變動。對於不同類型的帳戶，由於所反應的經濟內容不同就有不同的結構。

(1) 資產類帳戶

資產類帳戶的結構是：借方記錄資產的增加，貸方記錄資產的減少，餘額一般在借方。資產類帳戶的發生額和余額之間的數量關係表示為：

資產類帳戶的期末餘額＝期初餘額＋本期借方發生額－本期貸方發生額

資產類帳戶的「丁」字形結構如圖 3-5 所示：

借方	負債及所有者權益帳戶	貸方
	期初餘額	
減少額c	增加額a	
減少額d	增加額b	
本期減少發生額：c+d	本期增加發生額：a+b	
	期末餘額：a+b-c-d	

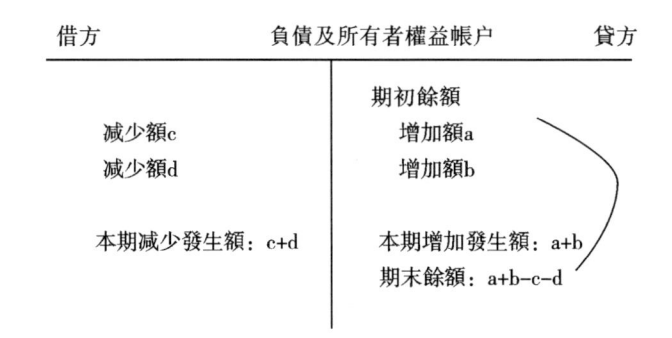

圖 3-5　資產類帳戶結構

(2) 負債及所有者權益類帳戶

由於負債及所有者權益，與資產分別處於會計等式的兩邊，為了保持會計恒等式的平衡，必須從相反的方向來登記它們的增加和減少。因此，負債及所有者權益類帳

戶的結構是：貸方記錄增加，借方記錄減少，余額一般在貸方。該類帳戶的發生額和余額之間的數量關係表示為：

負債及所有者類帳戶的期末余額＝期初余額＋本期貸方發生額－本期借方發生額

負債及所有者類帳戶的「丁」字形結構如圖 3-6 所示：

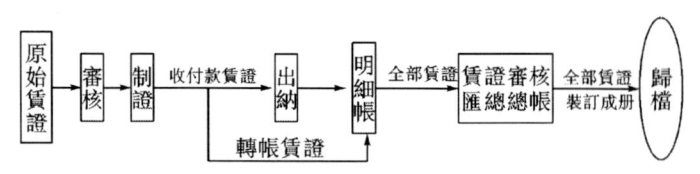

圖 3-6　負債及所有者類帳戶的結構

(3) 費用成本類帳戶

企業在生產經營過程中會發生各種耗費，產生成本費用。在費用成本抵消收入以前，可以將其看做一項資產，理解為資產耗費的轉化形態。如成本類帳戶中的「生產成本」帳戶是用來歸集在生產過程中為生產某種產品所發生的所有耗費，但在尚未完工結轉入庫前，其反應的是企業在產品這項資產的金額。同時費用成本與資產同處於等式的左方，因此其結構與資產類帳戶的結構基本相同，借方記錄增加，貸方記錄減少，只是由於借方記錄的費用成本的增加額期末一般都要通過貸方轉出，所以該類帳戶通常沒有期末余額。如果因某種情況有余額，也表現為借方余額。如「生產成本」帳戶，如有余額，余額在借方，表示期末在產品的生產成本。費用成本類帳戶的「丁」字形結構如圖 3-7 所示：

借方	成本費用類帳戶	貸方
增加額a		減少額c
增加額b		轉出額a+b-c
本期增加發生額：a+b		本期減少發生額：a+b

圖 3-7　費用成本類帳戶的結構

(4) 收入類帳戶

由於收入的增加必然引起所有者權益的增加，因此，收入類帳戶的結構與負債及所有者權益的結構一致，貸方記錄收入的增加，借方記錄收入的減少，由於貸方記錄的收入增加額期末一般都要通過借方轉出，所以該類帳戶通常也沒有期末余額。收入類帳戶的「丁」字形結構如圖 3-8 所示。

借方	收入類帳戶名稱	貸方
減少額c 轉出額a+b-c		增加額a 增加額b
本期減少發生額：a+b		本期增加發生額：a+b

圖 3-8　收入類帳戶的結構

綜上所述，「借」「貸」二字作為記帳符號所表示的經濟含義是不一樣的。現將各類帳戶的結構綜合表示，如表 3-5 所示。

表 3-5　　　　　　　　借貸記帳法下各類帳戶的結構

借　　方	貸　　方
資產增加	資產減少
負債及所有者權益減少	負債及所有者權益增加
費用成本增加	費用成本轉出或減少
收入轉出或減少	收入增加

（三）借貸記帳法的記帳規則

記帳規則是進行會計記錄和檢查帳簿登記是否正確的依據和規律。不同的記帳方法，具有不同的記帳規則。借貸記帳法的記帳規則可以概括為：「有借必有貸，借貸必相等。」

根據復式記帳原理和借貸記帳法的理論基礎，在借貸記帳法下，對發生的任何一筆交易或事項，都應以相等的金額，在兩個或兩個以上相互聯繫的帳戶中進行記錄。所記入的帳戶可以是會計等式同一方向的，也可以是不同方向的，但每一筆交易或事項發生後，必須至少記入一個帳戶的借方和另一個帳戶的貸方，即「一借一貸」；如果交易或事項的發生同時涉及三個以上帳戶的，則需要至少記入一個帳戶的借方和多個帳戶的貸方，即「一借多貸」；或者至少記入一個帳戶的貸方和多個帳戶的借方，即「多借一貸」；還可以是記入多個帳戶的借方和多個帳戶的貸方，即「多借多貸」。亦即「有借必有貸」。但不管怎樣登記，記入帳戶借方的總金額與記入帳戶貸方的總金額必須相等，即「借貸必相等」。

三、借貸記帳法的運用

（一）運用方法

在實際運用借貸記帳法的記帳規則登記交易或事項時，一般要按三個步驟進行：

首先，根據發生的交易或事項，確定所涉及的會計要素項目及應設置的會計科目和帳戶，並判斷會計要素項目是增加還是減少。

其次，確定所涉及帳戶的性質，是資產還是負債或所有者權益，是收入還是費用，

會計學基礎

哪些要素增加，哪些要素減少。

最后，根據帳戶的結構，確定應計入各帳戶的方向，是借方還是貸方以及應計入各帳戶的金額。凡涉及資產、費用成本的增加，負債、所有者權益的減少及收入的減少或轉出，都應記入各對應帳戶的借方；凡是涉及資產、費用成本的減少，負債、所有者權益的增加及收入的增加，都應記入各對應帳戶的貸方。現舉例說明借貸記帳法記帳規則的運用。

[例3-1] 訊達公司2009年12月31日，資產、負債及所有者權益各帳戶的余額如下（金額單位：元）：

資產類帳戶	金　額	負債及所有者權益類帳戶	金　額
庫存現金	1,000	短期借款	150,000
銀行存款	49,000	應付帳款	100,000
應收帳款	80,000	應付職工薪酬	30,000
原材料	220,000	應付利潤	40,000
固定資產	230,000	實收資本	180,000
		資本公積	80,000
總計	580,000	總計	580,000

從上表中，可以看到，該公司2009年12月31日資產（580,000）=負債(320,000)+所有者權益(260,000)。

訊達公司2010年1月份，發生以下交易或事項：

（1）3日，投資者繼續投入貨幣資金200,000元，手續已辦妥，款項已轉入本公司的存款帳戶。

這項交易或事項的發生說明，訊達公司在擁有260,000元資本金的前提下，繼續擴大規模，投入貨幣資金200,000元。這樣對於訊達公司來講，一方面使公司的「銀行存款」增加200,000元，「銀行存款」屬於資產類帳戶，資產的增加，記入對應「銀行存款」帳戶的借方；另一方面使公司的「實收資本」增加200,000元，「實收資本」屬於所有者權益帳戶，所有者權益的增加，記入對應「實收資本」帳戶的貸方。該筆交易或事項的發生引起會計等式兩邊資產項目和所有者權益項目同時等額增加。其登記如圖3-9所示。

借	銀行存款	貸	借	實收資本	貸
（1）200 000					（1）200 000

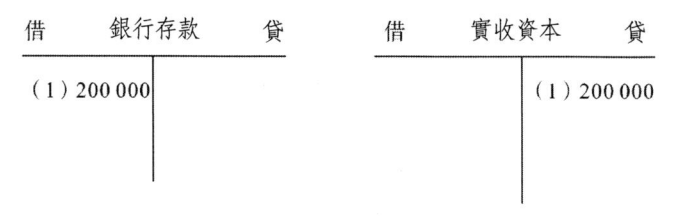

圖 3-9

（2）5日，向新樂公司購買原材料，但由於資金周轉緊張，料款70,000元尚未支付。

這項交易或事項的發生，一方面使公司的「原材料」增加70,000元，「原材料」屬於資產類帳戶，資產的增加，記入對應「原材料」帳戶的借方；另一方面使公司的

「應付帳款」增加 70,000 元,「應付帳款」屬於負債類帳戶,負債的增加,記入對應帳戶「應付帳款」的貸方。該筆交易或事項的發生引起會計等式兩邊資產項目與負債項目同時等額增加。其登記如圖 3-10 所示。

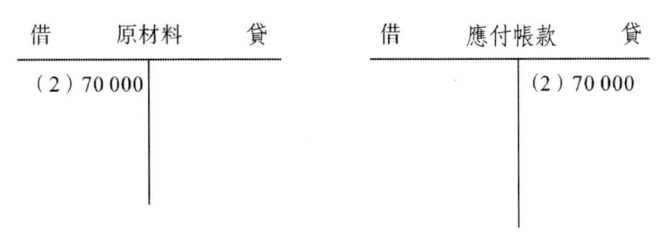

借	原材料	貸		借	應付帳款	貸
(2) 70 000					(2) 70 000	

圖 3-10

(3) 6 日,歸還將於本月到期的銀行短期借款 80,000 元。

這項交易或事項的發生,一方面使公司的「銀行存款」減少 80,000 元,「銀行存款」屬於資產類帳戶,資產的減少,記入對應「銀行存款」帳戶的貸方;另一方面使公司的「短期借款」減少 80,000 元,「短期借款」屬於負債類帳戶,負債的減少,記入對應帳戶「短期借款」的借方。該筆交易或事項的發生引起會計等式兩邊資產項目與負債項目同時等額減少。其登記如圖 3-11 所示。

借	短期借款	貸		借	銀行存款	貸
(3) 80 000					(3) 80 000	

圖 3-11

(4) 10 日,上級主管部門按法定程序將一臺價值 100,000 元的設備調出,以抽回國家對該公司的投資。

這項交易或事項的發生,一方面使公司的「固定資產」減少 100,000 元,「固定資產」屬於資產類帳戶,資產的減少,記入對應「固定資產」帳戶的貸方;另一方面使國家對訊達公司的投資減少,即公司的「實收資本」減少 100,000 元,實收資本屬於所有者權益帳戶,所有者權益的減少,記入對應「實收資本」帳戶的借方。該筆交易或事項的發生引起會計等式兩邊資產項目與所有者權益項目同時等額減少。其登記如圖 3-12 所示。

借	实收资本	贷		借	固定资产	贷
(4) 100 000					(4) 100 000	

圖 3-12

(5) 13 日，開出轉帳支票 40,000 元，購買 1 臺電子儀器。

這項交易或事項的發生，一方面使公司的「固定資產」增加 40,000 元，「固定資產」屬於資產類帳戶，資產的增加，記入對應「固定資產」帳戶的借方；另一方面使公司的「銀行存款」減少 40,000 元，「銀行存款」屬於資產類帳戶，資產的減少，記入對應「銀行存款」帳戶的貸方。該筆交易或事項的發生引起會計等式左邊資產內部項目的一增一減。其登記如圖 3-13 所示。

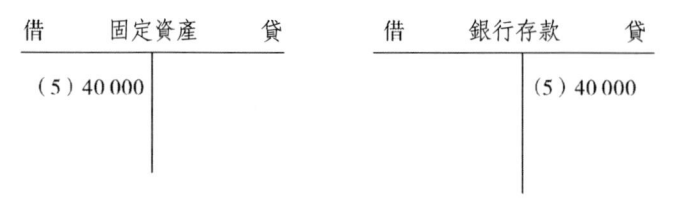

借	固定資產	貸	借	銀行存款	貸
(5) 40 000					(5) 40 000

圖 3-13

(6) 24 日，開出一張面值為 50,000 元的商業匯票，以抵償原欠新樂公司的購料款。

這項交易或事項的發生，一方面使公司的「應付票據」增加 50,000 元，另一方面使公司的「應付帳款」減少 50,000 元。「應付票據」和「應付帳款」都屬於負債類帳戶，負債的增加，記入對應「應付票據」帳戶的貸方，負債的減少，記入對應「應付帳款」帳戶的借方。該筆交易或事項的發生引起會計等式右邊負債內部項目的一增一減。其登記如圖 3-14 所示。

借	應付帳款	貸	借	應付票據	貸
(6) 50 000					(6) 50 000

圖 3-14

(7) 27 日，公司按法定程序將資本公積 60,000 元，轉增資本金。

這項交易或事項的發生，一方面使公司的「實收資本」增加 60,000 元，另一方面使公司的「資本公積」減少 60,000 元。資本公積和實收資本都屬於所有者權益類帳戶，所有者權益的增加，記入對應「實收資本」帳戶的貸方，所有者權益的減少，記入對應「資本公積」帳戶的借方。該筆交易或事項的發生引起會計等式右邊所有者權益內部項目的一增一減。其登記如圖 3-15 所示。

借	資本公職	貸	借	實收資本	貸
(7) 60 000					(7) 60 000

圖 3-15

（8）29日，訊達公司按法定程序將應支付給投資者的利潤20,000元，轉增資本金。

這項交易或事項的發生，一方面使公司「實收資本」增加20,000元，另一方面使公司的「應付利潤」減少20,000元。實收資本屬於所有者權益類帳戶，應付利潤屬於負債類帳戶。實收資本的增加，記入對應「實收資本」帳戶的貸方，應付利潤的減少，記入對應「應付利潤」帳戶的借方。該筆交易或事項的發生引起會計等式右邊的所有者權益項目增加和負債項目同時等額減少。其登記如圖3-16所示。

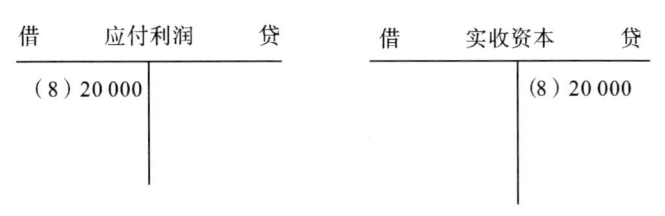

借	应付利润	贷		借	实收资本	贷
（8）20 000						（8）20 000

圖3-16

（9）30日，訊達公司承諾代紅中公司償還紅中公司前欠樂凱公司的貨款90,000元，但款項尚未支付。與此同時，辦妥相關手續，沖減紅中公司在訊達公司的投資。

這項交易或事項的發生，一方面使訊達公司的「應付帳款」增加90,000元，另一方面由於代甲公司支付此項欠款的同時減少甲公司在本公司的投資，使本公司的「實收資本」減少90,000元。實收資本屬於所有者權益類帳戶，應付帳款屬於負債類帳戶。應付帳款的增加，記入對應「應付帳款」帳戶的貸方，實收資本的減少，記入對應「實收資本」帳戶的借方。該筆交易或事項的發生引起會計等式右邊負債項目增加和所有者權益項目同時等額減少。其登記如圖3-17所示。

借	实收资本	贷		借	应付账款	贷
（9）90 000						（9）90 000

圖3-17

從以上案例可以看出，在借貸記帳法下，對發生的每一筆交易或事項，都應以相等的金額，按借貸相反的方向同時記入有關帳戶的借方和相應帳戶的貸方，且記入借貸雙方的總金額始終相等。即在借貸記帳法下，對發生的任何交易或事項的登記均應滿足「有借必有貸，借貸必相等」的記帳規則。

(二) 借貸記帳法下的會計分錄

1. 帳戶的對應關係和對應帳戶

從以上案例可以看出，在運用借貸記帳法對交易或事項進行會計核算時，在有關帳戶之間存在著應借、應貸的相互依存關係，帳戶之間的這種相互關係稱為帳戶的對應關係。存在對應關係的帳戶互稱為對應帳戶。如用現金500元購買原材料，該筆交易的發生，導致原材料的增加和庫存現金的減少，「原材料」帳戶與「庫存現金」帳

戶均屬於資產類帳戶，原材料的增加記入「原材料」帳戶的借方，庫存現金的減少記入「庫存現金」帳戶的貸方。這樣「原材料」帳戶與「庫存現金」帳戶就形成了一種對應關係，兩個帳戶也就成了對應帳戶。通過帳戶的對應關係可以瞭解交易或事項的內容，檢查交易或事項的處理是否合理合法。

2. 會計分錄

在明確了借貸記帳法的記帳規則以后，就可以運用記帳規則，對發生的交易或事項編製會計分錄。會計分錄簡稱為分錄，是指按照借貸記帳法記帳規則的要求，對每一筆交易或事項用來標明應借、應貸帳戶的名稱、方向和金額的記錄。即會計分錄應具備三要素：帳戶名稱、記帳方向和記帳金額。

會計分錄有簡單會計分錄與複合會計分錄兩種。只涉及兩個帳戶的會計分錄就是簡單會計分錄，即「一借一貸」分錄。以上列舉的幾筆交易或事項的會計分錄都是簡單會計分錄。將以上列舉的幾筆交易或事項用會計分錄表示為：

（1）借：銀行存款　　　　　　　　　　　　　　　　　200,000
　　　貸：實收資本　　　　　　　　　　　　　　　　　200,000
（2）借：原材料　　　　　　　　　　　　　　　　　　 70,000
　　　貸：應付帳款　　　　　　　　　　　　　　　　　 70,000
（3）借：短期借款　　　　　　　　　　　　　　　　　 80,000
　　　貸：銀行存款　　　　　　　　　　　　　　　　　 80,000
（4）借：實收資本　　　　　　　　　　　　　　　　　100,000
　　　貸：固定資產　　　　　　　　　　　　　　　　　100,000
（5）借：固定資產　　　　　　　　　　　　　　　　　 40,000
　　　貸：銀行存款　　　　　　　　　　　　　　　　　 40,000
（6）借：應付帳款　　　　　　　　　　　　　　　　　 50,000
　　　貸：應付票據　　　　　　　　　　　　　　　　　 50,000
（7）借：資本公積　　　　　　　　　　　　　　　　　 60,000
　　　貸：實收資本　　　　　　　　　　　　　　　　　 60,000
（8）借：應付利潤　　　　　　　　　　　　　　　　　 20,000
　　　貸：實收資本　　　　　　　　　　　　　　　　　 20,000
（9）借：實收資本　　　　　　　　　　　　　　　　　 90,000
　　　貸：應付帳款　　　　　　　　　　　　　　　　　 90,000

凡涉及兩個以上帳戶的會計分錄就是複合會計分錄。包括「一借多貸」分錄、「多借一貸」分錄和「多借多貸」分錄。對複合分錄舉例如下：

[例3-2] 某公司購買原材料一批，價值98,000元，用銀行存款支付48,000元，其餘款項尚未支付。

該項交易或事項涉及資產類帳戶：「原材料」帳戶、「銀行存款」帳戶和負債類帳戶「應付帳款」帳戶。該項交易或事項的發生，引起原材料增加98,000元，記入「原材料」帳戶的借方，引起銀行存款減少48,000元，記入「銀行存款」帳戶的貸方，以及引起應付帳款增加50,000元，記入「應付帳款」帳戶的貸方。編製複合會計分錄

如下：

　　借：原材料　　　　　　　　　　　　　　　　　　　　　　98,000
　　　貸：銀行存款　　　　　　　　　　　　　　　　　　　　　48,000
　　　　　應付帳款　　　　　　　　　　　　　　　　　　　　　50,000

［**例3-3**］某公司購買一批原材料60,000元，購買一項專利30,000元，均以銀行存款支付。

該項交易或事項涉及「原材料」「無形資產」和「銀行存款」三個資產類帳戶。該項交易或事項的發生，引起原材料增加60,000元、無形資產增加30,000元，分別記入「原材料」帳戶的借方和「無形資產」帳戶的借方，引起銀行存款減少90,000元，記入「銀行存款」帳戶的貸方。編製複合會計分錄如下：

　　借：原材料　　　　　　　　　　　　　　　　　　　　　　60,000
　　　　無形資產　　　　　　　　　　　　　　　　　　　　　 30,000
　　　貸：銀行存款　　　　　　　　　　　　　　　　　　　　 90,000

從上述會計分錄可知，在編製會計分錄時，應注意以下幾個問題：

（1）會計分錄應該是借上貸下、借左貸右。即借方帳戶在上行，貸方帳戶在下行；貸方帳戶的記帳符號、名稱和金額都要比借方帳戶退後一格或兩格，複合會計分錄中的借方或貸方的帳戶名稱和金額要分別對齊。

（2）為了反應資金運動的來龍去脈，保持帳戶之間的對應關係，《會計學基礎》中盡量避免使用多個借方帳戶和多個貸方帳戶，即編製多借多貸複合會計分錄。同時，在實際工作中，不允許將多項不同的交易或事項合併在一起編製一張複合會計分錄，但若是一項交易或事項是可以編製複合會計分錄的。

（3）初學者在編製會計分錄時，最好按照以下步驟進行：

第一，分析交易或事項的內容，確定所涉及帳戶的名稱及其性質；

第二，判斷所涉及的帳戶是增加還是減少，進而確定記入帳戶的方向和金額；

第三，根據借貸記帳法的記帳規則和編製會計分錄的格式，編製會計分錄。

（三）過帳

各項交易或事項編製會計分錄以後，應根據會計分錄記入有關總帳和明細帳，這個記帳的過程通常稱為「過帳」或「登帳」。過帳以後，一般要在月末進行結帳，即結算出各帳戶的本期發生額合計和期末餘額。過帳的一般步驟如下：

（1）開設T形帳戶，並登記期初餘額。

（2）根據會計分錄中所確定的帳戶名稱、方向和金額，逐筆逐日記入有關帳戶的借方和貸方。

（3）期末，計算並登記各帳戶的本期借、貸方發生額和期末餘額。

現將［例3-1］中，訊達公司2010年1月發生的交易或事項的會計分錄記入如圖3-18所示的各帳戶中。

借	庫存現金		貸		借	應付職工薪酬		貸
期初餘額	1,000						期初餘額	30,000
本期發生額	—	本期發生額	—		本期發生額	—	本期發生額	—
期末餘額	1,000						期末餘額	30,000

借	銀行存款		貸		借	應付帳款		貸
期初餘額	49,000						期初餘額	100,000
(1)	200,000	(3)	80,000		(6)	50,000	(2)	70,000
		(5)	40,000				(9)	90,000
本期發生額	200,000	本期發生額	120,000		本期發生額	50,000	本期發生額	160,000
期末餘額	129,000						期末餘額	210,000

借	原材料		貸		借	短期借款		貸
期初餘額	220,000						期初餘額	150,000
(2)	70,000				(3)	80,000		
本期發生額	70,000	本期發生額	—		本期發生額	80,000	本期發生額	—
期末餘額	290,000						期末餘額	70,000

借	固定資產		貸		借	應付票據		貸
期初餘額	230,000						期初餘額	0
(5)	40,000	(4)	100,000				(6)	50,000
本期發生額	40,000	本期發生額	100,000		本期發生額	—	本期發生額	50,000
期末餘額	170,000						期末餘額	50,000

借	應付利潤		貸		借	資本公積		貸
		期初餘額	40,000				期初餘額	80,000
(8)	20,000				(7)	60,000		
本期發生額	20,000	本期發生額	—		本期發生額	60,000	本期發生額	—
		期末餘額	20,000				期末餘額	20,000

借	應收帳款		貸		借	實收資本		貸
期初餘額	80,000						期初餘額	180,000
					(4)	100,000	(1)	200,000
					(9)	90,000	(7)	60,000
							(8)	20,000
本期發生額	—	本期發生額	—		本期發生額	190,000	本期發生額	280,000
期末餘額	80,000						期末餘額	270,000

圖 3-18

四、借貸記帳法的試算平衡

企業對日常發生的交易或事項都要記入有關帳戶，內容龐雜，次數繁多，記帳稍有疏忽，便有可能發生差錯。因此，對全部帳戶的記錄必須定期進行試算，借以驗證帳戶記錄是否正確。根據會計等式「資產＝負債＋所有者權益」以及借貸記帳法的記帳規則，通過匯總、檢查和驗算確定所有帳戶記錄正確性和完整性的過程就稱為試算平衡。試算平衡包括發生額試算平衡和余額試算平衡。

(一) 發生額試算平衡

發生額試算平衡包括兩方面的內容：一是每筆會計分錄的發生額平衡，即每筆會計分錄的借方發生額必須等於貸方發生額，這是由借貸記帳法的記帳規則決定的；二是本期發生額的平衡，即本期所有帳戶的借方發生額合計必須等於所有帳戶的貸方發生額合計。因為本期所有帳戶的借方發生額合計，相當於把復式記帳的借方發生額相加；所有帳戶的貸方發生額合計，相當於把復式記帳的貸方發生額相加，二者必然相等。這種平衡關係用公式表示為：

$$\begin{cases} 第一筆會計分錄的借方發生額 \\ \vdots \\ 第 n 筆會計分錄的借方發生額 \end{cases} = \begin{cases} 第一筆會計分錄的貸方發生額 \\ \vdots \\ 第 n 筆會計分錄的貸方發生額 \end{cases}$$

$$\Sigma 所有會計分錄的借方發生額 = \Sigma 所有會計分錄的貸方發生額$$

本期全部帳戶的借方發生額合計數＝本期全部帳戶的貸方發生額合計數

發生額試算平衡是根據上面兩種發生額平衡關係，來檢驗本期發生額記錄是否正確的方法。在實際工作中，發生額試算平衡是通過編製「總分類帳戶本期發生額試算平衡表」來進行的。仍以上述訊達公司 2010 年 1 月發生的交易或事項為例，將其編製的「總分類帳戶本期發生額試算平衡表」列示如表 3-6 所示。

表 3-6　　　　　　　　總分類帳戶本期發生額試算平衡表　　　　　　　單位：元

會計科目	本期發生額 借方	本期發生額 貸方
庫存現金		
銀行存款	200,000	120,000
應收帳款		
原材料	70,000	
固定資產	40,000	100,000
短期借款	80,000	
應付票據		50,000
應付帳款	50,000	160,000
應付職工薪酬		
應付利潤	20,000	
實收資本	190,000	280,000

表3-6(續)

會計科目	本期發生額	
	借方	貸方
資本公積	60,000	
合計	710,000	710,000

(二) 余額試算平衡

余額試算平衡是指所有帳戶的借方余額之和與所有帳戶的貸方余額之和相等。余額試算平衡是用來檢驗本期帳戶記錄是否正確的方法。這是由「資產＝負債＋所有者權益」的恒等關係決定的。在某一時點上，有借方余額的帳戶應是資產類帳戶，有貸方余額的帳戶應是權益類帳戶，分別合計其金額，即是具有相等關係的資產與權益總額。根據余額的時間不同，可分為期初余額平衡和期末余額平衡。本期的期末余額平衡，結轉到下一期，就成為下一期的期初余額平衡。這種關係可用下列公式表示：

全部資產帳戶期末借方余額＝全部負債帳戶期末貸方余額＋全部所有者權益帳戶期末貸方余額

全部帳戶期末借方余額合計數＝全部帳戶期末貸方余額合計數

在實際工作中，余額試算平衡是通過編製「總分類帳戶余額試算平衡表」來進行的。訊達公司2010年1月末編製的「總分類帳戶余額試算平衡表」，如表3-7所示。

表3-7　　　　　　　　總分類帳戶余額試算平衡表　　　　　　　　單位：元

帳戶名稱	借方余額	貸方余額
庫存現金	1,000	
銀行存款	129,000	
應收帳款	80,000	
原材料	290,000	
固定資產	170,000	
短期借款		70,000
應付票據		50,000
應付帳款		210,000
應付職工薪酬		30,000
應付利潤		20,000
實收資本		270,000
資本公積		20,000
合計	670,000	670,000

在實際工作中，也可將「總分類帳戶本期發生額試算平衡表」和「總分類帳戶余額試算平衡表」合併編製一張試算平衡表。訊達公司2010年1月末編製的「總分類帳戶本期發生額及余額試算平衡表」，如表3-8所示。

表 3-8　　　　　　　　總分類帳戶本期發生額及余額試算平衡表　　　　　　　單位：元

帳戶名稱	期初余額 借方	期初余額 貸方	本期發生額 借方	本期發生額 貸方	期末余額 借方	期末余額 貸方
庫存現金	1,000				1,000	
銀行存款	49,000		200,000	120,000	129,000	
應收帳款	80,000				80,000	
原材料	220,000		70,000		290,000	
固定資產	230,000		40,000	100,000	170,000	
短期借款		150,000	80,000			70,000
應付票據				50,000		50,000
應付帳款		100,000	50,000	160,000		210,000
應付職工薪酬		30,000				30,000
應付利潤		40,000	20,000			20,000
實收資本		180,000	190,000	280,000		270,000
資本公積		80,000	60,000			20,000
合計	580,000	580,000	710,000	710,000	670,000	670,000

應該看到，試算平衡表只是通過借貸金額是否平衡來檢查帳戶記錄是否正確，而有些錯誤對於借貸雙方的平衡並不會產生影響。因此，在編製試算平衡表時要對以下問題引起注意：

（1）必須保證所有帳戶的余額均已記入試算平衡表。因為會計等式是對六項會計要素整體而言的，缺少任何一個帳戶的余額，都會造成期初或期末借方與貸方余額合計不相等。

（2）如果借貸不平衡，可以肯定帳戶記錄有錯誤，應認真查找，直到實現平衡為止。

（3）如果借貸平衡，並不能說明帳戶記錄絕對正確，因為有些錯誤對於借貸雙方的平衡並不會產生影響。例如：

①漏記某項交易或事項，將使本期借貸雙方的發生額等額減少，借貸仍然平衡。

②重記某項交易或事項，將使本期借貸雙方的發生額發生等額增加，借貸仍然平衡。

③某項交易或事項記錯有關帳戶，借貸仍然平衡。如應記入「庫存現金」帳戶的，卻誤記入「銀行存款」帳戶中。

④某項交易或事項顛倒了記帳方向，借貸仍然平衡。如從銀行提取現金，應記入「庫存現金」帳戶的借方和「銀行存款」帳戶的貸方，但記帳時卻誤記為「庫存現金」帳戶的貸方和「銀行存款」帳戶的借方。

⑤借方或貸方發生額中，偶然一多一少並相互抵銷，借貸仍然平衡。如企業購入材料10,000元，用銀行存款支付4,000元，其余6,000元暫欠。這筆經濟業務發生后，應計入「原材料」帳戶的借方10,000元，「銀行存款」帳戶的貸方4,000元和「應付

帳款」帳戶的貸方 6,000 元；但記帳時卻記入「銀行存款」帳戶的貸方 6,000 元和「應付帳款」帳戶的貸方 4,000 元。「銀行存款」帳戶貸方多記的金額剛好和「應付帳款」帳戶貸方少記的金額相互抵銷。

因此，在編製試算平衡表之前，應仔細核對有關帳戶記錄，以消除上述錯誤。一般來說，除上述幾種情況以外，如果實現了發生額和餘額的平衡關係，說明帳戶記錄正確。

本章小結

會計科目是對會計對象具體內容進行分類核算的項目，是復式記帳中編製會計憑證和設置帳簿的基礎。企業應根據自身交易或事項的內容和特點以及經營管理的要求設置會計科目。設置會計科目既要堅持統一性和靈活性相結合，又要做到簡明扼要、通俗易懂，且保持相對穩定。

會計帳戶是指根據會計科目設置的，具有一定格式和結構，用來分類、連續地記錄交易或事項，反應會計要素增減變動及其結果的一種核算工具。會計科目與帳戶是兩個既相互區別，又相互聯繫的不同概念。會計科目和會計帳戶所反應的經濟內容相同，會計科目是會計帳戶的名稱，也是設置會計帳戶的依據，會計帳戶是會計科目的具體運用。沒有會計科目，帳戶就失去了設置的依據；沒有帳戶，就無法發揮會計科目的作用。但會計科目只有名稱，沒有結構；帳戶既有名稱，又有結構。

借貸記帳法是以「借」「貸」為記帳符號，按照「有借必有貸，借貸必相等」的記帳規則，對每筆經濟業務都要在兩個或兩個以上相互關聯的帳戶中進行登記的一種復式記帳法。借貸記帳法是應用最為廣泛的一種復式記帳法。在借貸記帳法下，帳戶的性質不同，其結構也不相同。任何一筆經濟業務所涉及的兩個或兩個以上帳戶之間必然存在著某種相互依存的關係，這種關係稱為帳戶的對應關係。存在著對應關係的帳戶稱為對應帳戶。帳戶的對應關係是通過編製會計分錄來完成的。會計分錄由會計科目、記帳符號（方向）和記帳金額三個要素構成。會計分錄分為簡單會計分錄和複合會計分錄。在實際工作中，編製會計分錄的工作是通過編製記帳憑證來完成的。為了檢查帳戶記錄的正確性和完整性還必須進行試算平衡。試算平衡包括發生額試算平衡和餘額試算平衡。在實際工作中，試算平衡是通過編製「總分類帳戶本期發生額及餘額試算平衡表」完成的。

思考題

1. 什麼是會計科目？設置會計科目的原則有哪些？
2. 會計科目按其所反應的經濟內容分類可分為哪幾類？
3. 什麼是會計帳戶？會計科目與帳戶有何區別和聯繫？
4. 什麼是借貸記帳法？
5. 簡述借貸記帳法的記帳符號、記帳規則、帳戶結構和試算平衡。

6. 在借貸記帳法下，編製會計分錄時，應注意哪些問題？
7. 在借貸記帳法下，編製試算平衡表時，應注意哪些問題？
8. 什麼是過帳？過帳的一般步驟如何？

練習題

一、單項選擇題

1. 借貸記帳法的理論基礎是（　　）。
   A. 資產＝負債＋所有者權益　　B. 收入－費用＝利潤
   C. 有借必有貸　　　　　　　　D. 借貸必相等

2. 下列等式中，正確的是（　　）。
   A. 資產類帳戶的期末余額＝該帳戶的期初借方余額＋該帳戶的本期借方發生額－該帳戶的本期貸方發生額
   B. 負債類帳戶的期末余額＝該帳戶的期初借方余額＋該帳戶的本期借方發生額－該帳戶的本期貸方發生額
   C. 收入類帳戶的期末余額＝該帳戶的期初借方余額＋該帳戶的本期借方發生額－該帳戶的本期貸方發生額
   D. 費用類帳戶的期末余額＝該帳戶的期初借方余額＋該帳戶的本期借方發生額－該帳戶的本期貸方發生額

3. 某企業資產總額為2,000萬元，本月向銀行借款600萬元存入銀行，並用銀行存款償還應付帳款500萬元。期末資產總額應為（　　）萬元。
   A. 3,100　　　B. 2,600　　　C. 2,100　　　D. 900

4. 以下帳戶中，期末結帳後無余額的是（　　）。
   A. 預付帳款　　B. 短期投資　　C. 財務費用　　D. 未分配利潤

5. 負債類帳戶的期末余額一般在（　　）。
   A. 借方　　　B. 貸方　　　C. 借方和貸方　　D. 借方或貸方

6. 在借貸記帳法中，帳戶的哪一方記增加數，哪一方記減少數，是由（　　）決定的。
   A. 記帳規則　　B. 帳戶性質　　C. 業務性質　　D. 帳戶結構

7. 會計科目是（　　）。
   A. 會計要素的名稱　　　　B. 帳戶的名稱
   C. 帳簿的名稱　　　　　　D. 會計報表的名稱

8. 復式記帳法對每項交易或事項都以相等的金額，在（　　）中進行登記。
   A. 一個帳戶　　　　　　　B. 兩個帳戶
   C. 全部帳戶　　　　　　　D. 兩個或兩個以上的帳戶

9. 負債及所有者權益類帳戶的期末余額一般在（　　）。
   A. 借方　　B. 借方和貸方　　C. 貸方　　D. 借方或貸方

10. 預付供應單位材料貨款，可將其視為一種（　　）。
　　A. 負債　　　　B. 所有者權益　　C. 收益　　　　D. 資產

二、多項選擇題

1. 下列業務會引起會計恒等式兩邊同時發生增減變動的有（　　）。
　　A. 借新債還舊債
　　B. 向銀行借款，存入銀行
　　C. 購買原材料一批，以銀行存款支付貨款
　　D. 購進材料，款項未付

2. 下列會計科目中屬於資產類科目的有（　　）。
　　A. 生產成本　　B. 製造費用　　C. 原材料　　D. 庫存商品

3. 與單式記帳法相比較，復式記帳有如下特點（　　）。
　　A. 根據帳戶記錄的結果，可以瞭每一項交易或事項的來龍去脈
　　B. 可以全面、系統地瞭解經濟活動的過程和結果
　　C. 可以對帳戶記錄的結果進行試算平衡，檢查帳戶記錄的正確性
　　D. 簡化記帳工作

4. 下列哪些錯誤試算平衡也發現不了（　　）。
　　A. 應借應貸方向顛倒　　　　B. 某些交易或事項應借應貸金額不等
　　C. 應借應貸金額都多記相同金額　　D. 漏記某項交易或事項

5. 會計分錄應具備的三要素是（　　）。
　　A. 帳戶名稱　　B. 記帳方向　　C. 記帳金額　　D. 記帳規則

6. 基礎會計學課程中，一般允許編製（　　）會計分錄。
　　A. 一借一貸　　B. 一借多貸　　C. 多借一貸　　D. 多借多貸

三、判斷題

1. 會計科目和會計帳戶是一件事物的不同名稱。　　　　　　　　　　（　　）
2. 借貸記帳法所用的「借」「貸」兩字僅為記帳符號，無特定含義。　（　　）
3. 在《會計學基礎》中，幾個簡單會計分錄可以組合成一個複合會計分錄。
　　　　　　　　　　　　　　　　　　　　　　　　　　　　　　　（　　）
4. 在一個會計分錄中的帳戶，是對應帳戶。　　　　　　　　　　　　（　　）
5. 某會計在期末試算表編製平衡，則證明該會計本期會計記錄未發生錯誤。
　　　　　　　　　　　　　　　　　　　　　　　　　　　　　　　（　　）
6. 借貸記帳法的試算平衡公式分為發生額平衡公式和差額平衡公式兩種。（　　）
7. 交易或事項的各種變動在數量上只有增加和減少兩種情況，一般情況下，帳戶的餘額與增加額在一方。　　　　　　　　　　　　　　　　　　（　　）
8. 所有者權益類帳戶的余額反應投入資本變動后的結果和未分配利潤的實際數額。
　　　　　　　　　　　　　　　　　　　　　　　　　　　　　　　（　　）
9. 單式記帳法下，方便查找記帳差錯。　　　　　　　　　　　　　　（　　）

10. 無論哪一類交易或事項的發生，都不會影響借貸平衡關係。（　　）

四、業務題

（一）判斷下列事項對各個會計要素的影響。（在空格中填寫是增、減，還是此增彼減）

經濟事項	資產	負債	所有者權益	收入	費用
銷售產品一批，收到銀行存款 10,000 元。					
銷售產品一批，款項 10,000 元未收。					
償還所欠供應商貨款 10,000 元。					
接受投資 10,000 元。					
用現金報銷業務招待費 10,000 元。					
用 10,000 元銀行存款購買股票。					

（二）根據以下項目，說明所屬的會計科目。

1. 房屋及建築物
2. 機器及設備
3. 運輸汽車
4. 庫存生產用鋼材
5. 庫存燃料
6. 未完工產品
7. 庫存完工產品
8. 存放在銀行的款項
9. 由出納人員保管的現鈔
10. 應收某廠的貨款
11. 暫付職工差旅費
12. 從銀行借入的三年期借款
13. 應付給光華廠的材料款
14. 欠交的企業所得稅
15. 銷售產品取得的收入
16. 投資者投入的資本
17. 出租固定資產預收的押金
18. 為招待客戶而發生的招待費用
19. 銷售產品的取得成本
20. 支付的辦公費

（三）設某工廠 2009 年 7 月初各科目余額如下。

單位：元

帳戶名稱	借方余額	帳戶名稱	貸方余額
庫存現金	1,000	短期借款	10,000
銀行存款	13,000	應付帳款	30,000
應收帳款	14,000	實收資本	100,000
原材料	2,000	未分配利潤	40,000
庫存商品	10,000		
固定資產	140,000		
合計	180,000	合計	180,000

7月份該廠發生下列業務：

1. 向甲公司購入原材料一批，計價20,000元，材料驗收入庫，貨款未付。
2. 向銀行借入短期借款50,000元存入銀行。
3. 以銀行存款償還上月所欠材料款30,000元。
4. 收到所有者投入資本30,000元存入銀行。
5. 收回乙公司前欠貨款12,000元存入銀行。
6. 從銀行提取現金1,000元。
7. 以銀行存款購入計算機一臺，價值6,000元。

要求：編製上述業務的會計分錄，並填寫下表：

帳戶名稱	期初借方余額	期初貸方余額	本期借方發生額	本期貸方發生額	期末借方余額	期末貸方余額
庫存現金						
銀行存款						
應收帳款						
原材料						
庫存商品						
固定資產						
短期借款						
應付帳款						
實收資本						
未分配利潤						
合計						

第四章　會計憑證

會計憑證是會計核算的重要依據；填製和審核會計憑證是會計核算的一種專門方法，也是會計工作的起點和基礎。本章主要介紹會計憑證的意義和種類，原始憑證、記帳憑證的填製和審核以及會計憑證的傳遞和保管等。

第一節　會計憑證的意義和種類

一、會計憑證的概念

會計憑證是記錄經濟業務的發生和完成情況、明確經濟責任的書面證明，是登記帳簿的重要依據。

填製和審核會計憑證是會計核算的一種專門方法，也是會計工作的起點和基礎，是對企業發生的經濟業務的初始反應，在整個會計核算過程中起著至關重要的作用。任何單位的經濟業務一經發生和完成，就必須取得和填製會計憑證，如實、合法地反應經濟活動的情況。一切會計憑證都應由專人進行嚴格審核，只有經過審核后，合理、合法、真實的會計憑證，才能作為記帳的依據，從而才能保證帳簿記錄、報表反應的會計信息真實、完整。

二、會計憑證的意義

填製和審核會計憑證是做好會計工作的基本前提，也是體現會計反應與監督職能的重要手段。其作用主要表現在以下幾個方面：

1. 會計憑證是記錄經濟業務的載體，為記帳提供依據

任何經濟業務發生，都必須取得和填製會計憑證。以材料收發結存業務為例，採購人員外購材料時必須取得供應單位開具的合理合法的材料採購發票；材料運達企業，經倉庫保管部門驗收入庫后，須填製材料入庫單；領用材料時須填製領料單等。財務人員對取得或填製的會計憑證還必須進行嚴格審核，只有經過審核無誤的會計憑證，才能作為記帳的依據。

2. 會計憑證是明確經濟責任，強化內部控制的手段

每一筆經濟業務發生之后，都要由經辦單位和有關人員辦理憑證手續並簽名蓋章，明確經濟責任，推行經濟責任制。以差旅費報銷為例，出差人員旅途中發生的交通費、

住宿費必須取得合理合法的交通費發票和住宿費發票；出差回來報帳時，主管領導必須審核簽字；財務人員再根據審核后的單據辦理報帳手續等。通過填製和審核會計憑證，不僅將經辦人員聯繫在一起，相互監督，而且便於劃清責任，強化內部控制。

3. 會計憑證是發揮會計的監督職能，保證會計信息真實可靠的有效手段

會計主管和內部財務人員都要對取得或填製的會計憑證進行嚴格審核，監督經濟業務的合法性，及時發現經濟運行中存在的問題和管理制度中存在的漏洞。對不合法、不真實的憑證拒絕受理；對錯誤的憑證要予以更正，防止錯誤和弊端的發生，以改善企業經營管理，提高經濟效益。

4. 會計憑證是核對帳務和事後檢查的重要依據

合理合法的會計憑證，均載明了經濟業務發生的時間、地點、業務內容、金額、經辦單位、當事人簽章以及其他有關事項，完整地反應了每筆經濟業務的內容。在核對帳務和事後檢查中如發現問題，可直接追溯到會計憑證，進行復核處理。

三、會計憑證的種類

實際會計工作中的會計憑證種類繁多，格式多樣，作用不一，但按其填製程序和用途的不同，會計憑證可分為原始憑證和記帳憑證兩大類。

第二節　原始憑證

一、原始憑證的含義與種類

原始憑證，又稱單據，是在經濟業務發生時取得或填製的，用以證明經濟業務的發生或完成情況的書面證明，它是會計核算的原始依據和重要資料，具有較強的法律效力。會計制度對原始憑證的格式沒有作出明文規定，各單位可根據業務需要自行設計。

（一）原始憑證按其取得的來源不同，可分為外來原始憑證和自製原始憑證

1. 外來原始憑證

外來原始憑證是指經濟業務發生時，從其他單位或個人處取得的原始憑證。如購買材料從外單位取得的增值稅專用發票（表 4-1）或普通發票、從運輸部門取得的「運貨單」、對外支付款項時取得的收據（表 4-2）以及各種銀行結算憑證等都是外來原始憑證。

表 4-1 　　　　　　　　　　　　增值稅專用發票
　　　　　　　　　　　　　　　　　發票聯　　　　　　　　　　　　　　　No
　　　　　　　　　　　　　　　　　　　　　　　　　開票日期：　　年　月　日

購貨單位	名稱		納稅人登記號	
	地址、電話		開戶銀行及帳號	

貨物或應稅勞務名稱	計量單位	數量	單價	金額	稅率（％）	稅額
合計						
價稅合計（大寫）					¥	

銷貨單位	名稱		納稅登記號	
	地址、電話		開戶銀行及帳號	

收款人：　　　　　復核：　　　　　開票人：　　　　　銷貨單位：（章）

表 4-2 　　　　　　　　　　　　　收　據
　　　　　　　　　　　　　　　年　月　日　　　　　　　　　　　　　　No

茲由（交款單位交款人）	
交來（事由）	
計人民幣（大寫）	¥

收款單位：（蓋章）　　　　　收款人：　　　　　交款人：

2. 自制原始憑證

自制原始憑證是指經濟業務發生時，由本單位內部經辦業務的部門或個人自行填製的原始憑證。如本單位內部自制的「借款單」「入庫單」「領料單」「差旅費報銷單」等。「借款單」一般一式四聯，第一聯為借款底單，由借款人留存；第二聯為還款結算憑證；第三聯為付款憑證；第四聯為借款人借款結算回執。「借款單」「差旅費報銷單」的格式分別如表 4-3、表 4-4 所示。

表 4-3 　　　　　　　　　　　　　借　款　單
　　　　　　　　　　　　　　　年　月　日　　　　　　　　　　　　　第　　號

借款單位：		借款人：		備註
借款金額	¥＿＿＿＿			
借款事由	單位負責人（簽字）		報銷事項	
			核銷金額＿＿＿＿＿＿	
			交回金額＿＿＿＿＿＿	
			補付金額＿＿＿＿＿＿	

89

表 4-4   差旅費報銷單
部門：   年   月   日

出差人				出差事由					
出發		到達		交通費		出差補貼		其他費用		
月	日	地點	月	日	地點	單據張數	金額	天數	金額	項目	單據張數	金額
										住宿費		
										市內車費		
										郵電費		
										辦公用品費		
										不買臥鋪補貼		
										其他		
合計												
報銷總額	人民幣（大寫）				預借旅費	¥		補領金額	¥			
							退還金額	¥				

（二）原始憑證按填製手續不同，可分為一次憑證、累計憑證和匯總憑證

1. 一次憑證

一次憑證是指在經濟業務發生時一次填製完成，用以記錄一項或若干項同類經濟業務的原始憑證。如前面提到的外來原始憑證和企業材料驗收入庫時填製的「入庫單」；材料領用出庫時填製的「出庫單」；發放工資時，由企業內部各車間、部門編製的「工資結算單」等自制原始憑證都屬於一次憑證。「入庫單」「出庫單」的格式如表 4-5、表 4-6 所示。

表 4-5   出 庫 單
收貨單位：   年   月   日

編號	種類	產品名稱	規格	型號	出庫數量	單位	單價	成本總額
備註							合計	

負責人：   記帳：   收貨人：   填單：

表 4-6　　　　　　　　　　　　　　入　庫　單

入庫部門：　　　　　　　　　　　年　月　日

通知單號	編號	種類	名　稱	規格	數量 送繳	數量 實收	單位	單價	成本總額
備註：							合　計		

負責人：　　　　　記帳：　　　　　驗收：　　　　　填單：

2. 累計憑證

　　累計憑證是指在一定時期內連續多次記載若干項不斷重複發生的相同經濟業務的原始憑證。其所填製的內容僅限於同類經濟業務，且是分次登記的，這樣做的目的是減少原始憑證的數量，簡化核算手續。如限額領料單（表 4-7）就是非常典型的累計憑證。累計憑證直到期末方能填製完成，並以其累計數作為記帳的依據。實際會計工作中應注意的是，不同性質的會計事項不能登記在一張累計憑證上。

表 4-7　　　　　　　　　　　　　　限　額　領　料　單

領料部門：　　　　　　　　　　　　　　　　　　　　　發料倉庫：
用途：　　　　　　　　　　　年　月　日　　　　　　　編號：

材料類別	材料編號	材料名稱及規格	計量單位	領用限額	實際領用	單價	金額	備註

供應部門負責人：　　　　　　　　　　生產計劃部門負責人：

日期	請領 數量	請領 領料單位蓋章	實發 數量	實發 發料人	實發 領料人	限額結余	退庫 數量	退庫 退庫單編號

倉庫負責人蓋章：

3. 匯總憑證

匯總憑證是指將一定時期內，若干張記錄同類經濟業務的原始憑證匯總編製的，用以集中反應某類經濟業務總括發生情況的原始憑證。匯總原始憑證只能匯總同類經濟業務，目的是為了簡化記帳憑證的編製工作。如「發出材料憑證匯總表」（表4-8）、「工資結算匯總表」等都屬於匯總憑證。

表 4-8   發　出　材　料　匯　總　表
                                年　　月　　日   編號：

會計科目	領料部門	原材料	燃料	合計
基本生產成本	甲產品			
	乙產品			
	小計			
輔助生產成本	供電車間			
	供水車間			
	小計			
製造費用				
企業管理費用				
合　　計				

會計主管：　　　　　　　　復核：　　　　　　　　製表：

二、原始憑證的基本內容

原始憑證是用來記錄經濟業務發生或完成情況的，而經濟業務又是多種多樣的，需分別填製或取得內容各不相同的原始憑證。但是，不論什麼原始憑證，都要遵循如實反應經濟業務發生的原貌（發生的時間、內容、數量、金額等方面）、明確經辦人員責任等原則，所以，在原始憑證的格式上，就有其共同的構成要素和基本內容。

（1）原始憑證的名稱；
（2）填製憑證的日期和編號；
（3）填製單位的名稱或填製人姓名；
（4）接受憑證單位名稱；
（5）經濟業務內容；
（6）數量、單價和金額；
（7）經辦人員的簽名或蓋章。

原始憑證除了必須具備以上基本內容外，還可根據單位自身經濟活動的特點及經營管理的需要，補充一些必要的內容。原始憑證應當有以下的附加條件：

（1）從外單位取得的原始憑證，應使用統一發票，發票上應印有稅務專用章；必須加蓋填製單位的公章。
（2）自制的原始憑證，必須要有經辦單位負責人或者由單位負責人指定的人員簽名或者蓋章。

(3) 支付款項的原始憑證，必須要有收款單位和收款人的收款證明，不能僅以支付款項的有關憑證代替。

(4) 購買實物的原始憑證，必須有驗收證明。

(5) 銷售貨物發生退貨並退還貨款時，必須以退貨發票、退貨驗收證明和對方的收款收據作為原始憑證。

(6) 職工因公出借款填製的借款憑證，必須附在記帳憑證之后，收回借款時，應另開收據或退還借據副本，不得退還原借款收據。

(7) 經上級有關部門批准的經濟業務事項，應當將批准文件作為原始憑證的附件。

三、原始憑證的填製要求

原始憑證是進行會計核算的重要依據，為了保證原始憑證能夠正確、及時、清晰地反應經濟業務的真實情況，填製原始憑證必須符合下列基本要求：

(1) 原始憑證的內容必須完備：應包括憑證的名稱、填製憑證的日期、填製憑證單位名稱或者填製人姓名、經辦人員的簽名或者蓋章等原始憑證的基本內容，且各項目要填寫清晰。原始憑證所要求填列的項目必須逐項填列齊全，不得遺漏和省略；必須符合手續完備的要求，經辦業務的有關部門和人員要認真審核，簽名蓋章。

(2) 原始憑證的填製必須及時。應在經濟業務發生時及時填製，不得拖延。各種原始憑證一定要及時填寫，並按規定的程序及時送交會計機構、會計人員進行審核。

(3) 內容必須真實可靠。原始憑證上所填列經濟業務的內容、數字，必須真實可靠，既符合國家有關政策、法令、法規、制度的要求，又符合有關經濟業務的實際情況，不得弄虛作假，更不得偽造憑證。

(4) 從外單位取得的原始憑證，必須蓋有填製單位的公章；從個人取得的原始憑證，必須有填製人員的簽名或者蓋章。自製原始憑證必須有經辦單位領導人或者其指定的人員簽名或者蓋章。對外開出的原始憑證，必須加蓋本單位公章。

(5) 凡填有大寫和小寫金額的原始憑證，大寫與小寫金額必須相符。

(6) 填製原始憑證，字跡必須清晰、工整，並符合下列要求：阿拉伯數字應當一個一個地寫，不得連筆寫。阿拉伯數字金額前面應當書寫貨幣幣種符號或者貨幣名稱簡寫和幣種符號，幣種符號與阿拉伯數字金額之間不得留有空白。凡阿拉伯數字前寫有幣種符號的，數字后面不再寫貨幣單位。所有以元為單位（其他貨幣種類為貨幣基本單位，下同）的阿拉伯數字，除表示單價等情況外，一律填寫到角分；無角分的，角位和分位可寫「00」，或者符號「—」；有角無分的，分位應當寫「0」，不得用符號「—」代替。漢字大寫數字金額如零、壹、貳、叁、肆、伍、陸、柒、捌、玖、拾、佰、仟、萬、億等，一律用正楷或者行書體書寫，不得用〇、一、二、三、四、五、六、七、八、九、十等簡化字代替，不得任意自造簡化字。大寫數字金額到元或者角為止的，在「元」或者「角」字之后應當寫「整」字或者「正」字；大寫數字金額有分的，分字后面不寫「整」字或者「正」字。大寫數字金額前未印有貨幣名稱的，應當加填貨幣名稱，貨幣名稱與數字金額之間不得留有空白。阿拉伯數字金額中間有「0」時，漢字大寫金額要寫「零」字；阿拉伯數字金額中間連續有幾個「0」時，漢

字大寫金額中可以只寫一個「零」字；阿拉伯金額數字元位是「0」，或者數字中間連續有幾個「0」、元位也是「0」但角位不是「0」時，漢字大寫金額可以只寫一個「零」字，也可以不寫「零」字。比如，「￥210,065.30」對應的大寫金額為「人民幣貳拾壹萬零陸拾伍元叁角整」。

（7）一式幾聯的原始憑證，應當註明各聯的用途，只能以一聯作為報銷憑證。一式幾聯的發票和收據，必須用雙面復寫紙（發票和收據本身具備復寫紙功能的除外）套寫。

（8）原始憑證必須連續編號，並按照編號的順序使用，不得跳號，跳號的憑證應當加蓋「作廢」戳記，連同存根一起保存，不得撕毀。

（9）原始憑證不得塗改、挖補。發現原始憑證有錯誤的，應當由開出單位重開或者更正，更正處應當加蓋開出單位的公章。原始憑證金額有錯誤的，應當由出具單位重開，不得在原始憑證上更正。

四、原始憑證的審核

原始憑證由於來源不同，經辦單位和人員各異，為保證原始憑證的真實性和它所反應經濟業務的合法、合理性，必須對其進行嚴格的審核。審核原始憑證，是貫徹國家的有關方針、政策和財經紀律，加強管理，發揮會計監督職能的重要手段，是會計確認的重要步驟，是保證會計核算質量、會計信息正確可靠性的重要措施。原始憑證的審核主要包括以下內容：

1. 審核原始憑證所記錄經濟業務的真實性、合法性、合理性

（1）真實性審核，即審核所發生的經濟業務是否符合國家有關規定的要求，有無違反財經制度的現象；原始憑證中所列的經濟業務事項是否真實，有無弄虛作假情況。即審核原始憑證及所記載的經濟業務是否真實，有無偽造現象。經濟業務的經辦單位和個人、經濟業務發生的時間和地點、填製憑證的日期和內容、經濟業務引起的實物量和價值量等各方面都必須是真實的。

（2）合法性審核，即審核原始憑證所記載的經濟業務是否符合有關財經紀律、法規、制度等的規定，有無違法亂紀行為；若有，應予以揭露和制止。如在審核原始憑證中發現有多計或少計收入、費用、擅自擴大開支範圍、提高開支標準、巧立名目、虛報冒領、濫發獎金、津貼等違反財經制度和財經紀律的情況，不僅不能作為合法真實的原始憑證，而且要按規定進行處理。

（3）合理性審核，即審核經濟業務的發生是否符合事先制定的計劃、預算等的要求，有無不講經濟效益、脫離目標的現象，是否符合費用開支標準，有無鋪張浪費的行為。對不真實、不合法的原始憑證有權不予接受，並向單位負責人報告。

2. 審核原始憑證是否符合填製要求

（1）審核原始憑證的各構成要素是否齊全。

（2）審核各要素內容填製是否正確、完整、清晰，特別是對憑證中所記錄的數量、金額的正確性要進行認真審核，檢查金額計算有無差錯，大小寫金額是否一致等。對記載不準確、不完整的原始憑證予以退回，並要求按照國家統一的會計制度的規定更

正、補充。

（3）審核各經辦單位和人員簽章是否齊全。

審核原始憑證是一項十分細緻的工作，政策性、業務性很強，因此，要求會計人員既要熟悉有關財經政策、法規、制度，又要瞭解本單位的生產經營情況。同時，又要求會計人員做到認真、細緻、逐項進行審核。所以，會計人員應當不斷提高自身的政策水平、業務水平，增強責任心，嚴把審核關。

五、原始憑證中的舞弊

1. 原始憑證舞弊

原始憑證舞弊是指篡改、偽造、竊取、不如實填寫原始憑證，或利用舊、廢原始憑證來將個人所花的費用偽裝為單位的日常開支，借以達到損公肥私的目的。如某企業領導通過篡改憑證接受人將自己子女上學的費用作為企業的職工培訓費入帳；又如某秘書從不法分子手中購得假空白發票填上后到企業報銷入帳；在復寫紙下墊一張白紙，使原始憑證的正、副聯的數字內容不一致等。

2. 原始憑證錯誤

發生在原始憑證中的錯誤主要是把原始憑證中各項內容錯記。如把原始憑證的接受單位和人員弄錯；把日期記錯，造成會計分期中出現跨期事項，使得不符合權責發生制原則；把數量、價格的小數、位數、單價弄錯，使得金額出現偏差；使用不合規定的原始憑證，不按要求使用印鑒，原始憑證編號不連續等。

原始憑證中的錯誤雖然不是故意行為，但其危害很大。如原始憑證的印鑒錯誤會使單位財會人員對其真實性和合法性產生懷疑；原始憑證中的金額、計量單位錯誤會導致多付或少付貨幣；錯誤的日期會影響該項業務的正確歸屬期等。

第三節　記帳憑證

一、記帳憑證的含義及種類

記帳憑證是會計人員根據審核無誤的原始憑證或原始憑證匯總表填製，按照經濟業務的內容進行歸類，用以確定會計分錄，並作為記帳依據的會計憑證。記帳憑證是介於原始憑證和帳簿之間的中間環節，也是登記帳簿的直接依據。在實際工作中，為了便於登記帳簿，需要將來自不同的單位、種類繁多、數量龐大、格式大小不一的原始憑證加以歸類、整理，填製具有統一格式的記帳憑證，確定會計分錄，並將相關的原始憑證附在記帳憑證后面。

原始憑證只是證明了經濟業務的發生或完成情況，是反應經濟業務的原始依據，這種反應是零星、分散的，為了全面、系統地反應經濟業務，必須通過帳簿記錄來進行，而登記帳簿的依據是會計憑證。但原始憑證的種類多、來源廣、數量大、格式不一，難以清楚地說明應記入帳戶的名稱和方向。因此，實際會計工作中，為了簡化記

帳工作，必須將原始憑證進行歸類和整理，填製統一格式的記帳憑證，用以對經濟業務進行進一步反應。

記帳憑證按不同的分類標準，可分為不同種類。

(一) 記帳憑證按其適用的經濟業務不同，可分為專用記帳憑證和通用記帳憑證兩類

1. 專用記帳憑證

專用記帳憑證是用來專門記錄某一類經濟業務的記帳憑證。規模較大、業務量較多的單位一般採用專用記帳憑證。由於會計事項只有三種類型：收款事項、付款事項和不涉及現金與銀行存款收付業務的轉帳事項，因此，專用記帳憑證又可分為三種：收款憑證、付款憑證和轉帳憑證。

(1) 收款憑證。收款憑證是用來反應現金和銀行存款等貨幣資金收入業務的記帳憑證，包括現金收款憑證和銀行存款收款憑證兩種。它是會計人員根據審核無誤的現金和銀行存款收款業務的原始憑證填製的記帳憑證，其格式如表 4-9 所示。

表 4-9　　　　　　　　　　　收 款 憑 證　　　　　　　收字第　　號
借方科目：　　　　　　　　　　年　月　日　　　　　　　附件共　　張

摘要	貸方科目		金額	√
	總帳科目	明細科目		
合　　計				

會計主管：　　　記帳：　　　出納：　　　復核：　　　製單：

(2) 付款憑證。付款憑證是用來反應現金和銀行存款等貨幣資金支付業務的記帳憑證，包括現金付款憑證和銀行存款付款憑證兩種。它是會計人員根據審核無誤的現金和銀行存款付款業務的原始憑證填製的記帳憑證，其格式如表 4-10 所示。

表 4-10　　　　　　　　　　　付 款 憑 證　　　　　　　付字第　　號
貸方科目：　　　　　　　　　　年　月　日　　　　　　　附件共　　張

摘要	借方科目		金額	√
	總帳科目	明細科目		
合　　計				

會計主管：　　　記帳：　　　出納：　　　復核：　　　製單：

必須注意的是：在實際經濟生活中，企業會發生從銀行提取現金或將現金存入銀行而導致現金和銀行存款此增彼減的經濟業務。對這類經濟業務，目前的慣例是統一按減少方填製付款憑證，以避免重複記帳帶來的麻煩，即從銀行提取現金業務，編製銀行存款付款憑證；將現金存入銀行業務，編製現金付款憑證。

（3）轉帳憑證。轉帳憑證是用來反應與現金和銀行存款收付無關的轉帳業務的記帳憑證。它是會計人員根據審核無誤的轉帳業務的原始憑證填製的記帳憑證。轉帳憑證的會計科目均設置在表格欄內，其會計科目欄與金額欄應同行，其格式如表 4-11 所示。

表 4-11　　　　　　　　　　　　　轉 帳 憑 證　　　　　　　　　轉字第　　號
　　　　　　　　　　　　　　　　　年　　月　　日　　　　　　　　附件共　　張

摘要	總帳科目	明細科目	借方金額	貸方金額	√
合　　計					

會計主管：　　　　記帳：　　　　出納：　　　　復核：　　　　製單：

2. 通用記帳憑證

通用記帳憑證是指用一種格式記錄全部經濟業務的會計憑證。通用記帳憑證主要適合於經濟業務比較簡單、規模小、收付業務比較少的單位。所有業務都採用一種格式的憑證加以記錄，可以簡化憑證，其格式如表 4-12 所示。

表 4-12　　　　　　　　　　　　　轉 帳 憑 證　　　　　　　　　轉字第　　號
　　　　　　　　　　　　　　　　　年　　月　　日　　　　　　　　附件共　　張

摘要	總帳科目	明細科目	借方金額	貸方金額	√
合　　計					

會計主管：　　　　記帳：　　　　出納：　　　　復核：　　　　製單：

（二）記帳憑證按其包括的會計科目是否單一，可分為單式記帳憑證和復式記帳憑證兩類

1. 單式記帳憑證

單式記帳憑證是指將某項經濟業務所涉及的會計科目分別填製在兩張或兩張以上的記帳憑證上。也就是說，一筆經濟業務涉及幾個會計科目，就必須填製幾張記帳憑

證，每張記帳憑證只填列一個會計科目。由於一筆業務要分別填製幾張記帳憑證，因而單式記帳憑證的編號一般採用分數形式。借方會計科目應填列在「借項記帳憑證」上，貸方會計科目應填列在「貸項記帳憑證」上，其格式如表 4-13 和表 4-14 所示。

表 4-13　　　　　　　　　　　借項憑證
對應科目：　　　　　　　　　年　月　日　　　　　　　憑證編號：

摘要	一級科目	二級或明細科目	金額	√
合　計				

會計主管：　　　　記帳：　　　　出納：　　　　復核：　　　　製單：

表 4-14　　　　　　　　　　　貸項憑證
對應科目：　　　　　　　　　年　月　日　　　　　　　憑證編號：

摘要	一級科目	二級或明細科目	金額	√
合　計				

會計主管：　　　　記帳：　　　　出納：　　　　復核：　　　　製單：

　　優點：內容單一，便於匯總計算每一會計科目的發生額，也便於分工記帳。缺點：制證工作量大，且不能在一張憑證上反應經濟業務的全貌，內容分散，也不便於查帳。

　　2. 復式記帳憑證

　　復式記帳憑證是指將某項經濟業務所涉及的全部會計科目均集中填製在一張記帳憑證上。根據新會計制度的規定，中國通用的記帳方法是借貸復式記帳法，反應同一筆經濟業務必須運用兩個或兩個以上相互關聯的帳戶分別登記在帳戶的借方或貸方，復式記帳憑證正好與借貸記帳法相吻合。因此，在中國實際會計工作中，幾乎所有單位的記帳憑證均採用復式記帳憑證。

　　優點：可以集中反應一項經濟業務的科目對應關係，便於瞭解有關經濟業務的全貌，減少憑證數量，節約紙張等。缺點：不便於匯總計算每一個會計科目的發生額。

(三) 記帳憑證按其填製手續不同，可以分為一次記帳憑證、匯總記帳憑證和科目匯總表

　　1. 一次記帳憑證

　　一次記帳憑證，也稱為分錄憑證，是指只包括一筆會計分錄，並一次編製完畢的記帳憑證。上述通用格式和專用格式憑證均屬一次記帳憑證。

2. 匯總記帳憑證

匯總記帳憑證是指根據一定時期內同類記帳憑證按照一定的方法定期匯總填製的記帳憑證。它包括匯總收款憑證、匯總付款憑證、匯總轉帳憑證。

匯總收款憑證分別根據現金收款憑證和銀行存款收款憑證匯總填製，它匯總了一定時期的現金收入數和銀行存款收入數，其格式如表4-15所示。

表 4-15　　　　　　　　　　　　匯總收款憑證
借方科目：　　　　　　　　　年　月　日　　　　　　　　　第　　號

貸方科目	金額				總帳頁數	
	(1)	(2)	(3)	合計	借方	貸方
合計						

會計主管：　　　　記帳：　　　　出納：　　　　審核：　　　　製單：

附註：（1）自×日至×日收款憑證自第×號至第×號共×張；
　　　（2）自×日至×日收款憑證自第×號至第×號共×張；
　　　（3）自×日至×日收款憑證自第×號至第×號共×張。

匯總付款憑證分別根據現金付款憑證和銀行存款付款憑證匯總填列，它匯總了一定時期的現金和銀行存款的付出數，其格式如表4-16所示。

表 4-16　　　　　　　　　　　　匯總付款憑證
貸方科目：　　　　　　　　　年　月　日　　　　　　　　　第　　號

借方科目	金額				總帳頁數	
	(1)	(2)	(3)	合計	借方	貸方
合計						

會計主管：　　　　記帳：　　　　出納：　　　　審核：　　　　製單：

附註：（1）自×日至×日付款憑證自第×號至第×號共×張；
　　　（2）自×日至×日付款憑證自第×號至第×號共×張；
　　　（3）自×日至×日付款憑證自第×號至第×號共×張。

匯總轉帳憑證是指根據轉帳憑證中每一貸方科目分別設置的，用來匯總一定時期內轉帳業務的匯總記帳憑證。其格式與匯總付款憑證的格式一致。

3. 科目匯總表

科目匯總表是根據一定時期內的全部記帳憑證，按科目進行歸類匯總編製的記帳憑證。科目匯總表可以根據單位業務的多少，定期匯總編製，其格式如表 4-17 所示。

表 4-17　　　　　　　　　　　　　　科目匯總表
　　　　　　　　　　　　　　　年　　月　　日至　　月　　日　　　　　　　　科匯第　　　號

會計科目	總帳頁數	金額 借方	金額 貸方	記帳憑證起止號數
合　計				

會計主管：　　　　　　記帳：　　　　　　審核：　　　　　　製表：

二、記帳憑證的內容

通過前面的介紹，我們已經瞭解到，記帳憑證是會計人員根據審核無誤后的原始憑證或者匯總原始憑證填製的會計憑證，是直接登帳的依據。實際會計工作中，常用的記帳憑證主要採用專用憑證和通用憑證兩種格式，當然，有些特殊經濟業務，可直接以自製的原始憑證或者匯總原始憑證代替記帳憑證記帳。無論哪種形式的記帳憑證，其作用一致，具備的內容也大體相同。記帳憑證的主要內容有：

（1）填製憑證的日期；
（2）記帳憑證的名稱；
（3）記帳憑證的編號；
（4）經濟業務的內容摘要；
（5）會計科目的名稱、金額、方向；
（6）所附原始憑證張數；
（7）記帳標記；
（8）有關人員的簽章。收款和付款記帳憑證應當有出納人員簽名或者蓋章。

三、記帳憑證的填製要求和方法

(一) 記帳憑證的填製要求

記帳憑證是根據審核無誤的原始憑證或者匯總原始憑證填製。記帳憑證填製正確與否，直接影響到整個會計核算過程。填製記帳憑證時，應遵循如下基本要求：

（1）記帳憑證的內容必須完備：應包括填製憑證的日期、憑證編號、摘要、會計科目、金額等基本內容。以自制的原始憑證或者原始憑證匯總表代替記帳憑證的，也必須具備記帳憑證應有的項目。

（2）填製記帳憑證時，應當對記帳憑證進行連續編號。如果企業採用一種格式的通用記帳憑證，應按照經濟業務發生的先后順序連續編號。採用專用記帳憑證時，可採用「字號編號法」：如果企業採用收、付、轉三種格式的記帳憑證，需要分別按「收字第×號」「付字第×號」和「轉字第×號」各自獨立連續編號；如果企業對收款、付款又區分現金和銀行存款，將記帳憑證分為現金收款憑證、銀行存款收款憑證、現金付款憑證、銀行存款付款憑證和轉帳憑證五種格式，則需要分別按「現收字第×號」「銀收字第×號」「現付字第×號」「銀付字第×號」和「轉字第×號」各自獨立連續編號。如果一筆經濟業務需要填製兩張以上記帳憑證時，可採用「分數編號法」。比如，記帳憑證的連續編號是「轉字第 6 號」，需要填製 3 張，則該筆業務的記帳憑證編號應寫為「轉字第 $6^{1/3}$ 號」、「轉字第 $6^{2/3}$ 號」和「轉字第 $6^{3/3}$ 號」。但不得把不同類型的經濟業務合併填製一張記帳憑證，混淆帳戶的對應關係。如「企業購入材料 50,000 元，以銀行存款支付 20,000 元，余款暫欠」，這筆業務需要同時編製一張銀行存款付款憑證和一張轉帳憑證，銀行存款付款憑證和轉帳憑證是兩種不同類型的記帳憑證，應分別按照各自所在的序列連序編號，不得合併填製一張記帳憑證。

（3）記帳憑證可以根據每一張原始憑證填製，或者根據若干張同類原始憑證匯總填製，也可以根據原始憑證匯總表填製。但不得將不同內容和類別的原始憑證匯總填製在一張記帳憑證上。

（4）除結帳和更正錯誤的記帳憑證可以不附原始憑證外，其他記帳憑證必須附有原始憑證，並在記帳憑證上註明所附原始憑證的張數。如果一張原始憑證涉及幾張記帳憑證，可以把原始憑證附在一張主要的記帳憑證後面，而在其他記帳憑證上註明附有該原始憑證的記帳憑證的編號或者附上原始憑證復印件。並且記帳憑證的內容和金額，應和所附的原始憑證一致。一張原始憑證所列支出需要幾個單位共同負擔的，應當將其他單位負擔的部分，開給對方原始憑證分割單，進行結算。原始憑證分割單必須具備原始憑證的基本內容：憑證名稱、填製憑證日期、填製憑證單位名稱或者填製人姓名、經辦人的簽名或者蓋章、接受憑證單位名稱、經濟業務內容、數量、單價、金額和費用分攤情況等。

（5）填製記帳憑證發生的錯誤，應按規定進行更正。如果在填製記帳憑證時發生錯誤，在尚未據以記帳前，應當重新填製。如果已經登記入帳的記帳憑證，可以用紅字填寫一張與原內容相同的記帳憑證，在摘要欄註明「註銷某月某日某號憑證」字樣，

同時再用藍字重新填製一張正確的記帳憑證，註明「訂正某月某日某號憑證」字樣。如果會計科目沒有錯誤，只是金額錯誤，也可以將正確數字與錯誤數字之間的差額，另編一張調整的記帳憑證，調增金額用藍字，調減金額用紅字。

（6）記帳憑證填製完成后，如有空行，應當自金額欄最后一筆金額數字下的空行處至合計數上的空行處劃線註銷。

（7）填製記帳憑證，字跡必須清晰、工整，並符合下列要求：①阿拉伯數字應當一個一個地寫，不得連筆寫。阿拉伯數字金額前面應當書寫貨幣幣種符號或者貨幣名稱簡寫和幣種符號，幣種符號與阿拉伯數字金額之間不得留有空白。凡阿拉伯數字前寫有幣種符號的，數字后面不再寫貨幣單位。②所有以元為單位（其他貨幣種類為貨幣基本單位，下同）的阿拉伯數字，除表示單價等情況外，一律填寫到角分；無角分的，角位和分位可寫「00」，或者符號「—」；有角無分的，分位應當寫「0」，不得用符號「—」代替。③金額欄的合計數前應加「￥」符號。

（8）記帳憑證填製完畢后，應進行復核和檢查，並按憑證傳遞的程序，由各相關人員簽章。收、付款憑證還要由出納人員在辦理收、付業務后，加蓋「收訖」「付訖」戳記並簽章，以免重複收付。

（二）記帳憑證的填製

1. 專用記帳憑證的填製

（1）收款憑證的填製。收款憑證應由出納人員依據審核無誤的現金或銀行存款等貨幣資金收款業務的原始憑證或匯總原始憑證填製。「年月日」欄填製收款憑證編製的日期；「編號」欄按現金或銀行存款收款業務的順序連續編號，分為「現收字第×號」和「銀收字第×號」或「收字第×號」；「借方科目」在憑證的左上方，應填列「庫存現金」或「銀行存款」科目；「貸方科目」在憑證的表格欄內，填列與借方科目相對應的科目；「摘要」欄是經濟業務的說明，填製時要求簡明扼要；「過頁」欄為該帳戶在帳簿中的頁碼；「金額」欄填列與借方科目相對應貸方科目的金額數，「明細科目」欄的金額數應與「貸方科目」欄中相對應的明細科目同行，且明細科目的金額之和就是借方科目的金額；「√」欄表示記帳符號，對於已經記帳的記帳憑證，應在本欄劃「√」，以免重複記帳；「附件張數」表示所附原始憑證張數。

[例4-1] 20××年5月3日，宏達公司收到一張支票，系A企業支付前期所欠購貨款50,000元。

會計分錄如下：

借：銀行存款　　　　　　　　　　　　　　　　　　50,000
　　貸：應收帳款——A企業　　　　　　　　　　　　　50,000

公司應填製的銀行收款記帳憑證如表4-18所示。

表 4-18　　　　　　　　　　　收 款 憑 證　　　　　　　銀收字第 1 號
借方科目：銀行存款　　　　　　20××年 5 月 3 日　　　　　附件共 1 張

摘 要	貸方科目		金額	√
	總帳科目	明細科目		
收回 A 企業欠款	應收帳款	A 企業	50,000	
合　　計			¥ 50,000	

會計主管：×× 　　記帳：×× 　　出納：×× 　　復核：×× 　　製單：××

（2）付款憑證的填製。付款憑證與收款憑證相比，格式基本相同，應由出納人員根據審核無誤的現金或銀行存款等付款業務的原始憑證或匯總原始憑證填製。應注意的是，在付款憑證中，「貸方科目」在憑證的左上方，應填列「庫存現金」或「銀行存款」科目，「借方科目」在憑證的表格欄內，填列與貸方科目相對應的科目；「編號」欄根據現金或銀行存款的付款業務順序連續編號，分為「現付字第×號」和「銀付字第×號」或「付字第×號」；其他欄目的填製方法與收款憑證的填製方法一致。

在實際會計工作中，為避免重複記帳，對於涉及現金和銀行存款之間的劃轉業務，按規定只填製付款憑證。如現金存入銀行業務只填製「庫存現金」付款憑證；從銀行提取現金業務只填製「銀行存款」付款憑證。但是，此類經濟業務登帳時，既要根據「庫存現金」或「銀行存款」的付款憑證登記在「庫存現金」或「銀行存款」帳戶的貸方，又要根據該憑證登記在「銀行存款」或「庫存現金」帳戶的借方。

[**例 4-2**] 20××年 5 月 3 日，宏達公司職工李某出差，借出現金 800 元。該筆業務的分錄如下：

借：其他應收款——李某　　　　　　　　　　　　　　　　　　800
　　貸：庫存現金　　　　　　　　　　　　　　　　　　　　　　800

應填製的現金付款記帳憑證如表 4-19 所示。

表 4-19　　　　　　　　　　　付 款 憑 證　　　　　　　現付字第 3 號
貸方科目：庫存現金　　　　　　20×× 年 5 月 3 日　　　　附件共 1 張

摘 要	借方科目		金額	√
	總帳科目	明細科目		
暫借差旅費	其他應收款	李某	800	
合　　計			¥ 800	

會計主管：×× 　　記帳：×× 　　出納：×× 　　復核：×× 　　製單：××

(3) 轉帳憑證的填製。轉帳憑證是會計人員根據有關轉帳業務的原始憑證或者匯總原始憑證填列。轉帳憑證的會計科目均設置在憑證的表格欄內，填列時借方科目在先，貸方科目在後，「借方金額」欄的數字應與借方科目同行；「貸方金額」欄的數字應與貸方科目同行，「編號」欄應根據轉帳業務的順序連續編號，其他內容與收款、付款憑證的填製方法相同。

[例4-3] 20××年5月3日，宏達公司有一批材料驗收入庫，其中甲材料6,000元，乙材料4,000元。

該筆業務分錄如下：

借：原材料——甲材料　　　　　　　　　　　　　　　6,000
　　　　——乙材料　　　　　　　　　　　　　　　　4,000
　　貸：在途物資——甲材料　　　　　　　　　　　　6,000
　　　　　　　——乙材料　　　　　　　　　　　　　4,000

應填製的轉帳憑證如表4-20所示。

表4-20　　　　　　　　　　　轉帳憑證　　　　　　　　　轉字第　3　號
　　　　　　　　　　　　　　20××年5月3日　　　　　　　附件共　2　張

摘要	總帳科目	明細科目	借方金額	貸方金額	√
材料驗收入庫	原材料	甲材料	6,000		
		乙材料	4,000		
	在途物資	甲材料		6,000	
		乙材料		4,000	
合　　計			¥10,000	¥10,000	

會計主管：×× 　　記帳：×× 　　出納：×× 　　復核：×× 　　製單：××

2. 通用記帳憑證的填製

採用通用記帳憑證的經濟單位，不再根據經濟業務的內容分別設置收款憑證、付款憑證和轉帳憑證，而是將所有的經濟業務填製在一種統一格式的記帳憑證上。所有涉及現金和銀行存款等貨幣資金收、付業務的記帳憑證均由出納員根據審核無誤的原始憑證收付款後填製；涉及轉帳業務的記帳憑證，由會計人員根據審核無誤的有關轉帳業務的原始憑證或者匯總原始憑證填製。

在通用記帳憑證中，經濟業務所涉及的所有會計科目全部填列在憑證內。在借貸記帳法下，借方科目在先，貸方科目在後，其填製方法與前述轉帳憑證的填製方法一致。

如前[例4-1]，如果企業採用的是通用的記帳憑證，則應填製的記帳憑證，如表4-21所示。

表 4-21　　　　　　　　　　　記 帳 憑 證　　　　　　　　　記字第 1 號
　　　　　　　　　　　　　　20××年 5 月 3 日　　　　　　　　附件共 1 張

摘　要	科目		借方金額	貸方金額	√
	總帳科目	明細科目			
收回 A 企業貨款	銀行存款		50,000		
	應收帳款	A 企業		50,000	
合　　　計			￥50,000	￥50,000	

會計主管：×× 　　　記帳：×× 　　　出納：×× 　　　復核：×× 　　　製單：××

3. 科目匯總表的編製

科目匯總表，又稱為記帳憑證匯總表，是根據一定時期內的全部記帳憑證，按科目進行歸類匯總編製的記帳憑證。科目匯總表可以根據單位業務的多少，定期匯總編製。科目匯總表一般為每月匯總一次，也可每 10 天或半個月匯總一次。

編製科目匯總表時，首先，將匯總期內各項交易或事項所涉及的總帳科目填列在科目匯總表的「會計科目」欄內；為了便於登記總分類帳，會計科目的排列順序與總分類帳上的順序一致；其次，根據匯總期內所有記帳憑證，按會計科目分別加計其借方發生額和貸方發生額，並將其匯總金額填列在各相應會計科目的「借方」和「貸方」欄內。最後，將匯總完畢的所有會計科目的貸方發生額和借方發生額匯總。

現以第三章〔例 3-1〕中，訊達公司 2010 年 1 月發生的交易或事項為例，編製訊達公司 2010 年 1 月的科目匯總表如表 4-22 所示。

表 4-22　　　　　　　　　　　　科目匯總表
　　　　　　　　　　　年　　月　　日至　　月　　日　　　　　　　　　科匯第　　號

會計科目	總帳頁數	金額		記帳憑證起止號數
		借方	貸方	
庫存現金				
銀行存款		,200,000	120,000	
應收帳款				
原材料		70,000		
固定資產		40,000	100,000	
短期借款		80,000		
應付票據			50,000	
應付帳款		50,000	160,000	
應付職工薪酬				
應付利潤		20,000		
實收資本		190,000	280,000	
資本公積		60,000		
合計		710,000	710,000	

會計主管：　　　　　記帳：　　　　　審核：　　　　　製表：

根據借貸記帳法的基本原理，科目匯總表中各個會計科目的借方發生額合計與貸方發生額合計應該相等，因此，科目匯總表具有試算平衡的作用。

四、記帳憑證的審核

記帳憑證是帳簿登記的直接依據，對記帳憑證進行審核，可以確保帳簿記錄和報表內容真實、準確，保證會計核算的質量；另一方面，由於記帳憑證是根據審核無誤的原始憑證填製的，對記帳憑證進行審核，也是對原始憑證的復核，切實做到證證相符。記帳憑證的審核內容主要有：

1. 內容是否真實

審核是否按已審核無誤的原始憑證填製記帳憑證，記帳憑證記錄的內容與所附原始憑證是否一致，余額是否相等；所附原始憑證的張數是否與記帳憑證所列附件張數相符。

2. 項目是否齊全

審核記帳憑證摘要是否填寫清楚，日期、憑證編號、附件張數以及有關人員簽章等各個項目填寫是否齊全。若發現記帳憑證的填製有差錯或者填列不完整、簽章不齊全，應查明原因，責令更正、補充或重填。只有經審核無誤的記帳憑證，才能據以登記帳簿。

3. 科目、金額是否正確

審核記帳憑證所列會計科目（包括一級科目和明細科目）、應借、應貸方向和金額是否正確；借貸雙方的金額是否平衡；明細科目金額之和與相應的總帳科目的金額是否相等，等等。

4. 書寫是否正確

記帳憑證的填製有特定的要求，編製記帳憑證必須遵守這些規定。

5. 有無塗改、偽造記帳憑證的現象

在審核中，如發現差錯或遺漏，應按規定及時更正或補充；對於塗改、偽造記帳憑證等現象，應嚴厲制止並糾正。

第四節　會計憑證的傳遞和保管

一、會計憑證的傳遞

會計憑證的傳遞是指會計憑證從填製或取得時起，經過審核、記帳、裝訂到歸檔保管為止，在本單位內部有關部門和人員之間，按照規定的路線、時間進行傳遞、處理的程序。一項經濟業務，往往要由單位內部若干部門分工完成。例如，企業物資採購驗收入庫這項經濟業務，要由採購部門、倉庫保管部門、財會部門共同完成。因此，會計憑證也要隨著經濟業務的進程在這些部門之間進行傳遞。

(一) 會計憑證傳遞的作用

為了能夠利用會計憑證，及時反應各項經濟業務，提供會計信息，發揮會計監督的作用，必須正確、及時地進行會計憑證的傳遞，不得積壓。正確組織會計憑證的傳遞，對於及時處理和登記經濟業務，明確經濟責任，實行會計監督，具有重要作用。從一定意義上說，會計憑證的傳遞起著在單位內部經營管理各環節之間協調和組織的作用。會計憑證傳遞程序是企業管理規章制度重要的組成部分，傳遞程序的科學與否，能夠直接說明該企業經營管理的程序是否科學。其作用如下：

1. 有利於完善經濟責任制度

經濟業務的發生或完成及記錄，是由若干責任人共同負責，分工完成的。會計憑證作為記錄經濟業務，明確經濟責任的書面證明，體現了經濟責任制度的執行情況。單位會計制度可以通過會計憑證傳遞程序和傳遞時間的規定，進一步完善經濟責任制度，使各項業務的處理順利進行。

2. 有利於及時進行會計記錄

從經濟業務的發生到帳簿登記有一定的時間間隔，通過會計憑證的傳遞，使會計部門盡早瞭解經濟業務的發生和完成情況，並通過會計部門內部的憑證傳遞，及時記錄經濟業務，進行會計核算，實行會計監督。

(二) 會計憑證傳遞的原則

合理組織會計憑證的傳遞，是會計管理制度的重要組成部分，也是企業經濟管理的重要組成部分。會計憑證的傳遞關鍵在於會計憑證傳遞程序和傳遞時間的設計。設計時應遵循以下原則：

1. 內部牽制

會計憑證的傳遞要能滿足內部控制制度的要求，必須遵循內部牽制原則。內部牽制原則是企業建立內部控制的基本原則，主要是指辦理經濟業務的各項工作要分解給不同的人去做，從而使不同人員的工作能夠自動復核，達到相互制約、相互監督的目的，最終實現發現錯誤和舞弊的目的。

2. 明確各種會計憑證的傳遞程序和方法

單位應根據具體情況制定每一種憑證的傳遞程序和方法。不同單位的機構設置和人員構成不盡相同，因此，需要根據各單位經濟業務的特點、企業內部機構組織、人員分工情況，以及經營管理的需要，從完善內部牽制制度的角度出發，規定各種會計憑證的傳遞流程，防止一人包辦，實行錢、物、帳分管，同時建立復核查對制度。組織會計憑證傳遞，還必須根據辦理業務手續所需的時間，規定會計憑證在各個環節的停留時間，保證經濟業務及時記錄。

(三) 會計憑證傳遞的流程

會計憑證的處理，不可能也不允許由一個人完成，往往要經過若干部門和若干人員才能解決，因此，必然出現傳遞與處理程序的問題，程序科學、合理，才能保證會計憑證傳遞和處理的流暢，保證會計核算工作的效率與質量。

如：企業採購材料，貨到后必須經過驗收入庫，驗收入庫的憑證需要經過傳遞與處理，要由供應部門、倉庫和財會部門的多位人員來共同完成。其傳遞與處理的程序一般是：

（1）供應部門採購材料到貨，交材料庫經驗收入庫，材料庫開出入庫單多聯其中一聯給供應部門備查、一聯交財會部門轉帳；

（2）財會部門根據倉庫交來的入庫單，編製借記「原材料」（表示倉庫收到採購的材料）、貸記「在途物資」（表示採購的材料已入庫）的記帳憑證；

（3）記帳憑證經審核人員審核；

（4）審核后的記帳憑證交負責有關明細帳的人員記帳；

（5）記帳完成后，傳遞給負責記帳憑證匯總的人員，與其他記帳憑證一道定期匯總；

（6）記帳憑證匯總后經復核交管總帳的人員登記總帳；

（7）登完總帳后，記帳憑證及其匯總表按規定裝訂成冊；

（8）裝訂成冊的記帳憑證，交給負責會計檔案的人員歸檔保管。

因此，會計憑證也要隨著經濟業務的進程在這些部門和人員之間進行傳遞與處理。

財政部制定的《會計基礎工作規範》第五十四條規定：「各單位會計憑證的傳遞程序應當科學、合理，具體辦法由各單位根據會計業務需要自行規定。」由於各單位業務特點不同，會計憑證的傳遞與處理程序也會各異。會計憑證的傳遞與處理程序，既要體現經濟業務完成情況的信息傳遞與處理，又要體現單位各有關部門和人員對經濟業務的責任、監督和控制過程。

設計會計憑證的傳遞與處理程序，關鍵是要考慮會計憑證所經歷的各個環節的銜接與協調，既要達到上下游結合緊密，又要簡便易行流程暢通，使會計憑證及其所反應的信息能及時、準確地得到傳遞與處理。

會計憑證傳遞與處理的基本流程，可作如下設計：

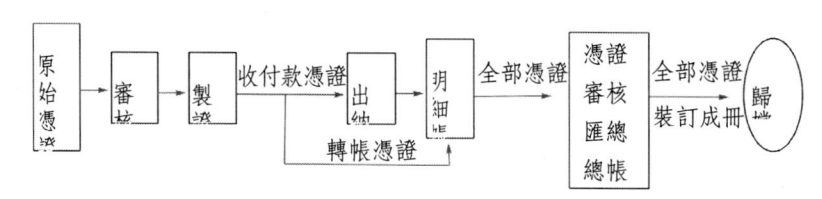

圖 4-1 會計憑證的傳遞與處理流程

二、會計憑證的裝訂

會計憑證的裝訂是指會計憑證登記完畢后，定期將記帳憑證連同所附的原始憑證或者原始憑證匯總表，按照編號順序，外加封面、封底，裝訂成冊，並在裝訂線上加貼封簽。在封面上，應寫明單位名稱、年度、月份、記帳憑證的種類、起訖日期、起訖號數以及記帳憑證和原始憑證張數，並在封簽處加蓋會計主管的騎縫圖章。如果採用單式記帳憑證整理裝訂時，必須保持會計分錄的完整，應按憑證號碼順序還原裝訂

成冊，不得按科目歸類裝訂。對各種重要的原始單據以及各種需要隨時查閱和退回的單據，應另編目錄，單獨登記保管，並在有關的記帳憑證和原始憑證上相互註明日期和編號。

會計憑證裝訂是財務工作中的一項基礎性工作，是會計從業人員的一項基本技能，更是會計檔案管理的一項重要基礎工作，因此，裝訂會計憑證應符合一定的要求。會計憑證裝訂的要求是：既要美觀大方又要便於翻閱，所以在裝訂時要先設計好裝訂冊數及每冊的厚度。一般來說，一本憑證，厚度以1.5厘米至2.0厘米為宜，太厚了不便於翻閱核查，太薄時可用紙折一些三角形紙條，均勻地墊在此處，以保證它的厚度與憑證中間的厚度一致。

有些會計在裝訂會計憑證時採用角訂法，裝訂起來簡單易行，這也很不錯。它的具體操作步驟如下：

（1）封面和封底裁開，分別附在憑證前面和后面，再拿一張質地相同的紙（可以再找一張憑證封皮，裁下一半用，另一半為訂下一本憑證備用）放在封面上角，做護角線。

（2）憑證的左上角畫一邊長為5厘米的等腰三角形，用夾子夾住，用裝訂機在底線上分佈均勻地打兩個眼兒。

（3）大針引線繩穿過兩個眼兒。如果沒有針，可以將回形別針順直，然后將兩端折向同一個方向，將線繩從中穿過並夾緊，即可把線引過來，因為一般裝訂機打出的眼兒是可以穿過的。

（4）在憑證的背面打結。線繩最好把憑證兩端也系上。

（5）將護角向左上側折，並將一側剪開至憑證的左上角，然后抹上膠水。

（6）向上折疊，並將側面和背面的線繩扣黏死。

（7）待晾干后，在憑證本的背面寫上「某年某月第幾冊共幾冊」的字樣。裝訂人在裝訂線封簽處簽名或蓋章。現金憑證、銀行憑證或轉帳憑證最好依次順序編號，一個月從頭編一次序號，如果單位的憑證少，可以全年順序編號。

三、會計憑證的保管

會計憑證是一項重要的經濟資料和會計檔案。任何單位在完成經濟業務手續和記帳之後，應按規定的歸檔制度，妥善保管會計憑證，以便隨時查驗。

(一) 會計憑證的保管辦法

（1）各種記帳憑證，連同所附原始憑證，要分類按順序編號，定期裝訂成冊，並加具封面、封底。封面上應註明單位名稱、憑證種類、所屬年月和起訖日期、起訖號碼、憑證張數等，並由有關人員簽名蓋章。裝訂人還應在裝訂處貼上封簽，由主管人員蓋章。

（2）如果某些記帳憑證所附原始憑證的數量過多，為了裝訂方便，也可另行裝訂保管，但應該在其封面及有關記帳憑證上加註說明；對重要原始憑證，為便於隨時查閱，也可單獨裝訂保管，但應編製目錄，並在原記帳憑證上註明另行保管，以便查核。

(3) 會計憑證裝訂成冊后，應由專人負責保管，年終應登記歸檔。重新啓用時，應按規定手續辦理。會計憑證的保管期限和銷毀手續，應遵守會計制度的有關規定，任何人無權自行隨意銷毀。

(4) 原始憑證不得外借，其他單位如因特殊原因需要使用原始憑證時，經本單位會計機構負責人、會計主管人員批准，可以複製。向外單位提供的原始憑證複製件，應當在專設的登記簿上登記，並由提供人員和收取人員共同簽名或者蓋章。

(5) 從外單位取得的原始憑證如有遺失，應當取得原開出單位蓋有公章的證明，並註明原來憑證的號碼、金額和內容等，由經辦單位會計機構負責人、會計主管人員和單位領導人批准后，才能代作原始憑證。如果確實無法取得證明的，如火車、輪船、飛機票等憑證，由當事人寫出詳細情況，由經辦單位會計機構負責人、會計主管人員和單位領導人批准后，代作原始憑證。

(二) 會計憑證的保管期限

按照《會計檔案管理辦法》規定，原始憑證、記帳憑證的保管期限為 15 年；繳退庫憑證為 10 年；銀行對帳單、銀行存款餘額調節表的保管期限為 5 年。

(三) 會計憑證的銷毀

保管期滿的會計憑證，可按規定程序銷毀。按規定銷毀會計憑證時，必須開列清單，報經批准后，由檔案部門和會計部門共同派員監銷。在銷毀會計憑證前，監銷人員應認真清點核對；銷毀后，在銷毀清冊上簽名或蓋章，並將監銷情況報告本單位負責人。保管期滿而未結清的債權、債務原始憑證和涉及其他未了事項的原始憑證，不得銷毀，應當單獨抽出立卷，保管至未了事項完成時為止。

本章小結

會計憑證是記錄經濟業務，明確經濟責任的書面證明，是登記帳簿的依據。填製和審核會計憑證是會計核算的專門核算方法，它是進行會計核算工作的第一步，也是對會計主體的經濟業務進行日常監督的重要環節。會計憑證按其填製的程序和用途，可以分為原始憑證和記帳憑證兩類。

原始憑證是在經濟業務發生時直接取得或填製的，用以證明經濟業務發生或完成情況，明確經濟責任，具有法律效力，並作為記帳原始依據的證明文件。原始憑證按其來源不同，可分為自製原始憑證和外來原始憑證。自製原始憑證按其反應業務的方法不同，又可分為一次憑證和累計憑證，外來原始憑證一般都是一次憑證。企業的經濟業務是多種多樣的，需要填製或取得內容各不相同的原始憑證，但是，不論什麼樣的原始憑證，其基本的構成要素是相同的。

記帳憑證是會計人員根據審核無誤的原始憑證或原始憑證匯總表編製的，用來確定經濟業務應借、應貸會計科目和金額而填製的會計憑證，是登記帳簿的直接依據。記帳憑證又分為通用記帳憑證和專用記帳憑證。專用記帳憑證包括收款憑證、付款憑證和轉帳憑證。原始憑證與記帳憑證應按規定的方法進行填製，並應符合有關的填製要求。

會計憑證應由專人進行審核。為了提高會計核算工作的效率，保證會計信息的及時性，各單位應合理規劃會計憑證的傳遞線路和規定在各環節上停留的時間，並辦好憑證傳遞的交接手續。會計憑證的傳遞，是指會計憑證從辦理業務手續、編製、審核、整理、記帳到裝訂保管的全過程。會計憑證的傳遞程序應注意經濟業務的特點、憑證在各個環節上的停留時間、會計憑證的傳遞程序和傳遞時間。

會計憑證是一個單位的重要經濟檔案，會計憑證應當定期整理歸檔，並按規定期限進行妥善保管。保管期滿后必須按規定手續，報經批准后才能銷毀。

思考題

1. 填製和審核會計憑證有何意義？
2. 原始憑證和記帳憑證應具備哪些基本內容？
3. 什麼是收、付、轉記帳憑證？如何填製？
4. 填製原始憑證和記帳憑證應遵循哪些要求？
5. 如何審核原始憑證和記帳憑證？
6. 會計憑證傳遞的原則是什麼？

練習題

一、單項選擇題

1. 在一定時期內連續記錄若干項同類經濟業務的會計憑證是（　　）。
   A. 記帳憑證　　B. 一次憑證　　C. 原始憑證　　D. 累計憑證
2. 付款憑證科目借貸對應方式正確的是（　　）。
   A. 多借一貸　　　　　　　B. 以上全都正確
   C. 多借多貸　　　　　　　D. 多貸一借
3. 倉庫保管人員填製的收料單，屬於企業的（　　）。
   A. 匯總原始憑證　　　　　B. 累計原始憑證
   C. 外來原始憑證　　　　　D. 自制原始憑證
4. 登記帳簿的直接依據是（　　）。
   A. 記帳憑證　　B. 原始憑證　　C. 經濟業務　　D. 會計報表
5. 除了結帳和更正錯帳以外，填製記帳憑證的依據只能是（　　）。
   A. 審核無誤的原始憑證　　B. 原始憑證
   C. 會計帳簿　　　　　　　D. 會計報表
6. 將記帳憑證分為收款憑證、付款憑證和轉帳憑證的依據是（　　）。
   A. 憑證用途的不同　　　　B. 記載經濟業務內容的不同
   C. 憑證填製手續的不同　　D. 所包括的會計科目是否單一
7. 原始憑證金額有錯誤的，應當（　　）。

A. 在原始憑證上更正

B. 由出具單位更正並且加蓋公章

C. 由出具單位重開，不得在原始憑證上更正

D. 由經辦人更正

8. 下列單據中，屬於原始憑證的是（　　）。

　　A. 委託加工協議　　B. 收料單　　　C. 銷售合同　　　D. 生產計劃

9. 記帳憑證的填製是由（　　）完成的。

　　A. 主管人員　　　B. 出納人員　　　C. 會計人員　　　D. 經辦人員

10. 以下憑證中，屬於外來原始憑證的有（　　）。

　　A. 出庫單　　　　B. 購貨發票　　　C. 入庫單　　　　D. 領料匯總表

11. 會計機構和會計人員對真實、合法、合理但內容不準確、不完整的原始憑證，應當（　　）。

　　A. 不予受理　　　　　　　　　　　B. 予以糾正

　　C. 予以受理　　　　　　　　　　　D. 予以退回，要求更正、補充

12. 記帳憑證填製完畢加計合計數以後，如有空行應（　　）。

　　A. 空置不填　　B. 蓋章註銷　　　C. 劃線註銷　　　D. 簽字註銷

13. 4月15日行政管理人員王明將標明日期為3月26日的發票拿來報銷，經審核後會計人員依據該發票編製記帳憑證時，記帳憑證的日期應為（　　）。

　　A. 3月26日　　B. 4月1日　　　C. 3月31日　　　D. 4月15日

14. 職工張某出差歸來，報銷差旅費200元，交回多余現金100元，應編製的記帳憑證是（　　）。

　　A. 轉帳憑證　　　　　　　　　　　B. 收款憑證

　　C. 收款憑證和轉帳憑證　　　　　　D. 收款憑證和付款憑證

15. 在填製會計憑證時，1,518.53的大寫金額數字為（　　）。

　　A. 壹仟伍佰拾捌元伍角叁分　　　　B. 壹仟伍佰拾捌元伍角叁分整

　　C. 壹仟伍佰壹拾捌元伍角叁分　　　D. 壹仟伍佰壹拾捌元伍角叁分整

16. 按照記帳憑證的審核要求，下列不屬於記帳憑證審核內容的是（　　）。

　　A. 憑證所列事項是否符合有關的計劃和預算

　　B. 會計科目使用是否正確

　　C. 憑證的金額與所附原始憑證的金額是否一致

　　D. 憑證項目是否填寫齊全

17. 收款憑證左上角「借方科目」應填列的會計科目是（　　）。

　　A. 主營業務收入　　　　　　　　　B. 銀行存款

　　C. 銀行存款或庫存現金　　　　　　D. 庫存現金

18. 會計機構和會計人員對不真實、不合法的原始憑證和違法收支，應當（　　）。

　　A. 不予接受　　　　　　　　　　　B. 予以退回

　　C. 不予接受，並向單位負責人報告　D. 予以糾正

19. 下列業務中，應該填製現金收款憑證的是（　　）。
    A. 從銀行提取現金
    B. 出售產品一批，款未收
    C. 出售產品一批，收到一張轉帳支票
    D. 出售多余材料，收到現金
20. 出納人員在辦理收款或付款後，應在（　　）上加蓋「收訖」或「付訖」的戳記，以避免重收重付。
    A. 收款憑證　　B. 付款憑證　　C. 原始憑證　　D. 記帳憑證

二、多項選擇題

1. 下列項目中，屬於會計憑證的是（　　）。
    A. 領用材料時填製的領料單　　B. 供貨單位開具的發票
    C. 付款憑證　　D. 財務部門編製的開支計劃
2. 專用記帳憑證按其所反應的經濟業務是否與現金和銀行存款有關，通常可以分為（　　）。
    A. 轉帳憑證　　B. 收款憑證　　C. 付款憑證　　D. 結算憑證
3. 收款憑證和付款憑證是用來記錄貨幣資金收付業務的憑證，它們是（　　）。
    A. 出納員收付款項的依據
    B. 根據庫存現金和銀行存款收付業務的原始憑證填製的
    C. 登記明細帳和總帳等有關帳簿的依據
    D. 登記庫存現金日記帳、銀行存款日記帳的依據
4. 下列說法中正確的有（　　）。
    A. 對於已預先印有編號的原始憑證在寫壞時不需進行任何處理，但不得撕毀
    B. 外來原始憑證遺失時，只需取得原簽發單位蓋有公章的證明，可代作原始憑證
    C. 從個人取得的原始憑證，必須有填製人員的簽名蓋章
    D. 會計憑證具有監督經濟活動，控制經濟運行的作用
5. 記帳憑證的填製，可以根據（　　）。
    A. 不同內容和類別的原始憑證　　B. 原始憑證匯總表
    C. 每一張原始憑證　　D. 若干張同類原始憑證
6. 涉及現金與銀行存款之間的劃款業務時，可以編製的記帳憑證有（　　）。
    A. 銀行存款付款憑證　　B. 現金收款憑證
    C. 銀行存款收款憑證　　D. 現金付款憑證
7. 記帳憑證的填製必須做到記錄真實、內容完整、填製及時、書寫清楚外，還必須符合（　　）要求。
    A. 必須連續編號
    B. 如有空行，應當在空行處劃線註銷
    C. 發生錯誤應該按規定的方法更正

D. 除另有規定外，應該有附件並註明附件張數

8. 按照規定，除（　　）的記帳憑證可以不附原始憑證，其他記帳憑證必須附有原始憑證。

　　A. 更正錯帳　　　B. 提取現金　　　C. 現金存入銀行　　D. 結帳

9. 下列項目中符合填製會計憑證要求的是（　　）。

　　A. 阿拉伯數字前面的人民幣符號寫為「￥」

　　B. 漢字大小寫金額必須相符且填寫規範

　　C. 大寫金額有分的，分字后面不寫「整」或「正」字

　　D. 阿拉伯數字連筆書寫

10. 在填製記帳憑證時，下列做法中錯誤的有（　　）。

　　A. 更正錯帳的記帳憑證可以不附原始憑證

　　B. 從銀行提取庫存現金時只填製庫存現金收款憑證

　　C. 將不同類型業務的原始憑證合併編製一份記帳憑證

　　D. 一個月內的記帳憑證連續編號

11. 下列人員中，應在記帳憑證上簽名或蓋章的有（　　）。

　　A. 記帳人員　　　B. 審核人員　　　C. 製單人員　　　D. 會計主管人員

12. 以下有關會計憑證的表述中正確的是（　　）。

　　A. 會計憑證是登記帳簿的依據

　　B. 會計憑證是明確經濟責任的書面文件

　　C. 會計憑證是記錄經濟業務的書面證明

　　D. 會計憑證是編製報表的依據

13. 下列各單據中，經審核無誤后可以作為編製記帳憑證依據的是（　　）。

　　A. 填製完畢的工資計算單　　　B. 銀行轉來的對帳單

　　C. 運費發票　　　　　　　　　D. 銀行轉來的進帳單

14. 增值稅專用發票屬於（　　）。

　　A. 自制憑證　　　B. 匯總憑證　　　C. 一次憑證　　　D. 外來憑證

三、判斷題

1. 會計部門應於記帳之后，定期對各種會計憑證進行分類整理，並將各種記帳憑證按編號順序排列，連同所附的原始憑證一起加具封面，裝訂成冊。（　　）

2. 填製原始憑證，漢字大寫金額數字一律用正楷或行書字書寫，漢字大寫金額數字到元位或角位為止的，后面必須寫「正」或「整」，分位后面不寫「正」或「整」。（　　）

3. 從外單位取得的原始憑證遺失時，必須取得原簽發單位蓋有公章的證明，並註明原始憑證的號碼、金額、內容等，由經辦單位會計機構負責人、會計主管人員審核簽章后，才能代作原始憑證。（　　）

4. 記帳憑證可以作為登記帳簿的直接依據，原始憑證則不能作為登記帳簿的直接依據。（　　）

5. 在填製記帳憑證時，對於總帳科目，可只填科目編號，不填科目名稱。（　）
6. 由於自制原始憑證的名稱、用途、內容、格式不同，因而不需要對其真實性、合法性審核。（　）
7. 外來原始憑證一般都是一次憑證。（　）
8. 發票、購貨合同、收據等都是原始憑證。（　）
9. 會計檔案保管期滿后，可由檔案管理部門自行銷毀。（　）
10. 從外部取得的原始憑證，必須蓋有填製單位的公章；從個人取得的原始憑證，不需簽名蓋章。（　）
11. 為了簡化工作手續，可以將不同內容和類別的原始憑證匯總，填製在一張記帳憑證上。（　）
12. 付款憑證只有在銀行存款減少時才填製。（　）
13. 對於數量過多的原始憑證，可以單獨裝訂保管，但應在記帳憑證上註明「附件另訂」。（　）
14. 原始憑證記載內容有錯誤的，應當由開具單位重開或更正，並在更正處加蓋出具憑證單位印章。（　）
15. 現金存入銀行時，為避免重複記帳只編製銀行存款收款憑證，不編製現金付款憑證。（　）
16. 在編製記帳憑證時，原始憑證就是記帳憑證的附件。（　）

四、業務題

（一）1. 目的：練習借款及報銷業務中有關原始憑證和記帳憑證的填製。

2. 資料：開西公司材料採購員王風2010年7月25日擬去上海市紡織集團公司採購紡織品，經業務授權人（供應處處長）鄭來寧簽章同意，預借差旅費現金2,000元。王風填製一聯借款單，出納員金夏付給王風現金2,000元。經財務稽核人員姜平稽核，將審核后的借款單交會計李梅編製現金付款憑證。財務部門負責人為謝意。

7月28日，王風完成採購業務回來，經審核，實際支出差旅費及補助1,960元，交回剩余現金。

要求：填製差旅費借款單、差旅費報銷單，編製借款的現金付款憑證（00125號）和報銷的記帳憑證（收款憑證第00102號、轉帳憑證第00289號）。

借　款　單　　　　No 0049768

借款部門：			年　月　日		業務授權人：	
人民幣（大寫）				¥		
用途					財務部門	借款部門
付款方式		票據號碼		負責人		負責人
收款單位		開戶銀行		審核		借款人
		帳號		記帳		經辦人

公出差旅費報銷單

年　月　日

公出者姓名				公出地點								
出　發		到　達		車船費	途中伙食補助		住勤伙食補助		其　他			合計
月日	地點	月日	地點		日數	金額	日數	金額	車馬費	住宿費	其他	
合　　　計												

報銷　年　月　日借款　　　　元。結余或超支　　　元　報銷金額（大寫）　　　　￥

會計主管：　　審核：　　製單：　　部門主管：　　公出人：

付款憑證

貸方科目：　　　　　　　年　月　日　　　　　憑證編號

摘要	結算方式	票號	借方科目		金　　　　額										過帳符號
			總帳科目	明細科目	億	千	百	十	萬	千	百	十	元	角	分	
附單據　　張			合　計													

會計主管人員：　　記帳：　　稽核：　　製單：　　出納：　　領款人

收款憑證

借方科目：　　　　　　　年　月　日　　　　　憑證編號

摘要	結算方式	票號	貸方科目		金　　　　額										過帳符號
			總帳科目	明細科目	億	千	百	十	萬	千	百	十	元	角	分	
附單據　　張			合　計													

會計主管人員：　　記帳：　　稽核：　　製單：　　出納：　　領款人：

轉 帳 憑 證

年　月　日　　　　　　　　　憑證編號_____

摘要	借方科目		貸方科目		金　　　　　　　　　額										過帳符號
	總帳科目	明細科目	總帳科目	明細科目	億	千	百	十	萬	千	百	十	元	角	分	
附單據　　張			合　　計													

會計主管人員：　　　　　記帳：　　　　　稽核：　　　　　製單：

（二）1. 目的：練習銷售業務中原始憑證、記帳憑證的填製。

2. 資料：根據2010字第034號合同，悟道公司於2010年7月30日售給星月公司長久牌工裝196件，每件100套，每套51.80元，星月公司已在相關提貨單上簽字確認並已提貨，提貨人為宇飛。本公司收到星月公司開出票面金額為1,187,877.60元的有效轉帳支票一張及其他相關單據若干張。出納員金夏在審核后填列銀行存款進帳單將轉帳支票存入本公司在工商銀行××市分行×××支行第0001995518帳號內。另外，金夏開給星月公司增值稅銷貨發票，其中價款為1,015,280.00元，增值稅進項稅額為172,597.60元。

3. 要求：填製提貨單、銀行存款進帳單、增值稅發票、銀行存款收款憑證第00082號。

悟道公司提貨單

年　月　日　　　　　　　　　　　　　　No.00955

品　名	單　位	數　量	單　價	金　額	備　註

批准人：　　　　　開票：　　　　　保管員：　　　　　提貨人：

中國建設銀行進帳單（回單或收款通知）

年　月　日　　　　　　　　　第　　號

付款人	全　稱		收款人	全　稱	
	帳　號			帳　號	
	開戶銀行			開戶銀行	

人民幣（大寫）		千	百	十	萬	千	百	十	元	角	分

票據種類	
票據張數	

單位主管　　　會計　　　復核　　　記帳

××市增值稅專用發票

年　月　日　　　　　　　　　No 00443801

購貨單位	名　稱		稅務登記號	
	地址、電話		開戶銀行及帳號	

貨物或應稅勞務名稱	型號規格	計量單位	數量	單價	金　額 百十萬千百十元角分	稅率(%)	稅　額 十萬千百十元角分
合　計							

價稅合計	佰　拾　萬　仟　佰　拾　元　角　分　¥
備　註	

銷貨單位	名　稱		稅務登記號	
	地址、電話		開戶銀行及帳號	

收款憑證

| 借方科目： | | | | 年　月　日 | | | | | | | | | | | 憑證編號 |

摘要	結算方式	票號	貸方科目		金額										過帳符號
			總帳科目	明細科目	億	千	百	十	萬	千	百	十	元	角	分	
附單據		張	合　計													

會計主管人員：　　記帳：　　稽核：　　製單：　　出納：　　領款人：

（三）1. 目的：練習轉帳業務中原始憑證、記帳憑證的填製。

2. 資料：飛升公司第一車間，2010年9月只生產甲產品。甲產品生產需用直徑為5厘米的合金鋼和周長為18厘米的等邊三角鋼。採用限額領料方法由生產小組長陳軍從1號倉庫領料，車間計劃員王珏下達生產的領料限額，倉庫保管員為遲升，材料會計孫光負責領料稽核，會計主管為裴書，記帳為李艷。該月的領料限額如下表所示：

車間	5厘米合金鋼		18厘米等邊三角鋼		計劃產量（臺）
	數量（千克）	金額（元）	數量（千克）	金額（元）	
第一車間	3,000	90,000	7,000	28,000	100
合　計	3,000	90,000	7,000	28,000	100

第一車間本月實際領料情況和時間如下：

9月1日，領5厘米合金鋼1,000千克，18厘米等邊三角鋼2,000千克。

9月11日，領5厘米合金鋼900千克，18厘米等邊三角鋼1,900千克。

9月22日，領5厘米合金鋼800千克，18厘米等邊三角鋼1,800千克。

3. 要求：編製第一車間的限額領料單、原始憑證匯總表、生產領料轉帳憑證第105號。

飛升公司限額領料單

領料單位：　　　　　　　　　　　　　　　　　　　　　　　　　倉庫：1號
用途：　　　　　　　　　　　　　　　　　　　　　　　　　　　　計劃產量：

材料類別	材料編號	材料名稱	規格	計量單位	單價	領料限額	全月實領	
							數量	金額

日期	請領		實發		代用材料			限額結余
	數量	領料人簽章	數量	發料人簽章	數量	單位	金額	

倉庫保管員：　　　　　　　　　　　　　　　　　　車間生產計劃員：

飛升公司限額領料單

領料單位：　　　　　　　　　　　　　　　　　　　　　　　　　倉庫：1號
用途：　　　　　　　　　　　　　　　　　　　　　　　　　　　　計劃產量：

材料類別	材料編號	材料名稱	規格	計量單位	單價	領料限額	全月實領	
							數量	金額

日期	請領		實發		代用材料			限額結余
	數量	領料人簽章	數量	發料人簽章	數量	單位	金額	

倉庫保管員：　　　　　　　　　　　　　　　　　　車間生產計劃員：

飛升公司 領料單匯總表（　　　）
　　　　　　　年　　月

用途（借方科目）	上　旬	中　旬	下　旬	月　計
生產成本				
××產品				
××產品				
製造費用				
管理費用				
在建工程				
本月領料合計				

製表人：　　　　　稽核：　　　　　　　會計主管：

飛升公司 領料單匯總表（　　　）
　　　　　　　年　　月

用途（借方科目）	上　旬	中　旬	下　旬	月　計
生產成本				
××產品				
××產品				
製造費用				
管理費用				
在建工程				
本月領料合計				

製表人：　　　　　稽核：　　　　　　　會計主管：

轉 帳 憑 證
　　　　　年　　月　　日　　　　　憑證編號_____

摘要	借方科目		貸方科目		金　　　　　　　　　　額										過帳符號
	總帳科目	明細科目	總帳科目	明細科目	億	千	百	十	萬	千	百	十	元	角	分	
附單據　　　張		合　　計													

會計主管人員：　　　　記帳：　　　　　稽核：　　　　　製單：

第五章　帳簿

　　會計帳簿是繼會計憑證之后,記錄經濟業務的又一重要載體,是編製財務報表的直接依據。本章主要介紹會計帳簿的基本分類、格式、設置、帳簿啓用、登記和更正規則及對帳和結帳的方法。其中重點介紹日記帳和分類帳的設置和登記方法。

第一節　帳簿的含義和分類

一、會計帳簿的含義

　　會計帳簿,簡稱帳簿,是以會計憑證為依據,由一定格式、相互聯繫的帳頁組成,用來序時地、分類地、全面連續地反應企業各項經濟業務內容及其變動情況的會計簿籍。從原始憑證到記帳憑證,按照一定的會計科目和復式記帳法,將大量經濟信息轉化為會計信息記錄在記帳憑證上。通過填製、審核原始憑證和記帳憑證,會計主體在生產經營活動中所發生的全部經濟業務都已記錄到了會計憑證中。而填製和審核會計憑證只能零散地反應某項經濟業務內容,不能全面、系統、連續地反應企業生產經營過程的變動情況,不能夠滿足經濟管理的需要,所以,還需要把記帳憑證所反應的經濟業務內容,進行進一步的繼續加工和處理,即將記帳憑證上所記錄的內容在帳戶中進行分門別類的登記。這就需要設置會計帳簿把會計憑證提供的大量零散的資料加以歸類、整理、集中,登記到帳簿中去,使其系統化、條理化,以便能為經濟管理提供系統、全面的會計信息資料。

　　會計帳簿的設置和登記,對於全面、系統、序時、分類反應各項經濟業務,充分發揮會計在經濟管理中的作用,具有重要意義。

二、會計帳簿的作用

　　設置和登記會計帳簿是會計核算工作的基本方法之一和重要環節。登記會計帳簿在會計信息的加工過程中,處於連接會計憑證和會計報表的中樞環節。它在會計核算工作中具有如下重要作用:

　　1. 可以為經濟管理提供系統、全面、連續的會計資料,為管理和決策提供重要的會計信息

　　會計帳簿登記時,是分不同的帳戶、按照經濟業務發生的時間順序、毫無遺漏地進行記錄。通過登記會計帳簿,既可以按照經濟業務發生的先后順序,進行序時核算,

提供某項業務活動的資料；又可以按照經濟業務性質的不同，在有關的分類帳中進行歸類核算，為經濟管理提供總括和明細的會計信息。因此，通過會計帳簿的記錄，可以把會計憑證提供的零散資料加以歸類匯總，形成系統、全面、連續的會計核算資料，集中反應企業資金使用及其變動情況，滿足企業經營管理的需要。

2. 可以隨時瞭解和掌握本單位的財務狀況和經營成果

設置和登記會計帳簿，有利於加強財產物資的管理與核算，合理地籌集和使用各項資金，提高資金的使用效果；有利於促進增收節支，及時、有效地控制成本費用，提高會計主體的盈利水平和經濟效益，為進行會計分析、會計檢查以及考核企業經營成果提供重要依據。

3. 可以直接為編製會計報表提供綜合和詳細的資料

企業經營進行到一定時期，總結其經營活動情況，就必須在會計帳簿中進行結帳和對帳，使會計帳簿記錄數與實有數核對相符，能有效地保護企業財產物資的安全完整，為編製會計報表提供可靠的依據。

三、會計帳簿的分類

每個單位因經濟業務內容和管理要求不同，需要使用多種多樣的會計帳簿，不同的帳簿其格式、用途和登記方法各不相同。帳簿按照不同的分類標準可以分為不同的類別，常見的分類有以下幾種：按帳簿的性質和用途的不同，可以將帳簿分為序時帳簿、分類帳簿和備查帳簿；按照帳簿的外表形式的不同，可以將帳簿分為訂本式帳簿、活頁式帳簿和卡片式帳簿；按照帳簿的帳頁格式的不同，可以將帳簿分為三欄式帳簿、多欄式帳簿和數量金額式帳簿。

(一) 按帳簿的性質和用途分類

按帳簿的性質和用途不同，可分為序時帳簿、分類帳簿和備查帳簿。

1. 序時帳簿

序時帳簿，亦稱為日記帳簿或日記帳，是按照經濟業務發生或完成情況的先後順序，逐日逐筆進行連續登記的帳簿。它是按時間順序記載經濟業務的發生或完成情況的原始記錄簿。按其記錄內容的不同，日記帳又可分為普通日記帳和特種日記帳。

普通日記帳，亦稱通用日記帳或分錄簿，是用來序時登記全部經濟業務的日記帳。普通日記帳是否需要設置，各單位根據自身的業務特點和管理要求而定。

特種日記帳，是用來序時登記某類特定經濟業務的日記帳。企業通常應對重要的項目單獨設置特種日記帳。在中國，為了加強對貨幣資金的核算和管理，各單位一般都要設置「現金日記帳」和「銀行存款日記帳」兩種特種日記帳。

2. 分類帳簿

分類帳簿，簡稱分類帳，是對全部經濟業務按照總分類帳戶和明細分類帳戶進行分類登記的帳簿。按照反應內容的詳細程度不同，又分為總分類帳和明細分類帳兩種。總分類帳，簡稱總帳，是按照總分類帳戶設置和登記的帳簿，用來登記全部經濟業務，

提供總括核算指標的分類帳簿。明細分類帳，簡稱明細帳，是按照某一總分類帳所屬的各個明細分類帳戶開設帳頁，用來登記某一類經濟業務，提供詳細核算指標的分類帳簿。總分類帳簿和明細分類帳簿包括了全部帳戶，整個企業的生產經營過程和財務情況，都能從分類帳簿中得到反應。同時，分類帳也可以對經濟活動過程中的違法行為進行監督，還可以為編製會計報表提供依據。所以，分類帳在會計核算工作中佔有十分重要的地位。

3. 備查帳簿

備查帳簿，簡稱備查帳，是用來對某些在日記帳和分類帳中不便記錄或未能記錄的有關事項進行補充登記的帳簿，是屬於備查性質的一種輔助登記帳簿，又稱輔助帳簿。它是根據表外科目設置的，如：租入固定資產登記簿、受託加工材料登記簿、代管商品物資登記簿、合同登記簿等。備查帳簿與其他帳簿之間不存在嚴密的依存和勾稽關係，只是對其他帳簿記錄的一種補充和說明。設置備查帳簿的目的是便於日後對有關事項進行查考。備查帳簿並非每個單位都應設置，各單位可以根據自己的實際情況，依需要而設置。

備查帳對完善企業會計核算，加強企業內部控制與管理，強化對重要經濟業務事項的監督，明確會計交接責任和準確填列財務會計報告附註內容等，都有重要意義。

(二) 按帳簿的外表形式分類

按帳簿的外表形式不同，可分為訂本式帳簿、活頁式帳戶和卡片式帳簿。

1. 訂本式帳簿

訂本式帳簿，簡稱訂本帳，是指在未使用前就已將帳頁固定裝訂成冊，並對頁碼進行了連續編號的帳簿。訂本帳的優點是帳頁固定，在使用中帳頁不會散失，能防止非法抽換帳頁等舞弊行為的發生，有利於會計資料和會計檔案的完整性和嚴肅性。缺點是不便於分工記帳，也不能根據需要增減帳頁，因此，採用訂本式帳簿必須預先估計每一帳戶帳頁的需用總數，預留若干空白帳頁，容易出現帳頁的餘缺，從而造成不必要的浪費或影響帳簿記錄的連續性，使用不靈活。這種帳簿一般適用於現金日記帳、銀行存款日記帳、總分類帳等重要帳簿。

2. 活頁式帳簿

活頁式帳簿，簡稱活頁帳，是在啓用之前將帳頁不固定地裝訂在活頁帳夾中，可以隨時存放的帳簿。這種帳簿的優點是可以根據需要添加或抽減帳頁，有利於分工記帳，提高登帳工作效率。缺點是帳頁容易散失和被抽換。因此，必須注意保存。為了防止這些弊端，空白帳頁在使用時必須連續編號，並由有關人員在帳頁上簽章，平時裝置在帳夾中保管和使用，年度終了，將帳頁裝訂成冊，加具封面，並歸檔保管。這種帳簿一般適用於各種明細帳。

3. 卡片式帳簿

卡片式帳簿，簡稱卡片帳，是由若干零散的、具有專門格式的卡片組成，存放在卡片箱中，可以隨時取放的帳簿。啓用的卡片要逐張蓋章編號，使用中要防止散失及

非法抽換，且可以長期使用，無需逐年更換。嚴格說卡片帳也是一種活頁帳，只不過它不是裝在活頁帳夾中，而是裝在卡片箱內。因此，卡片帳的優缺點類似於活頁帳。在中國，卡片帳一般適用於固定資產明細帳等不需要經常變動的帳項的登記。

(三) 按帳簿的帳頁格式分類

按帳簿的帳頁格式不同，可分為三欄式帳簿、多欄式帳簿和數量金額式帳簿。

1. 三欄式帳簿

三欄式帳簿是指設有借方、貸方和余額三個基本欄目的帳簿。三欄式帳簿格式是會計核算中一般通用的格式。各種日記帳、總分類帳以及資本、債權、債務明細帳都可採用三欄式帳簿。三欄式帳簿根據其帳頁中是否設有「對方科目」欄又分為不設「對方科目」的三欄式帳簿（表5-1所示）和設「對方科目」的三欄式帳簿（表5-2所示）兩種。凡是在摘要欄和借方科目欄之間設有「對方科目」欄的，稱為設對方科目的三欄式帳簿；凡是在摘要欄和借方科目欄之間不設「對方科目」欄的，稱為不設對方科目的三欄式帳簿。

表 5-1　　　　　　　　　　帳戶名稱：×××

年		憑證		摘要	借方	貸方	借或貸	余額
月	日	種類	編號					

表 5-2　　　　　　　　　　帳戶名稱：×××

年		憑證		摘要	對方科目	借方	貸方	借或貸	余額
月	日	種類	編號						

2. 多欄式帳簿

多欄式帳簿，是指在帳簿的兩個基本欄目「借方」和「貸方」按需要分設若干專欄的帳簿。收入、費用明細帳一般均採用這種格式的帳簿，其具體格式如表5-3、表5-4、表5-5所示。

表 5-3　　　　　　　　　　　　借項多欄式

年		憑證		摘要	借方			合計	貸方	余額
月	日	種類	編號							

表 5-4　　　　　　　　　　　　貸項多欄式

年		憑證		摘要	借方	貸方			合計	余額
月	日	種類	編號							

表 5-5　　　　　　　　　　　　多欄式

年		憑證		摘要	借方		合計	貸方		合計	余額
月	日	種類	編號								

3. 數量金額式帳簿

數量金額式帳簿是指帳簿的借方（收入）、貸方（發出）和余額（結存）三個欄目內，都分設數量、單價和金額三小欄，借以反應財產物資的實物數量和價值量。它是指採用數量和金額雙重記錄的帳簿。原材料、庫存商品等明細帳一般都採用數量金額式帳簿，其具體格式如表5-6所示。

表 5-6　　　　　　　　　　　數量金額式帳簿

年		憑證		摘要	收入			發出			結存		
月	日	種類	編號		數量	單價	金額	數量	單價	金額	數量	單價	金額

四、會計帳簿的基本要素

由於不同企業的經濟業務性質、特點不同，帳簿的組織結構也不完全一樣，但各種帳簿一般都應具備以下基本內容：

1. 封面

封面主要標明帳簿的名稱和記帳單位的名稱。帳簿名稱如總分類帳、現金日記帳、原材料明細帳等，其一般格式如表 5-7 所示。

表 5-7　　　　　　　　　　　帳簿封面

單位名稱				
帳簿名稱				
啓用日期	自　　年　　月　　日至　　年　　月　　日			
帳簿頁數	自　　頁至　　頁		保管期限	
會計機構負責人			記　帳	
會計主管			人　員	
全宗號		目錄號	卷　號	

2. 扉頁

扉頁主要列明科目索引、帳簿啓用和經管人員一覽表。在表中應填明帳簿名稱、編號、頁數、啓用日期、經管人員姓名及交接日期、帳戶目錄、主管會計人員簽章等。相關人員調動工作時，應在帳簿使用登記表上記錄交接時間、接辦人員或者監交人員姓名，並且由交接雙方簽字蓋章，其具體格式如表 5-8、表 5-9 所示。

表 5-8　　　　　　　　　　　　　　　帳戶目錄

帳 號	科 目	起訖頁數	帳 號	科 目	起訖頁數	帳 號	科 目	起訖頁數

表 5-9　　　　　　　　　　　帳簿啓用及經管人員一覽表

單位名稱		印　鑒	
帳簿名稱	（第　　　冊）		
帳簿編號			
帳簿頁數	本帳簿共計　　　頁（本帳簿頁數檢點人蓋章）		
啓用日期	公元　　　　年　　　月　　　日		

經管人員	負　責　人		主　辦　會　計		復　核		記　帳	
	姓名	蓋章	姓名	蓋章	姓名	蓋章	姓名	蓋章

接交記錄	經管人員		接　管			交　出		
	職別	姓名	年	月	日	蓋章	年	月	日	蓋章
備註										

3. 帳頁

帳頁是帳簿的主體部分。帳頁因反應的經濟業務不同，存在不同的結構。但各種結構的帳頁都應包括以下基本內容：①帳戶名稱；包括一級會計科目、二級或明細會計科目；②登帳日期；③憑證種類、字、號；④摘要欄（對記錄的經濟業務內容作簡要說明）；⑤借、貸方金額和余額方向、金額欄（記錄經濟業務增減變動情況）；⑥總頁次和分頁次。

第二節　帳簿的設置和登記

一、會計帳簿設置的原則

　　設置和登記會計帳簿是會計核算的一種基本方法，也是會計核算工作的重要環節，設置會計帳簿是登記帳簿的前提。由於不同企業的經濟業務性質、特點不同，對會計帳簿設置的要求也因此不同。為了全面、系統、連續地登記經濟業務，各單位應根據自己的實際情況和經營管理的需求，設置不同的會計帳簿。設置會計帳簿一般應遵循以下基本原則：

　　1. 設置會計帳簿要統一性與實用性相結合

　　會計帳簿的設置，必須能保證反應和監督企業的全部經濟活動，提供全面、系統、連續的會計資料，為企業經營管理服務。由於各企業的經濟活動各有其特點，在業務規模上和會計人員配備上又不盡相同，所以在設置帳簿時，凡是國家統一規定和要求的，會計主體必須遵照執行，不得自行其是。企業應依照會計準則、國家統一規定和本企業的實際情況來設置會計帳簿。一般來說經濟業務複雜、規模大的企業，帳簿可以設置細一些；對於業務簡單、規模小的企業，可以相應地簡略一些。但是設置帳簿必須保證提供準確而全面的會計信息，以滿足經營管理需要為前提。

　　2. 在會計帳簿的設置方面要組織嚴密，應避免繁瑣重複和片面地追求簡化

　　企業的經濟活動有主次之分，設置會計帳簿應以此為依據，使其所反應的經濟信息主次分明相互配合、既不重複又不脫節，同時，還要適當地選擇會計核算形式，科學設計各種會計帳簿登記的合理流程，使會計信息在會計帳簿加工環節流通順暢。這樣既可以提高會計信息的質量，又有利於提高會計工作效率。

　　3. 設置會計帳簿要有利於會計部門內部的合理分工

　　設置會計帳簿要有利於會計部門內部合理分工，充分發揮整體效應，提高會計工作效率和水平。

二、日記帳的設置與登記

　　日記帳是根據全部經濟業務發生或完成的先後順序，逐日逐筆連續進行登記的帳簿；或者是用來序時地記錄和反應某一類或某一項經濟業務的發生和完成情況的帳簿。因此，日記帳又分為普通日記帳和特種日記帳，其特點、作用前面已經介紹，下面重點介紹其結構和登記方法。

（一）普通日記帳

　　普通日記帳是指對全部經濟業務按照發生的時間順序進行登記的帳簿。通常是把每日所發生的每項經濟業務按照發生的先後順序，分別編製成會計分錄，並逐筆記入普通日記帳中，因此，普通日記帳又稱分錄簿。普通日記帳的格式一般只設置借方和貸方兩個金額欄，其具體格式如表 5-10、表 5-11 所示。

表 5-10　　　　　　　　　　普通日記帳（一）

年		分錄號	摘要	帳戶名稱	記帳	借方	貸方
月	日						

表 5-11　　　　　　　　　　普通日記帳（二）

年		分錄號	摘要	記帳	借方		貸方	
月	日				一級科目	金額	一級科目	金額

　　普通日記帳可以根據經濟業務逐日逐筆進行直接登記，然后再根據普通日記帳登記分類帳，因此，設置普通日記帳的企業一般不再編製記帳憑證。該種日記帳一般主要適應於規模小、經濟業務較少的企業單位。

（二）特種日記帳

　　由於普通日記帳不能夠反應各類經濟業務的發生或完成情況，同時存在工作量繁重且不便分工的缺點。因此，為了彌補這些缺點，就有必要把經常發生且發生次數較多的同類經濟業務從普通日記帳中分離出來，通過設置和登記特種日記帳進行。

　　特種日記帳是對某類經濟業務按照發生的時間順序進行登記的帳簿。對這些類別的經濟業務進行特別的、專門的帳簿記錄，故稱為特種日記帳。特種日記帳按照記錄內容的不同，又可分為現金日記帳、銀行存款日記帳等。

　　1. 現金日記帳

　　（1）現金日記帳的格式

　　現金日記帳，是用來逐日逐筆序時記錄和反應庫存現金的收入、付出及結存情況的一種特種日記帳。通過現金日記帳的記錄，能全面瞭解現金的增減變動是否符合國家有關現金管理的規定。現金日記帳一般採用「三欄式」訂本式帳頁格式，基本結構為「借方」「貸方」和「結余」三欄。

　　（2）現金日記帳的登記

　　現金日記帳是由出納人員根據審核后的現金收款憑證、現金付款憑證和銀行存款付款憑證（從銀行提取現金業務），按照時間順序逐日逐筆進行登記。

　　現金日記帳除了逐日逐筆進行登記外，還應做到日清月結。即每日登記完畢后，應結出當日現金收入、支出合計數，並根據「上日余額+本日收入－本日支出＝本日余額」的公式，逐日結出現金余額；每月登記完畢后，應結出當月現金收入、支出合計數，並根據「月初余額+本月收入－本月支出＝月末余額」的公式，結出當月現金余額；

每日和月末結出的現金餘額均應與庫存現金實際數核對，以便及時檢查每日和當月現金的收、支是否有誤，做到帳實相符。

三欄式現金日記帳的一般帳頁格式及其登記方法，如表 5-12 所示。

表 5-12　　　　　　　　　　　　　　現金日記帳

單位：元

| 20××年 || 憑證 || 摘要 | 對方科目 | 借方 | 貸方 | 結餘 |
月	日	字	號					
9	1			期初餘額				3,000
	2	現付	1	支付購買辦公用品費	管理費用		100	
	4	銀付	1	提取現金，備發工資	銀行存款	70,000		
	4	現付	2	支付職工工資	應付職工薪酬		70,000	
	4	現付	3	支付辦公室水電費	管理費用		350	
	4			本日合計		70,000	70,450	2,550
	5	銀付	2	提取現金，備用	銀行存款	1,500		4,050
	7	現付	4	李三預借差旅費	其他應收款		2,000	2,050
	9	現付	5	支付辦公室餐費	管理費用		250	1,800
				……………	……	……	……	……
	30			本月發生額及餘額		129,800	130,800	2,000

2. 銀行存款日記帳

（1）銀行存款日記帳的格式

銀行存款日記帳，是用來逐日逐筆序時記錄和反應銀行存款的收入、付出及結存情況的一種特種日記帳。銀行存款日記帳的帳頁格式，與現金日記帳的帳頁格式基本相同，一般也採用「三欄式」訂本式帳頁格式，基本結構為「借方」「貸方」和「結餘」三欄。

（2）銀行存款日記帳的登記

銀行存款日記帳，通常由出納人員根據審核後的銀行存款收入憑證、銀行存款付出憑證和現金付款憑證（將現金送存銀行業務），按照經濟業務發生的順序，逐日逐筆進行登記。

銀行存款日記帳的登記方法和現金日記帳的登記方法相同。即除了逐日逐筆進行登記外，還應在每日和每月登記完畢後，結出當日和當月銀行存款收入、支出合計數及餘額，以及時檢查銀行存款的收入和支出是否有誤，並便於定期與銀行對帳單核對。月份終了，本單位銀行存款日記帳帳面結存數與銀行對帳單餘額如有差額，必須逐筆查明原因進行處理，並按月編製「銀行存款餘額調節表」。

三欄式銀行存款日記帳的一般帳頁格式及其登記方法，如表 5-13 所示。

表 5-13　　　　　　　　　銀行存款日記帳　　　　　　　　單位：元

20××年			憑證		摘要	現金支票號	轉帳支票號	借方	貸方	結余
月	日 ||字	號						
9	1			期初余額					200,000
	4	銀付	1	提取現金，備發工資				70,000	
	4	銀付	2	支付甲材料採購款				85,000	
	4	銀付	3	銀行代繳電話費				300	
	4	銀收	1	銷售 A 產品收款			150,000		
	4			本日合計			150,000	155,300	194,700
	5	銀付	4	提取現金，備用				1,500	193,200
	11	現付	9	現金存入銀行			34,000		227,200
	13	銀收	2	收到 Y 公司欠款			70,000		297,200
				……	……	……	……	……	……
	30			本月發生額及余額			1,035,000	957,200	277,800

　　現金和銀行存款收付業務較多的企業，也可以採用多欄式現金日記帳和銀行存款日記帳。此處不再贅述。

二、分類帳的設置與登記

　　分類帳是對全部經濟業務按照總分類帳戶和明細分類帳戶進行分類登記的帳簿。按照反應內容的詳細程度不同，分類帳又分為總分類帳和明細分類帳兩種。

（一）總分類帳

　1. 總分類帳的設置和格式

　　總分類帳，簡稱總帳，是根據總分類帳戶設置，用以對全部經濟業務進行分類登記，以提供總括會計核算資料的分類帳簿。在會計核算中，正確組織分類核算，提供總括資料，對全面反應和監督整個資金運動，具有極其重要的意義。總分類帳能夠全面、總括地反應經濟活動情況及其結果，對明細帳起著統馭控制作用，為編製會計報表提供總括資料，任何單位對所有帳戶都必須設置總分類帳。

　　總分類帳一般只提供總括的金額指標，所以總分類帳的帳頁格式一般採用借、貸、余三欄式訂本式帳簿。其一般格式如表 5-14、表 5-15 所示。

表 5-14　　　　　　　　　　　總分類帳

年		憑證		摘要	借方	貸方	借或貸	余額
月	日	字	號					

表 5-15　　　　　　　　　　　總分類帳

年		憑證		摘要	對方科目	借方	貸方	借或貸	余額
月	日	字	號						

2. 總分類帳的登記

總分類帳可以直接根據各種記帳憑證逐筆登記，也可以將記帳憑證按照一定的方法定期進行匯總，編製成匯總記帳憑證或科目匯總表，然後根據匯總記帳憑證或科目匯總表進行匯總登記。

仍以第三章［例 4-1］中，訊達公司 2010 年 1 月發生的交易或事項為例，登記訊達公司 2010 年 1 月「銀行存款」科目的三欄式總帳，如表 5-16 所示。

表 5-16　　　　　　　　　　　總分類帳
會計科目：銀行存款　　　　　　　　　　　　　　　　　　　　　　　　單位：元

2010 年		憑證		摘要	對方科目	借方	貸方	借或貸	余額
月	日	字	號						
1	1			期初余額				借	49,000
	3	收	1	投資者投入	實收資本	200,000			
	6	付	1	歸還短期借款	短期借款		80,000		
	13	付	2	付設備款	固定資產		40,000		
1	31			本月合計		200,000	120,000	借	129,000

（二）明細分類帳

明細分類帳簡稱明細帳，是根據總分類帳戶所屬的明細帳戶設置，用以對各項經

濟業務進行分類登記的帳簿。因為總分類帳只能提供總括的資料，為了對總分類帳進行補充，同時也為了向經營管理提供詳細資料，企業必須設置明細分類帳。明細分類帳能夠詳細地、具體地反應經濟活動的情況和結果，對總分類帳起著輔助和補充的作用，為編製會計報表提供必要的明細資料。因此，任何單位都要根據具體情況設置必要的明細分類帳。

明細分類帳根據其所記錄內容的性質和管理的要求不同，有的只需反應金額的變化情況及其結果，有的則除了要反應金額的變化情況及其結果以外，還需要反應實物數量的變化情況及其結果。明細分類帳的格式也就有所不同，主要有「三欄式明細帳」「數量金額式明細帳」「多欄式明細帳」等帳頁格式。

1. 三欄式明細分類帳

三欄式明細分類帳的帳頁格式與三欄式總分類帳的帳頁格式相同，其基本結構為「借方」「貸方」和「余額」三欄，分別用來登記金額的增加、減少和結余，不設數量欄。這種帳頁格式的明細帳主要適用於只需要進行金額核算，而不需要進行數量核算的債權債務等結算類科目的明細分類核算。如「應收帳款」「應付帳款」等帳戶的明細分類核算。

三欄式明細分類帳是根據記帳憑證及其所附原始憑證逐日逐筆進行借方、貸方金額登記，每月終了時，計算出全月借方發生額合計和貸方發生額合計，並結算出期末余額。如為借方期末余額，在「借或貸」欄目中填寫「借」字；如為貸方期末余額，在「借或貸」欄目中則填寫「貸」字。

仍以第三章［例4-1］中，訊達公司2010年1月發生的交易或事項為例，登記訊達公司2010年1月「應付帳款」科目所屬新樂公司的三欄式明細帳，如表5-17所示。

表 5-17　　　　　　　　　　　（帳戶名稱）明細帳

總帳科目：應付帳款

子目或戶名：新樂公司　　　　　　　　　　　　　　　　　　　　　單位：元

2010年		憑證		摘要	借方	貸方	借或貸	余額
月	日	字	號					
1	1			期初余額			貸	25,000
	24	轉	1	賒購材料		70,000		
	30	轉	3	償還購料款	50,000			
1	31			本月合計	50,000	70,000	貸	45,000

2. 數量金額式明細分類帳

數量金額式明細帳是對具有實物形態的財產物資進行明細分類核算的帳簿。這類帳簿的帳頁基本結構是：設「收入」「發出」「結余」三欄，每欄再分別設「數量」「單價」和「金額」三個專欄進行登記。這種帳頁格式的明細帳主要適應於既需要進行金額核算，又需要進行數量核算的各種財產物資科目。如「原材料」「庫存商品」「包裝物」和「低值易耗品」等科目的明細分類帳。

數量金額式明細分類帳的「收入」「發出」欄的數量，根據有關會計憑證進行登記，同時根據數量、單價計算出金額並填入金額欄。每筆收入或發出數量、金額登記完畢后，計算出結存的數量和金額，填入其數量和金額欄。每月終了時，加算全月收入和發出的數量和金額合計，並結算出月末結存數量和金額。

數量金額式明細帳的一般帳頁格式，如表 5-18 所示。

表 5-18　　　　　　　　　　　　原材料明細帳　　　　　　　　　　　　第 1 頁

一級科目：原材料　　　　　　　　　　　　　　　　　　　　　　　　　編號：2
品名及規格：甲材料　　　　　　　存放地點：2 號倉庫　　　　　　　計量單位：千克
　　　　　　　　　　　　　　　　　　　　　　　　　　　　　　　　　單位：元

20××年		憑證		摘要	收入（借方)			發出（貸方)			結存		
月	日	字	號		數量	單價	金額	數量	單價	金額	數量	單價	金額
1		略		期初餘額							2,000	10	20,000
	6			車間領用				500	10	5,000	1,500	10	15,000
	15			購買入庫	5,000	10	50,000				6,500	10	65,000
	20			車間領用				800	10	8,000	5,700	10	57,000
1	31			本月合計	5,000	10	50,000	1,300	10	13,000	5,700	10	57,000

3. 多欄式明細分類帳

多欄式明細分類帳是根據企業經濟業務和經營管理的需要，以及企業經濟業務的性質、特點，在一張帳頁內設若干專欄，集中反應某一總帳的各明細核算的詳細資料。即在「借方發生額」和「貸方發生額」下，分別設置若干金額專欄，分欄登記各明細分類帳的發生額。這種帳頁格式適用於只記金額、不記數量，並且在管理上需要瞭解和分析其構成內容科目的明細分類核算。主要適用於費用、成本、收入、成果等科目的明細核算，如「管理費用」「銷售費用」「生產成本」「製造費用」「主營業務收入」「本年利潤」等科目的明細核算。多欄式明細分類帳根據有關原始憑證、記帳憑證、費用分配計算表進行登記。

在實際工作中，費用成本類多欄式明細分類帳簿一般為借方多欄式，即只按借方發生額設置專欄。因為這些帳戶每月貸方發生額的筆數較少，可運用紅字沖帳原理，發生時在明細帳中用紅字登記在借方相關欄內。會計期末將借方發生淨額從貸方結轉到「本年利潤」或其他帳戶，其一般格式如表 5-19 所示。

表 5-19　　　　　　　　　　　　管理費用明細帳

201×年		憑證		摘要	借　　方								餘額
月	日	字	號		職工薪酬	折舊費	辦公費	工會經費	招待費	水電費	其他	合計	

與費用成本類多欄式明細帳相對應，收入明細帳一般為貸方多欄式，即只按貸方發生額設置專欄，需要沖減收入的事項，可以用紅字在貸方登記。會計期末將貸方金額從借方結轉到「本年利潤」帳戶。收入類帳多欄式明細帳的一般格式如表 5-20 所示。

表 5-20　　　　　　　　　　主營業務收入明細帳　　　　　　　　　第　頁

| 20××年 || 憑證 || 摘要 | 貸方 |||||| 餘額 |
月	日	字	號		甲產品	乙產品	丙產品	其他	合計	

利潤類明細帳一般按借方和貸方分設專欄，即按利潤構成項目設置專欄，一般適用於「本年利潤」「利潤分配」等帳戶，其一般格式如表 5-21 所示。

表 5-21　　　　　　　　　　（利潤）明細帳　　　　　　　　　　　第　頁

| 年 || 憑證 || 摘要 | 借方 ||| 貸方 ||| 借或貸 | 餘額 |
月	日	字	號		主營業務成本	管理費用	…	合計	主營業務收入	投資收益	…	合計		

（三）總分類帳與明細分類帳的關係和平行登記

1. 總分類帳和明細分類帳的關係

（1）兩者反應的經濟內容相同，登記帳簿的原始依據相同，只不過提供核算指標的詳細程度不同；前者提供某類經濟業務總括的核算指標，后者則提供某類經濟業務詳細具體的核算指標。

（2）總分類帳控制、統馭明細分類帳，即總分類帳控制著明細分類帳的核算內容和核算數據；明細分類帳則對總分類帳起著輔助和補充說明的作用。

2. 平行登記

平行登記是指對於發生的每一項經濟業務，根據審核無誤的會計憑證，一方面要在總分類帳中進行匯總登記，同時還要在其所屬的明細分類帳中進行詳細具體的登記。

總分類帳和明細分類帳平行登記的要點如下：

（1）同時登記。對於發生的每一項經濟業務，在登記有關總分類帳戶的同時，還要登記總分類帳戶所屬的有關明細分類帳戶。

（2）依據相同。對於發生的每一項經濟業務，登記總分類帳戶及其所屬明細分類

帳戶的依據是相同的。即均是以同一記帳憑證、記帳憑證匯總表或科目匯總表及其所附的原始憑證為依據進行登記的。

（3）方向一致。對於發生的每一項經濟業務，登記總分類帳戶及其所屬明細分類帳戶的方向應當一致。即總分類帳戶記入借方，明細分類帳戶也應記入借方；總分類帳戶記入貸方，明細帳戶也應記入貸方。

（4）金額相等。對於發生的每一項經濟業務，記入總分類帳戶的金額，必須與記入所屬明細分類帳戶的金額之和相等。

總分類帳戶和所屬明細分類帳戶平行登記后，總分類帳戶和所屬明細分類帳戶之間必然存在以下相等關係：

總分類帳戶期初余額＝所屬明細分類帳戶期初余額之和

總分類帳戶本期借方（或貸方）發生額＝所屬明細分類帳戶本期借方（或貸方）發生額之和

總分類帳戶期末余額＝所屬明細分類帳戶期末余額之和

總分類帳戶和所屬明細分類帳戶之間的數字相等關係，可以用來檢查總分類帳戶和所屬明細分類帳戶記錄的完整性和準確性。

3. 總分類帳戶和明細分類帳戶平行登記的實例

20××年1月1日，企業的「原材料」和「應付帳款」總分類帳戶及其所屬的明細分類帳戶的余額如下：

（1）「原材料」總帳帳戶借方余額為35,000元，其所屬明細帳戶結存情況為：

①「甲材料」明細帳戶，結存2,000千克，單位成本為10元，金額計20,000元；

②「乙材料」明細帳戶，結存50噸，單位成本為300元，金額計15,000元。

（2）「應付帳款」總帳帳戶為貸方余額10,000元，其所屬明細帳戶余額為：

①「A工廠」明細帳戶，貸方余額6,000元；

②「B工廠」明細帳戶，貸方余額4,000元。

20××年1月，企業發生的有關交易或事項及其會計處理如下：

（1）1月9日，向A工廠購入甲材料500千克，單價10元，計5,000元；向B工廠購入乙材料100噸，單價300元，計30,000元，甲、乙材料已驗收入庫，貨款均未支付。

對發生的該交易或事項，企業應編製的會計分錄如下：

借：原材料——甲材料		5,000
——乙材料		30,000
貸：應付帳款——A工廠		5,000
——B工廠		30,000

（2）1月12日，向A工廠購入甲材料400千克，單價10元，計4,000元；乙材料50噸，單價300元，計15,000元，材料均已驗收入庫，貨款尚未支付。

對發生的該交易或事項，企業應編製的會計分錄如下：

借：原材料——甲材料		4,000
——乙材料		15,000

貸：應付帳款——A 工廠　　　　　　　　　　　　　　　　　　19,000

　（3）1 月 20 日，以銀行存款償付前欠 A 工廠的貨款 20,000 元，B 工廠貨款 30,000 元。

　　對發生的該交易或事項，企業應編製的會計分錄如下：
　　　借：應付帳款——A 工廠　　　　　　　　　　　　　　　　　20,000
　　　　　　　　　——B 工廠　　　　　　　　　　　　　　　　　30,000
　　　貸：銀行存款　　　　　　　　　　　　　　　　　　　　　　50,000

　（4）1 月 26 日，生產車間為生產產品從倉庫領用甲材料 1,000 千克，金額為 10,000 元；領用乙材料 100 噸，金額為 30,000 元。

　　對發生的該交易或事項，企業應編製的會計分錄如下：
　　　借：生產成本　　　　　　　　　　　　　　　　　　　　　　40,000
　　　貸：原材料——甲材料　　　　　　　　　　　　　　　　　　10,000
　　　　　　　　——乙材料　　　　　　　　　　　　　　　　　　30,000

　　根據平行登記的要求，將上述交易或事項在「原材料」和「應付帳款」總帳帳戶及其所屬的明細帳戶中進行登記。平行登記結果如表 5-22、表 5-23、表 5-24、表 5-25、表 5-26 和表 5-27 所示。

表 5-22　　　　　　　　　　　　　總分類帳　　　　　　　　　　　　　第　頁

帳戶名稱：原材料　　　　　　　　　　　　　　　　　　　　　　　　單位：元

20××年		憑證號數	摘要	借方	貸方	借或貸	余額
月	日						
1	1		期初余額			借	35,000
	9	(1)	購入材料	35,000			
	12	(2)	購入材料	19,000			
	26	(4)	生產領用材料		40,000		
1	31		本月合計	54,000	40,000	借	49,000

表 5-23　　　　　　　　　　　　　總分類帳　　　　　　　　　　　　　第　頁

帳戶名稱：應付帳款　　　　　　　　　　　　　　　　　　　　　　　單位：元

20××年		憑證號數	摘要	借方	貸方	借或貸	余額
月	日						
1	1		期初余額			貸	10,000
	9	(1)	購料欠款		35,000		
	12	(2)	購料欠款		19,000		
	20	(3)	償還欠款	50,000			
1	31		本月合計	50,000	54,000	貸	14,000

表 5-24　　　　　　　　　　　　　原材料明細帳　　　　　　　計量單位：千克
明細帳戶：甲材料　　　　　　　　　　　　　　　　　　　　金額單位：元

20××年		憑證號數	摘要	收入（借方）			發出（貸方）			結存		
月	日			數量	單價	金額	數量	單價	金額	數量	單價	金額
1			期初余額							2,000	10	20,000
	9	(1)	購料入庫	500	10	5,000				2,500	10	25,000
	12	(2)	購料入庫	400	10	4,000				2,900	10	29,000
	26	(4)	生產領用				1,000	10	10,000	1,900	10	19,000
1	31		本月合計	900	10	9,000	1,000	10	10,000	1,900	10	19,000

表 5-25　　　　　　　　　　　　　原材料明細帳　　　　　　　計量單位：噸
明細帳戶：乙材料　　　　　　　　　　　　　　　　　　　　金額單位：元

20××年		憑證號數	摘要	收入（借方）			發出（貸方）			結存		
月	日			數量	單價	金額	數量	單價	金額	數量	單價	金額
1			期初余額							50	300	15,000
	9	(1)	購料入庫	100	300	30,000				150	300	45,000
	12	(2)	購料入庫	50	300	15,000				200	300	60,000
	26	(4)	生產領用				100	300	30,000	100	300	30,000
1	31		本月合計	150	300	45,000	100	300	30,000	100	300	30,000

表 5-26　　　　　　　　　　　　　應付帳款總分類帳　　　　　　　　第　頁
帳戶名稱：A 工廠　　　　　　　　　　　　　　　　　　　　單位：元

20××年		憑證號數	摘要	借方	貸方	借或貸	余額
月	日						
1	1		期初余額			貸	6,000
	9	(1)	購料欠款		5,000		
	12	(2)	購料欠款		19,000		
	20	(3)	償還欠款	20,000			
1	31		本月合計	20,000	24,000	貸	10,000

表 5-27　　　　　　　　　　應付帳款總分類帳　　　　　　　　　　第　頁

帳戶名稱：B工廠　　　　　　　　　　　　　　　　　　　　　　　　單位：元

20××年		憑證號數	摘要	借方	貸方	借或貸	余額
月	日						
1	1		期初余額			貸	4,000
	9	(1)	購料欠款		30,000		
	20	(3)	償還欠款	30,000			
1	31		本月合計	30,000	30,000	貸	4,000

第三節　對帳和結帳

一、對帳和結帳的意義

真實性是會計核算的重要原則，對帳是保證會計核算資料真實可靠的一項重要工作。《會計基礎工作規範》要求做到，會計憑證和實際情況應相符，帳簿的記錄和記帳憑證應相符，帳簿和帳簿之間的相關數字應相符。即帳證、帳帳、帳實三個方面相符。但在實際工作中，由於各種原因及各個環節上可能發生的錯誤會造成帳實不符等情況。因此，需要定期或不定期地進行清查對帳，及時發現問題，找出差錯原因，進行更正，以求達到會計記錄真實，提供的會計資料準確可靠。

對帳以後，就要將各種帳簿結算清楚，以便根據帳簿記錄編製會計報表。結帳是總結某一會計期間（月份、季度、年度）經濟活動發生的情況，考核經濟效果和財務收支情況的一項重要工作，並能使我們瞭解企業的資產狀況。

二、對帳

對帳，就是核對帳目，即對帳簿記錄進行的檢查核對，是保證會計核算資料真實、正確、可靠的一項會計工作。通過對帳，可以使各種帳簿記錄完整和正確，如實反應和監督經濟活動的情況，為編製會計報表提供真實可靠的數據資料。

對帳分為日常核對和定期核對兩種。日常核對是對日常填製的記帳憑證的審核以及登帳時對帳簿記錄和會計憑證的核對。日常核對工作應隨時進行，發現錯誤隨時更正。定期核對一般在月末、季末、年末結帳前進行。

（一）對帳的主要內容

對帳的主要內容包括帳證核對、帳帳核對、帳實核對三個方面。

1. 帳證核對

帳證核對，是指各種帳簿（包括總帳、明細帳以及現金、銀行存款日記帳）的記錄與有關的記帳憑證及其所附原始憑證進行核對，做到帳證相符。帳證核對，通常是

在日常工作中進行，主要檢查登帳中的錯誤。帳證核對的主要內容包括：

(1) 核對會計帳簿記錄與記帳憑證或記帳憑證匯總表及其所附原始憑證是否相符；

(2) 核對記帳憑證匯總表與記帳憑證是否相符；

(3) 核對明細帳與記帳憑證及所涉及的支票號碼及其他結算票據種類是否相符。

2. 帳帳核對

帳帳核對，是各種帳簿之間的有關記錄進行的相互核對，做到帳帳相符。帳帳核對主要包括本單位各種帳簿之間的有關指標應該核對相符。帳帳核對的主要內容包括：

(1) 總帳各帳戶期末借方余額合計數與期末貸方余額合計數應核對相符。

(2) 總帳各帳戶本期借方發生額合計數與本期貸方發生額合計數應核對相符。

(3) 總帳各帳戶本期借、貸方發生額及余額與其所屬明細帳的本期借、貸方發生額及余額之和應分別核對相符。

(4) 現金日記帳和銀行存款日記帳的余額與總帳的庫存現金和銀行存款帳戶的余額應核對相符。

(5) 會計部門財產物資總帳、明細帳的期末余額與財產物資保管和使用部門的總帳、明細帳的期末余額應核對相符。

3. 帳實核對

帳實核對，是指各種財產物資的帳面余額與貨幣資金、財產物資、債權債務的實際數額核對，做到帳實相符。帳實核對的主要內容包括：

(1) 現金日記帳的帳面余額，與現金實際庫存數每日終了應核對相符，不準以白條抵充現金或挪用現金。

(2) 銀行存款日記帳的帳面余額，定期（一般每月核對一次）與開戶銀行的對帳單核對。

(3) 各種財產物資，如原材料、庫存商品、固定資產等明細帳的帳面余額與財產物資保管部門或使用部門的實物數量核對。

(4) 各種債權、債務如應收帳款、應收票據、應付帳款、應付票據等明細帳的帳面余額，定期與有關往來單位或個人的債權、債務核對。

(二) 查找錯帳的方法

在對帳過程中，可能發生各種各樣的差錯。產生差錯的原因可能是重記、漏記、數字顛倒、數字錯位、數字記錯、科目記錯、借貸方向記反等，從而影響會計信息的正確性，如發現差錯，會計人員應及時查找並予以更正。常見的差錯查找方法有以下幾種：

1. 差數法

差數法是指按照錯帳的差數來查找錯帳的方法。主要用於查找借貸方有一方漏記的錯誤。例如，在記帳過程中只登記了經濟業務的借方或者貸方，漏記了另一方，從而形成試算平衡中借方合計數與貸方合計數不相等。如果借方金額遺漏，就會使該金額在貸方超出；如果貸方金額遺漏，則會使該金額在借方超出。對於這樣的差錯，可由會計人員通過回憶和與相關金額的記帳核對來查找。如會計憑證上記錄的是：

借：應交稅費——營業稅　　　　　　　　　　　　　5,250
　　　　——城市維護建設稅　　　　　　　　　　367.5
　　　　——個人所得稅　　　　　　　　　　　　500
　　　　——教育費附加　　　　　　　　　　　　157.5
　　貸：銀行存款　　　　　　　　　　　　　　　　　　6,275

若會計人員在記帳時漏記了城市維護建設稅367.5元，那麼在進行應交稅費總帳和明細帳核對時，就會出現總帳借方余額比明細帳借方余額多367.5元的現象。

2. 尾數法

所有帳戶的借方發生額合計數和貸方發生額的合計數的差額，看其尾數，乃至小數點以后的角或分的數字。對於發生的角、分的差錯可以只查找小數部分，以提高查錯的效率。如只差0.06元，只需看一下尾數有「0.06」的金額，看是否已將其登記入帳。

3. 二除法

二除法，是指以差數除以2來查找錯帳的方法。主要用於查找因數字記反方向而發生的錯帳。如在記帳時，有時由於會計人員疏忽，錯將應記入借方的數字誤記入了貸方，或將貸方金額登記到了借方，這必然會導致一方的合計數增大，而另一方的合計數減少，其差異數字恰好是記錯了方向數字的一倍，且差異數字必定是偶數。對於這種錯誤的檢查，可用差異數除以2，則其商數就可能是帳中記帳方向的反方向數字，然后再到帳簿中去查找與這個商數相同的數字，看其是否記錯了方向，即可找到錯帳的所在之處。如：

借：其他應收款——總務科　　　　　　　　　　　　500
　　貸：庫存現金　　　　　　　　　　　　　　　　　　　500

登記明細帳時，錯把其他應收款登記入貸方，總帳與明細帳核對時，就會出現總帳借方余額大於明細帳借方余額1,000元，將1,000元除以2，正好是貸方記錯的500元。

4. 九除法

九除法是指用對帳差額除以9來查找差錯的一種方法，主要適用於下列兩種錯誤的查找：

(1) 數字錯位。在查找錯誤時，如果差錯的數額較大，就應該檢查一下是否在記帳時發生了數字錯位。在登記帳目時，會計人員有時會把位數看錯，把十位數看成百位數，百位數看成千位數，把小數看大了；也可能把百位數看成十位，千位看成百位數，把大數看小了。這種情況下，差錯數額一般比較大，可以用九除法進行檢查。如將70元看成了700元並登記入帳，此時在對帳時就會出現余額差700-70=630（元），用630元除以9，商為70元，70元就是應該記錄的正確的數額。又如收入現金800元，誤記為80元，對帳結果會出現800-80=720（元）差值，用720元除以9，商為80元，商數即為差錯數。

(2) 相鄰數字顛倒錯誤的查找。在記帳時，有時易將相鄰的兩位數或三位數的數字登記顛倒了，如將86記成68，315記成了513，它們的差值分別是18和198，都可

以被 9 整除，這樣知道錯誤問題之后，進一步判斷錯在哪一筆業務上就可以了。

如果用上述方法檢查均未發現錯誤，而對帳結果又確實不符，還可以採用順查、逆查、抽查等方法檢查是否有漏記和重記等現象。順查法是指按帳務處理的順序，從憑證開始到帳簿記錄止從頭到尾進行普遍檢查的方法。逆查法是指與帳務處理順序相反，從尾到頭進行普遍的檢查方法。抽查法是指抽取帳簿記錄中某些局部進行檢查的方法。

三、結帳

(一) 結帳的意義

結帳是會計期末對帳簿記錄的總結工作。結帳就是把一定時期內所發生的經濟業務在全部登記入帳后，在會計期末結算出本期發生額合計數和期末餘額，將各帳戶餘額結清或轉至下期，使各帳戶記錄暫告段落的過程。結帳有利於及時正確地確定當期的經營成果，瞭解會計期間內的資產、負債、所有者權益的增減變化及其結果，同時為編製會計報表提供所需資料。會計分期一般實行日曆制，月末進行計算，季末進行結算，年末進行決算。結帳應於會計期末進行，按照結帳期間的不同，結帳可以分為月結、季結和年結。

(二) 結帳程序

結帳主要包括以下的基本程序：

(1) 檢查本期內日常發生的交易或事項是否已全部登記入帳，若發現漏帳、錯帳，應及時補記、更正。

(2) 在全面記帳的基礎上，按照權責發生制原則的要求，合理計算確定本期的應計費用和應計收入，編製帳項調整的會計分錄，並據以登記入帳。期末帳項調整包括以下幾個方面：

①成本類帳戶轉帳。為了正確計算產品成本，期末，「製造費用」應按企業成本核算的有關規定，分配計入有關成本核算對象，即將本帳戶本期發生額分配轉入「生產成本」帳戶；「生產成本」帳戶匯集的費用應在完工產品和在產品之間進行分配，計算出完工產品的生產成本，並通過本帳戶貸方轉入「庫存商品」帳戶借方。

②收入分攤和成本分攤的調整。收入分攤是指企業已經收取有關款項，但未完成或未全部完成銷售商品或提供勞務，需在期末按本期已完成的比例，分攤確認本期已實現收入的金額，並調整以前預收款項時形成的負債。如企業銷售商品預收定金、提供勞務預收佣金。在收到預收收入時，應借記「銀行存款」等科目，貸記「預收帳款」等科目；在以後提供商品或勞務、確認本期收入時，進行期末帳項調整，借記「預收帳款」等科目，貸記「主營業務收入」等科目。

成本分攤是指企業的支出已經發生、能使若干個會計期間受益，為正確計算各個會計期間的盈虧，將這些支出在其受益的會計期間進行分配。如企業已經支出，但應由本期和以後各期負擔的報刊費，在支付時，應借記「預付帳款」等科目，貸記「銀行存款」等科目；在會計期末進行帳項調整時，借記「管理費用」等科目，貸記「預

付帳款」等科目。

③應計收入和應計費用的調整。應計收入是指那些已在本期實現、因款項未收而未登記入帳的收入。企業發生的應計收入，主要是本期已經發生且符合收入確認標準，但尚未收到相應款項的商品或勞務。對於這類調整事項，應確認為本期收入，借記「應收帳款」等科目，貸記「主營業務收入」等科目；待以后收妥款項時，借記「庫存現金」「銀行存款」等科目，貸記「應收帳款」等科目。

應計費用是指那些已在本期發生、因款項未付而未登記入帳的費用。企業發生的應計費用，本期已經受益，如應付未付的借款利息等。由於這些費用已經發生，應當在本期確認為費用，確認時，借記「財務費用」等科目，貸記「應付利息」等科目；待以后實際支付款項時，借記「應付利息」等科目，貸記「庫存現金」「銀行存款」等科目。

（3）將損益類科目轉入「本年利潤」科目，結平所有損益類科目。期末將「主營業務收入」「其他業務收入」「營業外收入」等收入類帳戶的本期發生額合計數轉入「本年利潤」帳戶的貸方；同時，將「主營業務成本」「其他業務成本」「管理費用」「財務費用」「銷售費用」「營業稅金及附加」「營業外支出」「所得稅費用」等支出類帳戶的本期發生額合計數轉入「本年利潤」帳戶的借方，並計算本期利潤。

（4）在本期全部經濟業務登記入帳的基礎上，結算出所有資產、負債和所有者權益類帳戶的本期發生額和期末餘額，並結轉下期，作為下期的期初餘額。

（三）結帳方法

1. 日結或月結

日結或月結，是在每日或每月終了進行的結帳工作。日結或月結時，應在該日或該月最后一筆經濟業務下面劃一條通欄單紅線，在紅線下「摘要」欄內註明「本日合計」或「本月合計」「本月發生額及餘額」字樣，在「借方」「貸方」或「餘額」欄分別填入本日、本月合計數和月末餘額，同時在「借或貸」欄內註明借貸方向，如無餘額，應在「借或貸」欄內登記「平」字，在「餘額」欄中註明「0」。然后，在這一行下面再劃一條通欄單紅線，以便與下日、下月發生額劃清。

2. 季結

季結，是在每季終了進行的結帳工作。季結時，通常在每季度的最后一個月月結的下一行，在「摘要」欄內註明「本季合計」或「本季度發生額及餘額」，同時結出借、貸方發生額及季末餘額。然后，在這一行下面劃一條通欄單紅線，表示季結的結束。

3. 年結

年結，是在每年終了進行。年結時，在12月份月結或第四季度季結的下一行，在「摘要」欄註明「本年合計」或「本年發生額及餘額」，同時結出借、貸方發生額及期末餘額。然后，在這一行下面劃上通欄雙紅線。

4. 年度終了，各個帳戶都需要平衡

平衡的方法是：將年初借方或貸方余額記入「本年發生額及余額」欄的下一行借

方或貸方欄內，並在「摘要」欄內註明「上年余額」字樣，同時將本年年末余額記入「上年余額」下一行的貸方或借方欄內，並在「摘要」欄內註明「結轉下年」字樣；然后，在「結轉下年」數字下面劃通欄單紅線，將借、貸雙方數字加計總數，列入紅線下一欄的借方或貸方，並在「摘要」欄內註明「總計」字樣；最后，在「總計」數字下面劃通欄雙紅線，表示雙方平衡和年度結帳工作的結束。

5. 更換新帳

年度結帳后，總帳和日記帳應當更換新帳，明細帳一般也應更換。但有些明細帳，如固定資產明細帳等可以連續使用，不必每年更換。年終時，要把各帳戶的余額結轉到下一會計年度，只在摘要欄註明「結轉下年」字樣，結轉金額不再抄寫。如果帳頁的「結轉下年」行以下還有空行，應當自余額欄的右上角至日期欄的左下角用紅筆劃對角斜線註銷。在下一會計年度新建有關會計帳簿的第一行余額欄內填寫上年結轉的余額，並在摘要欄註明「上年結轉」或「年初余額」字樣。年末余額轉入新帳，不必填製記帳憑證。

另外，對於需要反應年初至各月末累計發生額的某些帳戶，應在月結或季結的下面，結算出年初至本月末的累計發生額，在「摘要」欄中註明「本年累計」字樣，並在下面劃一條通欄單紅線，12月末的「本年累計」就是全年累計發生額，全年累計發生額下通欄劃雙紅線。

第四節　帳簿的登記和使用規則

一、帳簿的啓用規則

啓用會計帳簿時，應當在帳簿封面上寫明單位名稱和帳簿名稱。在帳簿扉頁上應當附啓用表，其內容包括：啓用日期、帳簿冊數、帳簿頁數、記帳人員和會計機構負責人、會計主管人員姓名，並加蓋姓名章和單位公章。

記帳人員或會計機構負責人、會計主管人員調動工作時，應當註明交接日期、接辦人員或監交人員姓名，並由交接雙方人員簽名或蓋章。

啓用訂本式帳簿，應當按順序編訂的頁數使用，不得跳頁、缺號。使用活頁式帳頁，應當按帳頁順序編號，並定期裝訂成冊。年度終了，再按實際使用的帳頁順序編定頁碼，另加帳戶目錄，標明每個帳戶的名稱和頁次。

二、帳簿的登記規則

中國《會計法》第十六條規定，各單位發生的各項經濟業務應當在依法設置的會計帳簿上統一登記、核算，不得違反本法和國家統一會計制度的規定私設會計帳簿登記、核算。會計人員應當根據審核無誤的會計憑證登記會計帳簿。登記帳簿時，應符合以下基本要求：

（1）登記帳簿時，應當將會計憑證日期、編號、業務內容摘要、金額和其他有關

資料逐項記入帳內，做到數字準確、摘要清楚、登記及時、字跡工整。

（2）登記完畢后，要在記帳憑證上簽名或蓋章，並註明已經登帳的符號，表示已經記帳。

（3）帳簿中書寫的文字和數字上面要留有適當空格，不要寫滿格，一般應占格距的1/2。書寫阿拉伯數字，字體要自右上方斜向左下方，有傾斜度。

（4）登記帳簿要用藍黑墨水或碳素墨水書寫，不得使用圓珠筆（銀行的復寫帳簿除外）或鉛筆書寫，紅色墨水書寫只能在下列情況下使用：

①結帳、更正錯帳、沖銷錯誤記錄；

②在不設借或貸欄的多欄式帳頁中，登記減少數；

③在三欄式帳戶的余額欄前，如未印明余額方面的，在余額欄內登記負數余額；

④根據國家統一會計制度的規定可以用紅字登記的其他會計記錄。

（5）各種帳簿應按頁次順序連續登記，不得跳行、隔頁。如果發生跳行、隔頁，應當將空行、空頁自金額欄的右上角向左下角用紅筆劃一條對角斜線註銷，同時在摘要欄內註明「此行空白」或「此頁空白」字樣，並由會計人員和會計機構負責人（會計主管人員）壓線蓋章。

（6）凡需要結出余額的帳戶，結出余額后，應當在「借或貸」欄內寫明「借」或「貸」字樣。沒有余額的帳戶，應當在「借或貸」欄內寫明「平」字，並在余額欄內元位上用「0」表示。現金日記帳和銀行存款日記帳必須逐日結出余額。

（7）每一帳頁登記完畢結轉下頁時，應當結出本頁合計數及余額，寫在本頁最后一行和下頁第一行有關欄內，並在摘要欄內註明「過次頁」和「承前頁」字樣。

（8）實行會計電算化的單位，總帳和明細帳應當定期打印。

三、錯帳更正的方法

在記帳過程中，有時會由於各種原因造成帳簿的記錄發生錯誤。如果是帳簿記錄發生的錯誤，不準塗改、挖補、刮擦或用藥水消除字跡，不準重新抄寫，必須按照規定的方法進行更正。錯帳更正的方法有：劃線更正法、紅字更正法和補充登記法。

1. 劃線更正法

劃線更正法適用於在結帳前發現帳簿記錄中文字、數字錯誤，而其所依據的記帳憑證正確無誤的情況。

更正錯誤的具體方法是：先在錯誤的文字或數字上劃一條紅線予以註銷，但必須使原有的文字或數字字跡仍可辨認，以備查考；然后在劃線的上方用藍字填寫正確的文字或數字，並由會計人員和會計機構負責人在更正處蓋章，以明確責任。

對於錯誤的數字，應當全部劃線更正，不得只更正其中的錯誤數字。例如：記帳員李三在登記「管理費用」帳戶時，誤將4,725.64寫成4,752.64，更正時，應將錯誤數字4,752.64全部用紅線劃銷，然后在其上方記寫4,725.64，而不能只將其中的「52」改為「25」。對於文字錯誤，可以只在錯誤的文字上劃線註銷，在其上方空白處填上正確的文字。在帳簿上用劃線更正法更正金額的方法如下：

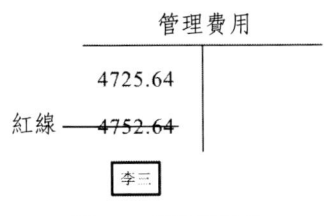

```
                    管理費用
                    ┌─────────────
                    │ 4725.64
          紅線 ─── 4752.64
                    │
                   ┌───┐
                   │李三│
                   └───┘
```

圖 5-1　劃線更正法

2. 紅字更正法

紅字更正法一般適應於以下兩種情況：

（1）記帳以後，如果發現記帳憑證中的會計科目名稱錯誤，或應借、應貸方向錯誤，或科目和金額同時錯誤，進而造成帳簿記錄錯誤，可採用紅字更正法予以更正。

對於帳簿記錄錯誤，其更正方法是：應先用紅字金額填寫一張與原錯誤記帳憑證完全相同的記帳憑證，並在摘要欄內註明「註銷×年×月×日×字×號憑證的錯誤」，並據以用紅字金額登記入帳，以沖銷原有的錯誤記錄；然后用藍字金額填製一張正確的記帳憑證，在摘要欄內註明「更正×年×月×日×字×號憑證」，並據以用藍字金額登記入帳。舉例如下：

職工張勇出差預借差旅費1,000元，以現金支付。填製記帳憑證時，誤記為：

借：管理費用　　　　　　　　　　　　　　　　1,000
　　貸：庫存現金　　　　　　　　　　　　　　　　　　　1,000　　①

並已登記入帳。當發現這一記帳錯誤時，應先用紅字金額填寫一張與上述記帳憑證相同的記帳憑證，其會計分錄如下：

借：管理費用　　　　　　　　　　　　　　　　|1,000|
　　貸：庫存現金　　　　　　　　　　　　　　　　　　|1,000|　②

然后用藍字金額填製一張正確的記帳憑證，其會計分錄如下：

借：其他應收款——張勇　　　　　　　　　　　1,000
　　貸：庫存現金　　　　　　　　　　　　　　　　　　　1,000　　③

同時將②、③兩張記帳憑證中的會計分錄登入相應的帳簿中。在帳簿中用紅字更正法更正記帳憑證中的記帳錯誤如下：

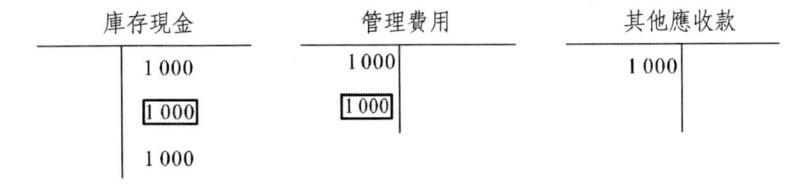

```
   庫存現金            管理費用           其他應收款
   1 000              1 000              1 000
  |1 000|            |1 000|
   1 000
```

圖 5-2　紅字更正法（1）

（2）記帳以後，如果發現記帳憑證中應借、應貸科目正確無誤，只是所記金額大於應記金額，並已過帳；或者記帳憑證完全正確，只是登帳時發生筆誤，使得錯誤金額大於正確金額，且已結帳，均應採用紅字更正法予以更正。

具體更正方法是：將多記的金額，用紅字填製一張與原錯誤憑證的記帳方向、會計科目完全相同的記帳憑證，並在摘要欄註明「沖銷×年×月×日×字×號憑證多記金額」，並據以用紅字金額登記入帳。舉例如下：

某企業銷售甲產品取得收入 5,000 元，暫未收到貨款（假設不考慮相關稅費）。填製記帳憑證時，誤記為：

借：應收帳款　　　　　　　　　　　　　　　　50,000
　貸：主營業務收入　　　　　　　　　　　　　　　50,000　　④

並已登記入帳。更正時，將多記金額 45,000 元用紅字金額填製如下記帳憑證：

借：應收帳款　　　　　　　　　　　　　　　　|45,000|
　貸：主營業務收入　　　　　　　　　　　　　　|45,000|　　⑤

同時將記帳憑證⑤登入相應的帳簿中。在帳簿中用紅字更正法沖銷多記金額的登記如下：

主營業務收入	應收帳款
50 000	50 000
	45 000		45 000	

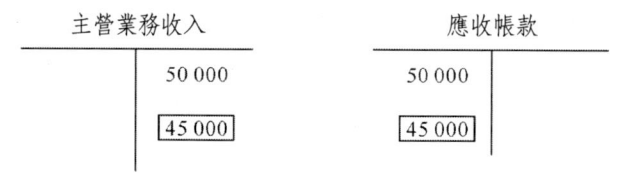

圖 5-3　紅字更正法（2）

3. 補充登記法

補充登記法是指對原記帳憑證記錄中少記的金額予以補充登記的一種方法。適用於記帳以後，發現記帳憑證中應借、應貸科目正確無誤，只是所記金額少於正確金額，並已過帳；或者記帳憑證完全正確，只是登帳時發生筆誤，導致所記金額少於正確金額，且已結帳，均可採用補充登記法予以更正。

具體更正方法是：將少記的金額，用藍字填製一張與原記帳憑證的記帳方向、會計科目相同的記帳憑證，並在摘要欄註明「補充×年×月×日×字×號憑證少記金額」，並據以登記入帳。舉例如下：

企業本月辦公室固定資產應提取折舊費為 6,500 元。填製記帳憑證時，誤記為：

借：管理費用　　　　　　　　　　　　　　　　5,600
　貸：累計折舊　　　　　　　　　　　　　　　　　5,600　　⑥

並已登記入帳。更正時，只需填製一張與原記帳憑證的記帳方向、會計科目相同、金額為 900 元的藍字記帳憑證，並據以登記入帳即可。

借：管理費用　　　　　　　　　　　　　　　　900
　貸：累計折舊　　　　　　　　　　　　　　　　　900

累計折舊	管理費用
5 600	5 600
900	900

圖 5-4　補充登記法

四、帳簿的更換與保管規則

1. 帳簿的更換規則

為了保證帳簿記錄的連續性，在每一會計年度結束，新的會計年度開始時，應按會計準則的規定進行帳簿的更換。

更換新帳時，應將舊帳簿各帳戶的余額直接記入新帳簿有關帳戶新帳頁第一頁第一行的「余額」欄內，並在摘要欄註明「上年結轉」或「年初余額」字樣，不必填製記帳憑證。

總分類帳、日記帳和大部分明細分類帳必須每年更換一次；只有少部分明細分類帳，如固定資產明細帳，不必每年更換，可以跨年使用。但需在摘要欄中註明「結轉下年」的字樣。

2. 帳簿的保管規則

帳簿同會計憑證一樣，都是重要的會計檔案，因而都應按照規定妥善保管。正在使用的帳簿應由經管帳簿的有關人員負責保管，保證其安全、完整。年度終了的舊帳，會計機構可保管一年，期滿后應裝訂成冊或封扎，加齊封面后統一編號，交檔案室統一由專人保管。現金和銀行存款日記帳的保管期限為 25 年，總帳、明細帳、輔助帳簿及其他日記帳的保管期限為 15 年，固定資產卡片帳在固定資產報廢清理后應保管 5 年。保管期滿以后，應按照規定的審批程序報經批准，才能銷毀。

本章小結

會計帳簿是以審核無誤的會計憑證為依據，用以全面、系統、連續、分類記錄各項經濟業務的簿籍，它是由具有一定專門格式、相互聯繫的若干帳頁所組成。為了把分散記錄在會計憑證上的大量的經濟信息加以分類歸集，並為經營管理提供系統、完整的核算資料，任何單位都必須設置和登記帳簿。設置和登記帳簿是會計核算的專門方法之一，是對會計憑證的歸集，也是編製會計報表的基礎。因此，會計帳簿是連接會計憑證和會計報表的中間環節。

會計帳簿按用途不同，可分為序時帳簿、分類帳簿和備查帳簿；按外表形式不同可分為訂本式帳簿、活頁式帳簿和卡片式帳簿。各種帳簿相互聯繫、相互制約形成一個完整的帳簿體系。企業、事業等單位都要按照自己的業務特點和經營管理的需要設置帳簿。

日記帳可以用來記錄全部經濟業務的完成情況，也可以用來連續記錄某一類經濟業務的完成情況。為了逐日反應現金和銀行存款的收付情況，一般來說，各單位都應設置現金日記帳和銀行存款日記帳等特種日記帳。

總分類帳是根據總分類科目開設帳戶，用來登記全部經濟業務，進行總分類核算，提供總括核算資料的分類帳簿。總分類帳所提供的核算資料，是編製會計報表的主要依據，任何單位都必須設置總分類帳簿。總分類帳一般採用訂本式帳簿，帳頁格式一般採用「借方」「貸方」「余額」三欄式。明細分類帳是按照明細分類帳戶設置，用來

詳細記錄經濟業務的帳簿。它既可以反應資產、負債、所有者權益、收入、費用等具體項目金額的變動情況，也可以反應實物數量的增減變化。其所提供的詳細核算資料，是對總分類帳的詳細反應和補充說明，也是編製會計報表的依據。明細分類帳的帳頁格式根據不同的經濟內容和管理要求採用不同的格式，主要有「三欄式」「數量金額式」和「多欄式」。明細分類帳的帳頁一般採用活頁式，有的也採用卡片式（如固定資產明細帳）。總分類帳和明細分類帳之間的關係，通過平行登記得以體現。總分類帳和明細分類帳的平行登記具有同時登記、依據相同、方向一致、金額相等的要點。總分類帳戶和所屬明細分類帳戶之間的數字相等關係，可用以檢查總分類帳戶和所屬明細分類帳戶記錄的完整性和準確性。

會計帳簿是重要的會計檔案，因此，企業必須按照中國《會計法》和《會計基礎工作規範》等法規、制度的規定使用、登記和更正帳簿。同時還必須對帳簿記錄進行定期對帳和結帳。

思考題

1. 設置和登記帳簿對會計核算有何意義？
2. 什麼是對帳？對帳包括哪些內容？
3. 簡述總分類帳與明細分類帳的關係以及平行登記的要點。
4. 錯帳更正的方法有幾種？它們的適用範圍如何？
5. 簡述帳簿登記的基本要求。
6. 簡述月結和年結的方法。

練習題

一、單項選擇題

1. 下列情況不可以用紅色墨水記帳的是（　　）。
    A. 沖帳的記帳憑證，沖銷錯誤記錄
    B. 在不設借或貸欄的多欄式帳頁中，登記減少數
    C. 在三欄式帳戶的余額欄前，印明余額方向的，在余額欄內登記負數余額
    D. 在三欄式帳戶的余額欄前，未印明余額方向的，在余額欄內登記負數余額
2. 能夠總括反應企業某一經濟業務增減變動的會計帳簿是（　　）。
    A. 總分類帳　　　B. 兩欄式帳　　　C. 備查帳　　　D. 序時帳
3. 對帳時，帳帳核對不包括（　　）。
    A. 總帳各帳戶的余額核對　　　B. 總帳與明細帳之間的核對
    C. 總帳與備查帳之間的核對　　　D. 總帳與日記帳的核對
4. 登記帳簿時，正確的做法是（　　）。
    A. 文字或數字的書寫必須占滿格

B. 書寫可以使用藍黑墨水、圓珠筆或鉛筆

C. 用紅字沖銷錯誤記錄

D. 發生的空行、空頁一定要補充書寫

5. 下列說法中不正確的是（　　）。

　　A. 凡需要結出餘額的帳戶，結出餘額後，應當在「借或貸」欄內寫明「借」或者「貸」等字樣

　　B. 沒有餘額的帳戶，應當在「借或貸」欄內寫「—」，並在餘額欄內用「0」表示

　　C. 現金日記帳必須逐日結出餘額

　　D. 銀行存款日記帳必須逐日結出餘額

6. 按照（　　）可以把帳簿分為序時帳簿、分類帳簿和備查帳簿。

　　A. 帳戶用途　　B. 帳頁格式　　C. 外形特徵　　D. 帳簿的性質

7. 銀行存款日記帳是根據（　　）逐日逐筆登記的。

　　A. 銀行存款收、付款憑證　　B. 轉帳憑證

　　C. 庫存現金收款憑證　　D. 銀行對帳單

8. 在中國，總分類帳要選用（　　）。

　　A. 活頁式帳簿　　B. 自己認為合適的帳簿

　　C. 卡片式帳簿　　D. 訂本式帳簿

9. 下列項目中，（　　）是連接會計憑證和會計報表的中間環節。

　　A. 複式記帳　　B. 設置會計科目和帳戶

　　C. 設置和登記帳簿　　D. 編製會計分錄

10. 下列不可以作為總分類帳登記依據的是（　　）。

　　A. 記帳憑證　　B. 科目匯總表

　　C. 匯總記帳憑證　　D. 明細帳

11. 下列應該使用多欄式帳簿的是（　　）明細帳。

　　A. 應收帳款　　B. 管理費用

　　C. 庫存商品　　D. 原材料

12. 下列不採用訂本式帳簿的是（　　）。

　　A. 總分類帳　　B. 現金日記帳

　　C. 銀行存款日記帳　　D. 固定資產明細帳

13. 更正錯帳時，劃線更正法的適用範圍是（　　）。

　　A. 記帳憑證上會計科目或記帳方向錯誤，導致帳簿記錄錯誤

　　B. 記帳憑證正確，在記帳時發生錯誤，導致帳簿記錄錯誤

　　C. 記帳憑證上會計科目或記帳方向正確，所記金額大於應記金額，導致帳簿記錄錯誤

　　D. 記帳憑證上會計科目或記帳方向正確，所記金額小於應記金額，導致帳簿記錄錯誤

14. 下列說法不正確的是（　　）。

A. 出納人員主要負責登記現金日記帳和銀行存款日記帳

B. 現金日記帳由出納人員根據現金的收、付款憑證，逐日逐筆順序登記

C. 銀行存款日記帳應該定期或者不定期與開戶銀行提供的對帳單進行核對，每月至少核對三次

D. 現金日記帳和銀行存款日記帳，應該定期與會計人員登記的現金總帳和銀行存款總帳核對

15. 下列不適於建立備查帳的是（　　）。

A. 租入的固定資產　　　　　　B. 應收票據

C. 受託加工材料　　　　　　　D. 購入的固定資產

二、多項選擇題

1. 帳證核對指的是核對會計帳簿記錄與原始憑證、記帳憑證的（　　）是否一致，記帳方向是否相符。

A. 時間　　　B. 憑證字號　　　C. 內容　　　D. 金額

2. 下列原因導致的錯帳應該採用紅字更正法更正的是（　　）。

A. 記帳憑證沒有錯誤，登記帳簿時發生錯誤

B. 記帳憑證的會計科目錯誤

C. 記帳憑證的應借、應貸的會計科目沒有錯誤，所記金額大於應記金額

D. 記帳憑證的應借、應貸的會計科目沒有錯誤，所記金額小於應記金額

3. 可採用三欄式明細分類帳核算的是（　　）。

A. 庫存商品　　B. 應收帳款　　C. 管理費用　　D. 實收資本

4. 出納人員可以登記和保管的帳簿是（　　）。

A. 現金日記帳　　　　　　　　B. 銀行存款日記帳

C. 現金總帳　　　　　　　　　D. 銀行存款總帳

5. 下列屬於帳實核對的是（　　）。

A. 現金日記帳帳面余額與現金實際庫存數的核對

B. 銀行存款日記帳帳面余額與銀行對帳單的核對

C. 財產物資明細帳帳面余額與財產物資實存數額的核對

D. 應收、應付款明細帳帳面余額與債務、債權單位核對

6. 下列屬於序時帳的是（　　）。

A. 現金日記帳　　　　　　　　B. 銀行存款日記帳

C. 應收帳款明細帳　　　　　　D. 主營業務收入明細帳

7. 下列關於會計帳簿的更換和保管正確的有（　　）。

A. 總帳、日記帳和多數明細帳每年更換一次

B. 變動較小的明細帳可以連續使用，不必每年更換

C. 備查帳不可以連續使用

D. 會計帳簿由本單位財務會計部門保管半年後，交由本單位檔案管理部門保管

8. 下列需要劃雙紅線的是（　　）。
   A. 在「本月合計」的下面
   B. 在「本年累計」的下面
   C. 在 12 月末的「本年累計」的下面
   D. 在「本年合計」的下面
9. 下列可以作為庫存現金日記帳借方登記依據的是（　　）。
   A. 庫存現金收款憑證　　　　B. 庫存現金付款憑證
   C. 銀行存款收款憑證　　　　D. 銀行存款付款憑證
10. 下列可以用三欄式帳簿登記的是（　　）。
    A. 總帳　　　B. 現金日記帳　　　C. 應收帳款　　　D. 實收資本
11. 現金日記帳屬於（　　）。
    A. 特種日記帳　　B. 普通日記帳　　C. 訂本帳　　D. 活頁帳
12. 下列屬於錯帳更正方法的是（　　）。
    A. 查帳法　　B. 劃線更正法　　C. 紅字更正法　　D. 補充登記法
13. 對帳工作主要包括（　　）。
    A. 帳證核對　　B. 帳帳核對　　C. 帳實核對　　D. 帳表核對
14. 對於劃線更正法，下列說法正確的是（　　）。
    A. 劃紅線註銷時必須使原有字跡仍可辨認
    B. 對於錯誤的數字，應當全部劃紅線更正，不得只更正其中的錯誤數字
    C. 對於文字錯誤，可只劃去錯誤的部分
    D. 對於錯誤的數字，可以只更正其中的錯誤數字
15. 必須逐日結出余額的帳簿是（　　）。
    A. 現金總帳　　　　　　　　B. 銀行存款總帳
    C. 現金日記帳　　　　　　　D. 銀行存款日記帳
16. 按照帳頁格式的不同，會計帳簿分為（　　）。
    A. 兩欄式帳簿　　　　　　　B. 三欄式帳簿
    C. 數量金額式帳簿　　　　　D. 多欄式帳簿
17. 不同類型經濟業務的明細分類帳可根據管理需要，依據（　　）逐日逐筆登記或定期登記。
    A. 記帳憑證　　B. 科目匯總表　　C. 原始憑證　　D. 匯總原始憑證
18. 帳頁包括的內容是（　　）。
    A. 帳戶名稱　　　　　　　　B. 記帳憑證的種類和號數
    C. 摘要欄　　　　　　　　　D. 總頁次和分戶頁次
19. 帳簿按照外形特徵可以分為（　　）。
    A. 訂本式帳簿　　B. 備查帳簿　　C. 活頁式帳簿　　D. 卡片式帳簿
20. 下列適合採用多欄式明細帳格式核算的是（　　）。
    A. 原材料　　B. 製造費用　　C. 生產成本　　D. 庫存商品

三、判斷題

1. 新舊帳有關帳戶之間轉記余額，不必編製記帳憑證。（　）
2. 登記帳簿要用藍黑墨水或者碳素墨水書寫，絕對不得使用圓珠筆或者鉛筆書寫。
（　）
3. 企業的序時帳簿和分類帳簿必須採用訂本式帳簿。（　）
4. 期末對帳時，也包括帳證核對，即會計帳簿記錄與原始憑證、記帳憑證的時間、憑證字號、內容、金額是否一致，記帳方向是否相符。（　）
5. 登記帳簿時，發生的空行、空頁一定要補充書寫，不得註銷。（　）
6. 年末結算時，應當在全年累計發生額下面劃通欄的雙紅線。（　）
7. 由於編製的記帳憑證會計科目錯誤，導致帳簿記錄錯誤，更正時，可以將錯誤的會計科目劃紅線註銷，然后，在劃線上方填寫正確的會計科目。（　）
8. 所有的明細帳，年末時都必須更換。（　）
9. 結帳時，沒有余額的帳戶，應當在「借或貸」欄內用「0」表示。（　）
10. 固定資產明細帳不必每年更換，可以連接使用。（　）
11. 任何單位，對帳工作應該每年至少進行一次。（　）
12. 為便於管理，「應收帳款」「應付帳款」的明細帳必須採用多欄式明細分類帳格式。（　）

四、業務題

（一）1. 目的：練習現金日記帳的登記方法。

2. 資料：新華公司 2010 年 3 月初「庫存現金」帳戶借方余額 300 元，3 月份發生現金收、付業務如下：

（1）2 日，以現金購入文印用紙款 250 元。

（2）5 日，出納員從銀行提取現金 2,800 元，備用（假設為第一筆銀行提款）。

（3）6 日，以現金 300 元支付辦公用品費。

（4）10 日，以現金支付市內材料採購運雜費 60 元。

（5）15 日，從銀行存款提取現金 28,000 元，備發職工工資（假設為第十筆銀行提款）。

（6）15 日，以現金 28,000 元，發職工工資。

（7）19 日，李新預借差旅費 1,000 元，以現金付訖。

（8）30 日，李新報銷差旅費 900 元，退回現金 100 元，結清預借款。

3. 要求：編製記帳憑證（以會計分錄代替，並標明憑證字號），根據收付款憑證登記三欄式現金日記帳，結出收付發生額及余額。

（二）1. 目的：練習總分類帳及其所屬明細分類帳的登記方法。

2. 資料：2010 年 1 月 1 日，S 公司「原材料」和「應付帳款」總分類帳戶及其所屬的明細分類帳戶的余額如下：

（1）「原材料」總帳帳戶為借方余額 65,000 元，其所屬明細帳戶結存情況為：

①「甲材料」明細帳戶，6,000 千克，單價 10 元，計 60,000 元；
②「乙材料」明細帳戶，1,000 千克，單價 5 元，計 5,000 元。
(2)「應付帳款」總帳帳戶為貸方餘額 43,300 元，其所屬明細帳戶餘額為：
① T 公司，貸方餘額 23,800 元；
② W 公司，貸方餘額 19,500 元。
2010 年 1 月份，企業發生的與「原材料」和「應付帳款」有關的交易或事項如下：
(1) 2 日，生產車間為生產產品領用甲材料，2,000 千克，單價 10 元，金額 20,000 元；領用乙材料 400 千克，單價 5 元，金額 2,000 元。
(2) 6 日，向 T 公司購入甲材料 4,000 千克，單價 10 元，計 40,000 元，已驗收入庫，貨款未付。
(3) 20 日，向 W 公司購進乙材料 4,000 千克，單價 5 元，計 20,000 元，已驗收入庫，貸款未付。
(4) 26 日，以銀行存款償付前欠 T 工廠的貨款 20,000 元，W 工廠貸款 30,000 元。
3. 要求：根據上述交易或事項編製相應會計分錄，並登記「原材料」和「應付帳款」總帳帳戶及其所屬的明細帳戶。

(三) 1. 目的：練習錯帳的更正方法。
2. 資料：某企業 2010 年 6 月底結帳時發現下列幾筆錯帳：
(1) 6 月 10 日，生產 A 產品領用材料一批，計 15,000 元。編製的記帳憑證為：
借：生產成本　　　　　　　　　　　　　　　　　　　　1,500
　貸：原材料　　　　　　　　　　　　　　　　　　　　　1,500
(2) 6 月 30 日，分配結轉本月發生的製造費用 6,800 元。編製的記帳憑證為：
借：生產成本　　　　　　　　　　　　　　　　　　　　8,600
　貸：製造費用　　　　　　　　　　　　　　　　　　　　8,600
(3) 6 月 30 日，預提應由本月負擔的銀行借款利息 500 元。編製的記帳憑證為：
借：管理費用　　　　　　　　　　　　　　　　　　　　　500
　貸：應付利息　　　　　　　　　　　　　　　　　　　　　500
(4) 6 月 30 日，結轉本月完工產品生產成本 65,000 元。編製的記帳憑證為：
借：庫存商品　　　　　　　　　　　　　　　　　　　　65,000
　貸：生產成本　　　　　　　　　　　　　　　　　　　　65,000
但在登記總帳時，誤記為 56,000 元。
3. 要求：根據上述資料，區別錯帳性質，採用適當的方法予以更正。

第六章 製造業主要經濟業務的核算

相對於其他行業而言，製造企業的經濟活動更為複雜多樣，更為完整，因而，本章我們將以製造企業為對象，學習一個完整的生產、經營的會計核算過程。

一個製造企業為了組織生產經營活動，第一，必須通過一定的籌資渠道籌集資金滿足生產經營的需要；第二，將籌集的資金用於購置各種物質生產條件，如建造廠房、購買機器設備、購買材料等；第三，組織產品生產；第四，銷售產品，取得收入；第五，實現利潤並對利潤進行分配；第六，將未分配的利潤再次投入到生產經營中。可見，籌資、採購、生產、銷售以及利潤形成及分配這五個環節在製造企業的經營過程中不斷地重複循環，我們將這一過程稱為企業的經濟業務循環。

因此，本章對製造企業的經濟業務循環的會計核算在內容上就包括：籌資業務核算、採購業務核算、生產業務核算、銷售業務核算以及財務成果的核算。

第一節 資金籌集業務的核算

企業的成立，首先必須籌集到所需要的資金。企業籌集資金的方式按照籌資渠道可以分為股權籌資和債務籌資。其中，股權籌資是指企業所有者投入的資本，它是企業的永久性資本，承擔企業經營風險的同時，也享有經營收益的分配。債務籌資是指企業向債權人借入的資本，如向銀行的貸款等，這部分資本具有明確的還本付息期限，到期必須予以償還，並受法律保護。下面簡要說明兩種主要籌資業務的核算。

一、資金籌集業務核算的內容

資金籌集業務的核算主要包括所有者投入資本的核算和債權人投入資本的核算兩部分內容。

根據《中華人民共和國公司法》規定，為了使企業具備與其生產經營相適應的資金數額，保證企業從事生產經營活動的需要，作為企業的所有者，必須向企業投入一定的資本金。資本金是指企業在工商行政管理部門登記的註冊資本。設立企業必須達到法定規定的註冊資本的最低限額。資本金按照投資主體的不同可分為國家資本金、法人資本金、個人資本金和外商資本金等。投資者按照企業章程或合同、協議的規定，實際投入企業的資本，就是企業的實收資本（股份公司為股本）。投資者可以用貨幣資金出資，也可以用實物資產、無形資產等可以用貨幣估價並可以依法轉讓的非貨幣財產作價出資；但是，法律、行政法規規定不得作為出資的財產除外。

企業為了進行正常的生產經營活動，除了必須吸收所有者的投資外，還必須經常向銀行或其他非銀行的金融機構借款、通過發行債券、賒購貨物、推遲付款等方式籌集資金，這些資金均屬於債權人投入的資金，形成企業的負債。本節只介紹企業向銀行或其他非銀行的金融機構借入資金的核算。

二、投入資本的核算

投資者將資金投入企業，並成為企業的股東（或稱為投資者），進而可以參與企業的經營決策、並獲得企業盈利分配。企業吸收投資者的投資后，企業的資產增加了，同時投資者在企業中所享有的權益也增加了。

(一) 投入資本核算的帳戶設置

為了核算企業投入資本的經濟業務，應設置以下帳戶進行核算：

1.「實收資本/股本」帳戶

「實收資本」（股份公司為「股本」）帳戶，核算企業接受投資者投入的與企業註冊資本數額相同的資本的增減變動及其結存情況。該帳戶屬於所有者權益類帳戶，貸方登記企業實際收到的投資者投入的資本，以及按規定用資本公積、盈餘公積轉增資本金的數額；借方登記企業按法定程序報經批准減少的資本，平時一般沒有數額；期末餘額在貸方，反應企業實有的資本或股本總額。本帳戶可按投資者設置明細帳，進行明細分類核算。

企業收到投資者出資額超過其在註冊資本或股本中所占份額的部分，作為資本溢價或股本溢價，在「資本公積」帳戶中核算。

2.「資本公積」帳戶

「資本公積」帳戶，核算企業實際收到投資者出資額超出其在註冊資本或股本中所占份額以及直接計入所有者權益的利得和損失等。該帳戶屬於所有者權益類帳戶，貸方登記資本公積的增加數額；借方登記資本公積的減少數額；期末餘額在貸方，反應資本公積的結存數額。本帳戶可設置「資本溢價」或「股本溢價」「其他資本公積」明細帳，進行明細分類核算。

3.「庫存現金」帳戶

「庫存現金」帳戶，核算企業庫存現金的增減變動及其結存情況。該帳戶屬於資產類帳戶，借方登記庫存現金的增加數；貸方登記庫存現金的減少數；期末餘額在借方，反應企業持有的庫存現金。本帳戶一般不進行明細分類核算。

4.「銀行存款」帳戶

「銀行存款」帳戶，核算企業存入銀行或其他金融機構的各種款項的增減變動及其結存情況。該帳戶屬於資產類帳戶，借方登記銀行存款的增加數；貸方登記銀行存款的減少數；期末餘額在借方，反應企業存在銀行或其他金融機構的各種款項的實有數。本帳戶一般不進行明細分類核算。

5.「固定資產」帳戶

「固定資產」帳戶，核算企業固定資產原始價值（原價）的增減變動及其結存情

況。該帳戶屬於資產類帳戶，借方登記增加的固定資產的原始價值；貸方登記減少的固定資產的原始價值；期末余額在借方，反應企業現有固定資產的帳面原價。本帳戶可按固定資產類別和項目設置明細帳，進行明細分類核算。

6.「無形資產」帳戶

「無形資產」帳戶，核算企業無形資產成本的增減變動及其結存情況。無形資產包括專利權、非專利技術、商標權、著作權、土地使用權等。該帳戶屬於資產類帳戶，借方登記無形資產的增加；貸方登記無形資產的減少；期末余額在借方，反應企業無形資產的成本。本帳戶可按無形資產項目設置明細帳，進行明細分類核算。

(二) 投入資本的核算舉例

樂大公司是一個生產型企業，於 2010 年 1 月註冊成立，本月發生以下經濟業務：

[例6-1] 樂大公司註冊成立，接受中原公司投入現金 100 萬元，款項已通過銀行轉入；設備兩臺，價值 50 萬元；專利權一項，價值 10 萬元。

分析：設備屬於企業的固定資產，專利權屬於企業的無形資產。因此，這項經濟業務的發生，一方面引起企業的銀行存款、固定資產和無形資產的增加，「銀行存款」「固定資產」「無形資產」均屬於資產類帳戶，資產的增加，應記入對應「銀行存款」「固定資產」「無形資產」帳戶的借方；另一方面引起企業實收資本的增加，「實收資本」屬於所有者權益類帳戶，所有者權益的增加，應記入對應「實收資本」帳戶的貸方。因此，這筆業務應編製的會計分錄如下：

借：銀行存款　　　　　　　　　　　　　　　　　　　1,000,000
　　固定資產　　　　　　　　　　　　　　　　　　　　500,000
　　無形資產　　　　　　　　　　　　　　　　　　　　100,000
　貸：實收資本——中原公司　　　　　　　　　　　　1,600,000

[例6-2] 科華企業向樂大公司投入設備 3 臺，評估確認總價值為 210 萬元。科華企業投入資本占樂大公司註冊資本的總額為 200 萬元。

分析：科華企業作為企業的投資者，向企業投入的設備屬於企業的固定資產。這筆經濟業務的發生，一方面引起企業的固定資產增加了 2,100,000 元；另一方面引起企業的資本增加了 2,100,000 元。固定資產的增加是資產的增加，應記入對應「固定資產」帳戶的借方；資本的增加是所有者權益的增加，其中 2,000,000 元屬於企業的註冊資本，記入「實收資本」及其相關明細帳戶的貸方，超過註冊資本的 10 萬元應作為資本溢價，記入「資本公積」及其相關明細帳戶的貸方。應編製的會計分錄為：

借：固定資產　　　　　　　　　　　　　　　　　　　2,100,000
　貸：實收資本——科華企業　　　　　　　　　　　　2,000,000
　　　資本公積——資本溢價　　　　　　　　　　　　　100,000

三、借入資本的核算

企業自有資金不足以滿足企業經營活動的需要時，可以通過從銀行或其他金融機構借款的方式籌集資金，並按借款協議約定的利率承擔支付利息及到期歸還借款本金

的義務。企業借入的資本按照償還期限的長短可分為短期借款和長期借款。短期借款是指企業向銀行或其他金融機構借入的、償還期限在一年或超過一年的一個營業週期以內的各種借款，屬於流動負債的範疇。長期借款是指企業向銀行或其他金融機構借入的、償還期限在一年或超過一年的一個營業週期以上的各種借款，屬於非流動負債的範疇。企業借入資金時，一方面銀行存款增加，另一方面負債也相應增加。

(一) 帳戶設置

借入資本的核算包括借入資本的取得、償還和利息的核算。因而應設置以下帳戶進行核算。

1.「短期借款」帳戶

「短期借款」帳戶，用於核算企業向銀行或其他金融機構等借入的償還期限在一年（包含一年）或超過一年的一個營業週期以內的各種借款的取得、償還及結存情況。該帳戶屬於負債類帳戶，貸方登記取得的各種短期借款；借方登記歸還的各種短期借款；期末餘額在貸方，反應企業尚未償還的短期借款。本帳戶可按借款種類、貸款人和幣種設置明細帳，進行明細分類核算。

2.「長期借款」帳戶

「長期借款」帳戶，用於核算企業向銀行或其他金融機構借入的償還期限在一年或超過一年的一個營業週期以上的各種借款的取得、應付未付利息、本息償還及其結存情況。該帳戶屬於負債類帳戶，貸方登記取得的各種長期借款及其計算的應付未付的利息；借方登記償還的各種長期借款的本金和利息；期末餘額在貸方，反應企業尚未償還的長期借款的本金和利息。本帳戶可按貸款單位和貸款種類設置明細帳，進行明細分類核算。

3.「財務費用」帳戶

「財務費用」帳戶，用於核算企業為籌集生產經營所需資金等而發生的各項籌資費用，包括利息支出（減利息收入）、匯兌損益以及相關的手續費、企業發生的現金折扣或收到的現金折扣等。該帳戶屬於損益類（費用）帳戶，借方登記企業發生的利息支出、匯兌損失及相關的手續費；貸方登記利息收入、匯兌收益及期末自本帳戶轉入「本年利潤」帳戶的餘額；期末結轉后本帳戶無餘額。本帳戶可按費用項目設置明細帳，進行明細分類核算。

4.「應付利息」帳戶

「應付利息」帳戶，用於核算企業按照合同約定應支付的利息，包括吸收存款、分期付息到期還本的長期借款、企業債券等應支付的利息。該帳戶屬於負債類帳戶，貸方登記短期借款中按合同利率計算確定的應付未付的利息；借方登記實際支付的利息；期末餘額在貸方，反應企業短期借款中應付未付的利息。本帳戶可按存款人或債權人設置明細帳，進行明細分類核算。

(二) 借入資本的核算舉例

[例6-3] 樂大公司於 2010 年 1 月 1 日從工商銀行取得期限為 6 個月，利率為 6% 的借款 200,000 元，款項存入銀行。假設按借款合同規定，該借款的本息於 2010 年

7月1日借款到期時一次歸還。

①2010年1月1日，從工商銀行借入款項時。

分析：企業借入的期限為6個月的借款屬於企業的短期借款。企業取得短期借款時，一方面引起企業的銀行存款增加了200,000元；另一方面引起企業的短期借款增加了200,000元。銀行存款的增加是資產的增加，記入「銀行存款」帳戶的借方；短期借款的增加是負債的增加，記入「短期借款」及其相關明細帳戶的貸方。應編製的會計分錄為：

借：銀行存款　　　　　　　　　　　　　　　　　　　　200,000
　　貸：短期借款——工行　　　　　　　　　　　　　　　　200,000

②2010年1月31日，計提當月借款利息時。

分析：按照權責發生制基礎，企業借入短期借款的利息在借款使用期內應按月預提，到期支付。企業每月應計提的借款利息為：200,000×6%/12＝1,000元。每月末企業確認的應當歸屬於當月的借款利息費用時，應增加企業的財務費用，同時形成企業對銀行的一項負債。計提當月借款利息時，一方面引起企業的財務費用增加了1,000元；另一方面引起企業的應付利息增加了1,000元。財務費用的增加是費用的增加，記入「財務費用」帳戶的借方；應付利息的增加是負債的增加，記入「應付利息」帳戶的貸方。應編製的會計分錄為：

借：財務費用　　　　　　　　　　　　　　　　　　　　1,000
　　貸：應付利息——工行　　　　　　　　　　　　　　　　1,000

2、3、4、5、6月末計提借款利息時，作相同的會計處理。

③2010年7月1日，借款到期，歸還借款本息時。

分析：借款到期，企業應歸還到期短期借款本金200,000元，支付在借款使用期內各月末已計提的借款利息6,000（1,000×6）元，共計206,000元。2010年7月1日借款到期，支付借款本息時，一方面引起企業的銀行存款減少了206,000元；另一方面引起企業的短期借款減少了200,000元，應付利息減少了6,000元。短期借款的減少是負債的減少，記入「短期借款」及其相關明細帳戶的借方；應付利息的減少是負債的減少，記入「應付利息」帳戶的借方；銀行存款減少是資產的減少，記入「銀行存款」帳戶的貸方。應編製的會計分錄為：

借：短期借款——工行　　　　　　　　　　　　　　　　200,000
　　應付利息——工行　　　　　　　　　　　　　　　　　6,000
　　貸：銀行存款　　　　　　　　　　　　　　　　　　　206,000

［例6-4］ 樂大公司於2010年1月1日向建設銀行借入期限為3年，利率為9%，到期一次還本付息的借款100,000元，款項已存入銀行。假設本筆借款的本金與企業實際收到的借款金額相等。

①2010年1月1日，從建設銀行取得借款時。

分析：企業借入的期限為3年的借款屬於企業的長期借款。取得長期借款時，一方面引起企業的銀行存款增加了100,000元；另一方面引起企業的長期借款增加了100,000元。銀行存款的增加是資產的增加，記入「銀行存款」帳戶的借方；長期借款

的增加是負債的增加，記入「長期借款」及其相關明細帳戶的貸方。應編製的會計分錄為：

  借：銀行存款   100,000
   貸：長期借款——建行   100,000

② 2010年12月31日，計提當年借款利息時。

分析：按照權責發生制基礎，對於到期一次還本付息的長期借款，企業應在每年年末計算其借款利息。企業每年應計提的借款利息為：100,000×9%＝9,000元。每年年末企業確認的應當歸屬於當年的借款利息費用時，應增加企業的財務費用，同時形成企業對銀行的一項負債，增加企業的長期借款。年末，計提當年借款利息時，一方面引起企業的財務費用增加了9,000元；另一方面引起企業的長期借款增加了9,000元。財務費用的增加是費用的增加，記入「財務費用」帳戶的借方；長期借款的增加是負債的增加，記入「長期借款」及其相關明細帳戶的貸方。應編製的會計分錄為：

  借：財務費用   9,000
   貸：長期借款——建行   9,000

2011年年末和2012年年末，計提借款利息時，作相同會計處理。

③2013年1月1日，借款到期，歸還到期長期借款本息時。

借款到期，企業應歸還到期長期借款本金100,000元，支付在借款使用期內各年年末已計提的借款利息27,000（9,000×3）元，共計127,000元。2013年1月1日借款到期，歸還到期長期借款本息時，一方面引起企業的銀行存款減少了127,000元；另一方面引起企業的長期借款減少了127,000元。長期借款的減少是負債的減少，記入「長期借款」及其相關明細帳戶的借方；銀行存款減少是資產的減少，記入「銀行存款」帳戶的貸方。應編製的會計分錄為：

  借：長期借款——建行   127,000
   貸：銀行存款   127,000

第二節 採購業務的核算

一、材料採購業務核算的內容

企業籌集到資金后，就必須購入設備、廠房、材料、工（器）具等，以保證生產經營活動的正常進行。這些經濟資源大都是通過企業的供應過程完成的。設備、廠房屬於企業的固定資產，而中國的固定資產一般是通過基本建設或者專項採購完成的，所以，企業的供應過程一般是指材料物資等勞動對象的採購過程，供應過程的核算一般是指材料採購業務的核算。

材料物資的採購過程是指從上游供應商經訂貨、運輸、裝卸等到材料物資驗收入庫及支付貨款的全過程，其實質是通過材料物資採購形成企業的各種存貨。因此，材料採購過程核算的主要內容包括：材料實際採購成本的形成、材料的驗收入庫以及採

購過程中與供貨單位之間的款項結算等。

企業購入材料的採購成本，也稱實際成本，主要由材料的買價和採購費用構成。

（1）買價。買價是指企業購入材料的發票帳單上列明的價款。

（2）採購費用。採購費用是指企業在採購商品過程中發生的除買價和準予抵扣的增值稅以外的各項費用，包括運輸費、裝卸費、保險費、倉儲費、包裝費、運輸途中的合理損耗、入庫前的挑選整理費、企業應負擔的除準予抵扣的增值稅以外的各項稅費（如消費稅、關稅等）和其他費用。

對於增值稅一般納稅人隨貨款一併支付給供應單位的增值稅屬於價外稅，不應計入外購材料的採購成本。

企業日常發生的市內小額的運雜費和採購人員的差旅費，如果不是專門為某一批材料採購發生，或不是由專門的運輸、裝卸部門承接，而是由企業自己處理，按照重要性原則的要求，可以直接計入當期的管理費用，而不計入材料的採購成本；如果具有明確的材料採購批次，或是為幾批材料採購而由專門的運輸、裝卸部門承接並單獨付費，則應該計入對應批次材料的採購成本。

按照材料計價方法的不同，可將材料的核算分為按實際成本計價的核算和按計劃成本計價的核算。本章只介紹材料按實際成本計價的核算，材料按計劃成本計價的核算將在其他課程中介紹，此處不再贅述。

二、材料採購業務核算的帳戶設置

根據對材料採購業務核算的要求，在實際成本計價下，需要設置以下主要帳戶來進行會計核算。

(一)「在途物資」帳戶

「在途物資」帳戶，用於核算實際成本計價法下，企業購入的尚在途中或雖已運達但尚未驗收入庫的各種材料的實際成本，包括買價和採購費用。該帳戶屬於資產類帳戶，其借方登記購入材料的買價和採購費用；貸方登記已經驗收入庫而轉入「原材料」帳戶的材料的實際成本；期末餘額在借方，表示已經購入但尚未到達或尚未驗收入庫的在途材料的實際成本。本帳戶應當按照材料種類和供應單位設置明細帳，進行明細分類核算。

(二)「原材料」帳戶

「原材料」帳戶，用於核算企業庫存的各種材料（包括原料及主要材料、輔助材料、外購半成品、修理用備件、包裝材料、燃料等）的實際成本。該帳戶屬於資產類帳戶，其借方登記企業驗收入庫材料的實際成本；貸方登記企業因領用等原因而減少的材料（或發出材料）的實際成本；期末餘額在借方，反應企業庫存材料的實際成本。企業應當按照材料的保管地點（倉庫）、材料的類別、品種和規格等設置明細帳，進行明細分類核算。

(三)「應付帳款」帳戶

「應付帳款」帳戶，用於核算企業因購買材料、商品和接受勞務供應等經營活動而

應付給供應單位的款項時。該帳戶屬於負債類帳戶，其貸方登記應付未付的應付帳款，即因購貨而增加的應付帳款；借方登記償還的應付帳款，即因償還貨款而減少的應付帳款；期末餘額在貸方，表示尚未歸還的應付帳款。本科目應當按照債權人設置明細帳，進行明細分類核算。

(四)「應付票據」帳戶

「應付票據」帳戶，用於核算因企業購買材料、商品和接受勞務供應等而開出承兌的商業匯票，包括銀行承兌匯票和商業承兌匯票。該帳戶屬於負債類帳戶，開出承兌商業匯票時，記入本帳戶的貸方；以銀行存款支付匯票款時，記入本帳戶的借方；本帳戶的期末餘額在貸方，反應企業尚未到期的商業匯票的票面金額。

企業應當設置「應付票據備查簿」，詳細登記每一商業匯票的種類、號數和出票日期、到期日、票面餘額、交易合同號和收款人姓名或單位名稱以及付款日期和金額等資料。應付票據到期結清時，應當在備查簿內逐筆註銷。

(五)「預付帳款」帳戶

「預付帳款」帳戶，用於核算企業按照合同規定預付的各種款項，主要包括企業按照合同規定預付給供應單位的款項、預付的保險費、預付租金等。該帳戶屬於資產類帳戶，借方登記企業預付或補付的款項；貸方登記企業收到所購物資按發票金額沖銷的預付帳款、退回多付的預付帳款，以及按照權責發生制原則分攤的應由本期負擔的費用；期末餘額一般在借方，反應企業實際預付的款項；期末如為貸方餘額，反應企業尚未補付的款項。本帳戶可按供應單位設置明細帳，進行明細分類核算。

預付款項情況不多的企業，也可以不設置本帳戶，將預付的款項直接記入「應付帳款」帳戶。

(六)「其他應收款」帳戶

「其他應收款」帳戶，用來核算企業除應收票據、應收帳款、預付帳款、應收股利、應收利息等經營活動以外的其他各種應收、暫付的款項。該帳戶屬於資產類帳戶，企業發生其他各種應收、暫付款項時，記入本帳戶的借方；企業收回或轉銷其他各種應收、暫付款項時，記入本帳戶的貸方；期末餘額在借方，反應企業尚未收回的其他應收款。本帳戶應當按照其他應收款的項目和對方單位（或個人）設置明細帳，進行明細分類核算。

(七)「應交稅費——應交增值稅」帳戶

「應交稅費——應交增值稅」帳戶，用於核算企業按照稅法等規定應交納的增值稅。該帳戶屬於負債類帳戶，借方登記企業購進貨物或接受應稅勞務而支付給供貨單位、準予從銷項稅額中抵扣的增值稅進項稅額等；貸方登記企業銷售貨物或提供應稅勞務而向購買方收取的增值稅銷項稅額、進項稅額轉出等；期末餘額一般在貸方，反應企業尚未交納的增值稅；期末如為借方餘額，反應企業多交或尚未抵扣的增值稅。本帳戶應分別按「進項稅額」「銷項稅額」「出口退稅」「進項稅額轉出」「已交稅金」等設置明細項目，進行明細分類核算。

三、共同性間接費用的分配

所謂間接費用是指內部生產經營單位為組織和管理生產經營活動而發生的共同費用和不能直接計入產品成本的各項費用，如由多種產品共同承擔的採購費用、不能直接計入產品生產成本的製造費用等，這些費用發生后應按一定標準分配計入生產經營成本。

共同性採購費用是指在材料採購中由多種材料共同承擔的採購費用。對於外購材料的採購費用，凡是能直接區分費用歸屬對象的，應作為直接採購費用，直接計入購入材料的採購成本；凡是由兩種或兩種以上材料共同發生，不能直接區分費用歸屬對象的，應作為共同性採購費用（也稱間接採購費用），根據「誰受益，誰承擔」的原則，確定適當的費用分配標準，選擇合理的分配方法，分配計入有關購入材料的採購成本。

共同性採購費用通常可以按所購貨物的重量或採購價格的比例等進行分配。共同性採購費用可以按下列方法進行分配：

（1）確定費用分配標準：採購費用的分配標準有買價、重量、體積等。

（2）計算採購費用分配率

某項採購費用分配率＝該項待分配的採購費用總額/購入材料的標準量之和

（3）計算各種材料應分攤的採購費用

某種材料應分攤的採購費用＝該種材料的標準量×採購費用分配率

四、材料採購業務的核算舉例

企業外購材料時，按材料是否驗收入庫分為兩種情況進行核算：發票帳單已到，若材料已經驗收入庫，借方直接借記「原材料」，「應交稅費——應交增值稅（進項稅額）」等科目，貸「銀行存款」「預付帳款」「應付帳款」「應付票據」等科目；若材料尚未驗收入庫，借記「在途物資」「應交稅費——應交增值稅（進項稅額）」等科目，貸記「銀行存款」「預付帳款」「應付帳款」「應付票據」等科目，待材料驗收入庫后，再借記「原材料」科目，貸記「在途物資」科目。

假定樂大公司為增值稅一般納稅人，2010年1月發生如下經濟業務：

[例6-5] 樂大公司從長宏廠購入甲材料300千克，單價200元，取得增值稅專用發票，上面列明買價60,000元，增值稅進項稅額10,200元；對方代墊運雜費600元，取得普通發票。貨款及代墊運雜費均未支付，材料已驗收入庫。

分析：該項業務中的運雜費是樂大公司購入甲材料單獨發生的，應直接計入甲材料的採購成本；同時，運雜費是由供貨單位墊付的，因而形成企業的一項負債，應計入應付帳款總額。因此，材料的買價60,000元及運雜費600元構成購入甲材料的採購成本，支付給長宏廠的增值稅進項稅額準予從增值稅銷項稅額中抵扣，減少企業的應交稅費。因此，這筆經濟業務的發生，一方面引起企業的材料採購成本增加了60,600（60,000+600）元，應交稅費（進項稅額）減少了10,200元；另一方面引起企業的應付帳款增加了70,800（60,000+600+10,200）元。材料採購成本的增加是資產的增加，

記入「原材料」及其相關明細帳戶的借方；應交稅費的減少是負債的減少，記入「應交稅費——應交增值稅」及其相關明細帳戶的借方；應付帳款的增加是負債的增加，記入「應付帳款」及其相關明細帳戶的貸方。應編製的會計分錄為：

  借：原材料——甲材料   60,600
    應交稅費——應交增值稅（進項稅額）   10,200
   貸：應付帳款——長宏廠   70,800

[例6-6] 根據合同協議，企業以銀行存款30,000元，預付中正廠購買乙材料的貨款。

分析：這筆經濟業務的發生，一方面引起企業的銀行存款減少了30,000元；另一方面預付供貨單位購買材料的貨款，形成企業的一項債權，引起企業預付帳款增加了30,000元。預付帳款的增加是資產的增加，記入「預付帳款」及其相關明細帳戶的借方；銀行存款的減少是資產的減少，記入「銀行存款」帳戶的貸方。應編製的會計分錄為：

  借：預付帳款——中正廠   30,000
   貸：銀行存款   30,000

[例6-7] 從興豐公司購入甲材料50千克，單價200元，增值稅進項稅額為1,700元；購入乙材料300千克，單價100元，增值稅進項稅額為5,100元；購入甲、乙兩種材料共發生運雜費910元。企業開出商業匯票一張抵付上述款項，材料已運達企業，並已驗收入庫。假設購入甲、乙兩種材料發生的運雜費按購入材料的重量比例分配。

分析：本筆業務中購入材料發生的運雜費是為甲、乙兩種材料共同發生的，屬於共同性採購費用，應選擇一定的標準在甲、乙兩種材料之間進行分配，由甲、乙兩種材料共同承擔。本題選用購入甲、乙材料的重量作為標準進行分配。具體分配如下：

共同運雜費用分配率＝910／（50＋300）＝2.6（元／千克）
每種材料應承擔的運雜費為：
甲材料應承擔的運雜費＝50×2.6＝130（元）
乙材料應承擔的運雜費＝300×2.6＝780（元）

材料的買價及運雜費構成材料的採購成本，支付給興豐公司的增值稅進項稅額准予從增值稅銷項稅額中抵扣，減少企業的應交稅費；企業開出商業匯票抵付貨款，表明企業對興豐公司承擔了一項債務，增加了企業的應付票據。因此，這筆經濟業務的發生，一方面引起企業甲材料的採購成本增加了10,130（10,000＋130）元，乙材料的採購成本增加了30,780（30,000＋780）元，應交稅費減少了6,800（1,700＋5,100）元；另一方面引起企業的應付票據增加了47,710（10,130＋30,780＋6,800）元。材料採購成本的增加是資產的增加，記入「原材料」及其相關明細帳戶的借方；應交稅費的減少是負債的減少，記入「應交稅費——應交增值稅」及其相關明細帳戶的借方；應付票據的增加是負債的增加，記入「應付票據」帳戶的貸方。應編製的會計分錄為：

  借：原材料——甲材料   10,130
      ——乙材料   30,780
    應交稅費——應交增值稅（進項稅額）   6,800

貸：應付票據　　　　　　　　　　　　　　　　　　　　　　47,710

　[例6-8] 以銀行存款70,800元，償還所欠長宏廠的購貨款。

　　分析：這筆經濟業務的發生，一方面引起企業的銀行存款減少了70,800元；另一方面引起企業對長宏廠的應付帳款的債務減少了70,800元。應付帳款的減少是負債的減少，記入「應付帳款」及其相關明細帳戶的借方；銀行存款的減少是資產的減少，記入「銀行存款」帳戶的貸方。應編製的會計分錄為：

　　借：應付帳款——長宏廠　　　　　　　　　　　　　　　　70,800
　　　貸：銀行存款　　　　　　　　　　　　　　　　　　　　　70,800

　[例6-9] 採購員李三預借差旅費2,000元，企業以現金付訖。

　　分析：這筆經濟業務的發生，一方面引起企業庫存現金的減少；另一方面引起企業對採購員李三的暫付款項的增加，形成了企業對李三的一項債權。暫付款債權的增加是資產的增加，記入「其他應收款」帳戶的借方，庫存現金的減少是資產的減少，記入「庫存現金」帳戶的貸方。應編製的會計分錄為：

　　借：其他應收款——李三　　　　　　　　　　　　　　　　2,000
　　　貸：庫存現金　　　　　　　　　　　　　　　　　　　　　2,000

　[例6-10] 收到中正廠發來的採購乙材料的發票帳單：200千克，單價100元，對方代墊運雜費800元，增值稅進項稅額為3,400元，材料尚未到達。所有款項均以預付款抵付，中正廠退回餘款，結清預付款。

　　分析：企業原預付中正廠乙材料的貨款30,000元，以預付款抵付的貨款、代墊運雜費及支付的增值稅進項稅額共計24,200（20,000+800+3,400）元，中正廠應退回餘款5,800元。這筆經濟業務的發生，一方面引起企業乙材料的採購成本增加了20,800元，應交稅費減少了3,400元，銀行存款增加了5,800元；另一方面引起企業的預付帳款減少了30,000元。材料採購成本的增加是資產的增加，記入「在途物資」及其相關明細帳戶的借方，應交稅費的減少是負債的減少，記入「應交稅費——應交增值稅」及其相關明細帳戶的借方，銀行存款的增加是資產的增加，記入「銀行存款」帳戶的借方；預付帳款的減少是資產的減少，記入「預付帳款」及其相關明細帳戶的貸方。應編製的會計分錄為：

　　借：在途物資——乙材料　　　　　　　　　　　　　　　20,800
　　　　應交稅費——應交增值稅（進項稅額）　　　　　　　　3,400
　　　　銀行存款　　　　　　　　　　　　　　　　　　　　　5,800
　　　貸：預付帳款——中正廠　　　　　　　　　　　　　　　30,000

　　需要注意的是，如果該公司預付帳款的金額小於最終應支付的金額，則需要補付貨款，借方記「預付帳款」，貸方記「銀行存款」。

　[例6-11] 月末，收到中正廠發來的乙材料，全部驗收入庫，計算並結轉入庫材料的實際採購成本。

　　分析：這筆經濟業務的發生，表明材料的採購業務已經完成，材料驗收入庫，月末應結轉入庫材料的實際採購成本。結轉入庫材料的實際採購成本時，一方面使企業的庫存乙材料增加了20,800元；另一方面使企業的在途乙材料減少了20,800元。庫存

材料的增加是資產的增加，記入「原材料」及其相關明細帳戶的借方；在途材料的減少是資產的減少，記入「在途物資」及其相關明細帳戶的貸方。這筆經濟業務應編製的會計分錄為：

借：原材料——乙材料　　　　　　　　　　　　　　20,800
　貸：在途物資——乙材料　　　　　　　　　　　　　20,800

實際工作中，材料的採購過程結束后，常常還應編製材料採購成本計算表，用以確定外購材料的採購成本。外購材料的採購成本包括購入材料的總成本和單位成本。總成本等於購入材料的買價和採購費用之和，單位成本是總成本與購入材料的實物量（如重量、數量等）之比。外購材料的採購成本一般是指購入材料的總成本，常常通過編製材料採購成本計算表來完成。根據上述材料採購業務，編製樂大公司2010年1月外購材料的採購成本計算表，如表6-1所示。

表6-1　　　　　　　　　樂大公司材料採購成本計算表
2010年1月

成本項目	甲材料（350千克） 總成本	單位成本	乙材料（500千克） 總成本	單位成本
買價	70,000	200	50,000	100
採購費用	730	2.09	1,580	3.16
採購成本	70,730	202.09	51,580	103.16

第三節　產品生產業務的核算

一、產品生產業務核算的內容

（一）生產業務核算的內容

產品的生產過程是製造業最具特色的階段，也是企業主要的經營活動階段。這一過程，是物化勞動（勞動資料和勞動對象）和活勞動的消耗過程，也是價值增值的創造過程。

在產品的生產過程中，企業必然要發生各種材料的消耗、勞動力的消耗以及固定資產的磨損等各種生產費用。企業在一定期間為生產產品所發生的各項生產費用，應按成本計算對象進行歸集和分配，並在期末計算出完工產品的生產成本。因此，在產品生產過程中，生產費用的發生、歸集和分配，以及完工產品成本的計算等業務，就構成了產品生產業務核算的主要內容。

（二）產品生產成本的構成

現行的成本核算方法稱為製造成本法，也稱為完全成本法，在這種成本核算方法下，首先應將企業當期所發生的各種成本耗費分為生產費用和非生產費用兩類，生產

費用計入產品的生產成本，非生產費用作為期間費用，直接計入當期損益。

1. 生產費用

生產費用是指製造業在產品的生產過程中所發生的與產品生產有直接聯繫的各種耗費，主要包括為生產產品所消耗的原材料、輔助材料、燃料和動力，生產工人的工資及職工福利費等職工薪酬，廠房和機器設備等固定資產的折舊費，以及管理和組織生產、為生產服務而發生的各種費用。在產品生產過程中，計入產品成本的各項生產費用具有不同的用途，有直接用於產品生產的直接費用，也有間接用於產品生產的間接費用。因而，為了具體反應各種生產費用的用途，提供產品成本的構成情況，還應將生產費用進一步分為若干個成本項目，製造企業的生產費用至少應設置以下幾個基本的成本項目：

（1）直接材料。直接材料是指企業在生產產品和提供勞務過程中所消耗的直接用於產品生產的構成產品實體的各種原材料及主要材料、外購半成品以及有助於產品形成的輔助材料等。

（2）直接人工。直接人工是指企業在生產產品和提供勞務過程中直接從事產品生產的工人工資、獎金、津貼、補貼及按職工工資總額計提的職工福利費等各種薪酬。

（3）製造費用。製造費用是指間接用於產品生產的各項費用，以及雖直接用於產品生產，但沒有專設成本項目的費用。包括生產車間管理人員的工資及福利費、生產車間固定資產折舊費、修理費、辦公費、差旅費、水電費、勞動保護費、機物料消耗、季節性停工損失等。

2. 非生產費用

非生產費用也稱為期間費用，是指企業在產品的在生產過程中，發生的與產品生產沒有直接聯繫，屬於某一生產經營期間被耗用的費用，包括管理費用、財務費用和銷售費用。

（1）管理費用。管理費用是指企業的行政單位為組織生產經營活動而發生的各項費用。如管理人員的薪酬、折舊費、修理費、辦公費等。

（2）財務費用。財務費用是指企業為籌集生產經營所需資金等而發生的各項費用，包括利息支出（減利息收入）、匯兌損益以及相關的手續費等。

（3）銷售費用。銷售費用是指企業銷售商品和材料、提供勞務的過程中發生的各種費用，包括保險費、包裝費、展覽費和廣告費、商品維修費、預計產品質量保證損失、運輸費、裝卸費等以及為銷售本企業商品而專設銷售機構的職工薪酬、業務費、折舊費等經營費用。

管理費用、財務費用和銷售費用統稱為期間費用，直接從當期收入中扣出，計入當期損益，而不能計入產品生產成本。

二、產品生產業務核算的帳戶設置

為了反應和監督各項生產費用的發生、歸集和分配，正確計算完工產品的生產成本，產品生產業務核算需要設置以下主要帳戶。

(一)「生產成本」帳戶

「生產成本」帳戶，用於核算企業進行產品生產而發生的各項生產費用，包括直接材料、直接人工和製造費用等。該帳戶屬於成本類帳戶，其借方登記應計入產品成本的各項費用，包括應計入產品成本的直接材料費用和直接人工費用，以及月末分配計入產品成本的製造費用；貸方登記已完工驗收入庫的產品的實際生產成本；期末餘額在借方，表示尚未完工產品（月末在產品）的生產成本。由於企業產品成本核算需要計算出每一種產品的成本，因此，該帳戶一般按產品的種類設置明細帳，進行明細分類核算。

(二)「製造費用」帳戶

「製造費用」帳戶，用於核算企業生產車間為生產產品或提供勞務而發生的、應計入產品成本的各項間接費用，包括固定資產折舊費、生產車間管理人員工資及福利費、辦公費、機物料消耗、水電支出、停工損失等。該帳戶屬於成本類帳戶，當企業產品生產發生各項製造費用時，記入本帳戶的借方；期末，將該帳戶借方歸集的製造費用在各受益產品之間按一定的分配方法分配轉入各受益產品的「生產成本」帳戶時，記入本帳戶的貸方；期末結轉後本帳戶一般無餘額。本帳戶可按不同的生產車間和費用項目設置明細帳，進行明細分類核算。

(三)「管理費用」帳戶

「管理費用」帳戶，用於核算企業為組織和管理企業生產經營活動所發生的各項費用，包括企業在籌建期間內發生的開辦費、董事會和行政管理部門在企業的經營管理中發生的或者應由企業統一負擔的公司經費（包括行政管理部門職工工資及福利費、物料消耗、低值易耗品攤銷、辦公費和差旅費等）、工會經費、董事會費（包括董事會成員津貼、會議費和差旅費等）、聘請仲介機構費、咨詢費（含顧問費）、訴訟費、業務招待費、房產稅、車船使用稅、土地使用稅、印花稅、技術轉讓費、礦產資源補償費、研究費用、排污費等。該帳戶屬於損益類（費用）帳戶，借方登記月份內發生的各項管理費用，貸方登記期末轉入「本年利潤」帳戶的管理費用；期末結轉后本帳戶無餘額。本帳戶可按費用項目設置明細帳，進行明細分類核算。

(四)「應付職工薪酬」帳戶

「應付職工薪酬」帳戶，用於核算企業根據有關規定應付給職工的各種薪酬，包括工資、獎金、津貼、職工福利、社會保險費、住房公積金、工會經費、職工教育經費、非貨幣性福利、辭退福利等。該帳戶屬於負債類帳戶，當企業計算確認應付的職工薪酬時，記入本帳戶的貸方；當企業實際支付職工薪酬時，記入本帳戶的借方；期末餘額在貸方，反應企業應付未付的職工薪酬。本帳戶可按「工資」「職工福利」「社會保險費」「住房公積金」「工會經費」「職工教育經費」「非貨幣性福利」「辭退福利」等設置明細帳，進行明細分類核算。

(五)「累計折舊」帳戶

「累計折舊」帳戶，用來核算企業固定資產價值的累計損耗。作為企業主要勞動資

料的固定資產，在使用過程中始終保持其原有的實物形態不變，但其價值將逐漸損耗。因此，會計上為了反應和監督企業的固定資產，不僅要設置「固定資產」帳戶來反應固定資產的原始價值，同時還要設置「累計折舊」帳戶來反應固定資產的損耗價值，而不直接沖減固定資產的原始價值，以保持固定資產原始價值的記錄，體現企業整體的生產能力和生產規模。「累計折舊」帳戶是一個特殊的資產類帳戶，具有資產的性質但具有權益的結構，即企業按月計提固定資產折舊時，表明累計折舊的增加，記入本帳戶的貸方；固定資產因報廢、變賣或毀損等原因而註銷固定資產原始價值時，相應轉銷已累計計提的折舊額時，表明累計折舊的減少，記入本帳戶的借方；該帳戶的期末餘額在貸方，反應企業已提取的固定資產的累計折舊額。本帳戶可按固定資產的類別或項目設置明細帳，進行明細分類核算。

(六)「庫存商品」帳戶

「庫存商品」帳戶，用於核算企業庫存的各種商品的增減變動及其結存情況。企業的庫存商品包括庫存產成品、外購商品、存放在門市部準備出售的商品、發出展覽的商品以及寄存在外的商品等。該帳戶屬於資產類帳戶，其借方登記驗收入庫商品的實際成本；貸方登記因出售、生產領用等原因而減少的庫存商品的實際成本；期末餘額在借方，反應企業庫存商品的實際成本。本帳戶可按庫存商品的種類、品種和規格等設置明細帳，進行明細分類核算。

三、產品生產業務的核算舉例

樂大公司 2010 年 1 月發生的產品生產業務如下：

[例6-12] 車間生產 A 產品領用甲材料一批，材料成本 20,000 元。

分析：這筆經濟業務的發生，一方面引起企業庫存的原材料減少了 20,000 元，「原材料」屬於資產類帳戶，原材料的減少記入「原材料」帳戶的貸方；另一方面減少的原材料直接用於車間生產產品，引起產品的生產成本增加了 20,000 元，「生產成本」屬於成本類帳戶，生產成本的增加記入「生產成本」帳戶的借方。故企業應編製的會計分錄為：

借：生產成本——A 產品　　　　　　　　　　　　　20,000
　　貸：原材料——甲材料　　　　　　　　　　　　　　　20,000

[例6-13] 車間領用甲材料一批，價值 18,040 元。

分析：這筆經濟業務的發生，一方面引起企業庫存原材料的減少，記入「原材料」帳戶的貸方；另一方面減少的原材料用於車間一般耗費，應作為車間發生的間接費用，先歸集記入「製造費用」帳戶，表明製造費用的增加，「製造費用」屬於成本費用類帳戶，製造費用的增加記入「製造費用」帳戶的借方。故企業應編製的會計分錄為：

借：製造費用　　　　　　　　　　　　　　　　　　　18,040
　　貸：原材料——甲材料　　　　　　　　　　　　　　　18,040

[例6-14] 期末，計提應付職工工資 65,000 元，其中 A 產品直接生產人員工資 20,000 元，B 產品直接生產人員工資 16,000 元，車間管理人員工資 14,000 元，廠部

行政管理人員工資 15,000 元。

分析：企業計算確認應付職工工資時，一方面表明企業應付給職工薪酬的增加，形成企業對職工的一項負債，記入「應付職工薪酬」帳戶的貸方；另一方面表明企業有關成本、費用的增加，成本、費用的增加記入對應帳戶的借方。對於應由企業負擔的職工薪酬，應根據職工所在部門的不同，分別記入不同的帳戶進行核算：直接從事產品生產的工人工資是直接費用，應直接記入「生產成本」帳戶；車間管理人員的工資，是車間為組織產品生產而發生的間接費用，應記入「製造費用」帳戶；廠部行政管理部門人員的工資，是企業為組織和管理生產經營活動所發生的期間費用，應記入「管理費用」帳戶。故應編製的會計分錄為：

借：生產成本——A 產品　　　　　　　　　　　　　　　　　20,000
　　　　　　——B 產品　　　　　　　　　　　　　　　　　16,000
　　製造費用　　　　　　　　　　　　　　　　　　　　　　14,000
　　管理費用　　　　　　　　　　　　　　　　　　　　　　15,000
　　貸：應付職工薪酬——工資　　　　　　　　　　　　　　65,000

[例 6-15] 按工資總額的 14% 計提職工福利費。

分析：企業除了應按月向職工支付工資以外，還應按工資總額的一定比例提取職工福利費，用於職工醫藥衛生、集體福利、生活困難補助等職工福利方面的支出，所提取的職工福利費計入當期成本、費用。提取職工福利費時，按職工所在部門的不同分別記入「生產成本」「製造費用」「管理費用」等帳戶的借方，同時形成企業對職工的一項負債，記入「應付職工薪酬——職工福利」帳戶的貸方。月末，按工資總額應計提職工福利費的金額如下：

按 A 產品生產工人工資計提：20,000×14% = 2,800（元）
按 B 產品生產工人工資計提：16,000×14% = 2,240（元）
按車間管理人員工資計提：14,000×14% = 1,960（元）
按行政管理人員工資計提：15,000×14% = 2,100（元）
故應編製的會計分錄為：

借：生產成本——A 產品　　　　　　　　　　　　　　　　　2,800
　　　　　　——B 產品　　　　　　　　　　　　　　　　　2,240
　　製造費用　　　　　　　　　　　　　　　　　　　　　　1,960
　　管理費用　　　　　　　　　　　　　　　　　　　　　　2,100
　　貸：應付職工薪酬——職工福利　　　　　　　　　　　　9,100

[例 6-16] 以銀行存款 30,000 元預付第一季度廠房租金（每月 10,000 元）。

分析：這是一筆支付在先，受益在後的經濟業務。根據權責發生制原則，本月支付的 30,000 元廠房租金，應由租賃期內的 1、2、3 月份分別承擔，每月承擔 10,000 元。預付租金時，一方面引起企業銀行存款的減少，記入「銀行存款」帳戶的貸方；另一方面形成了企業的一項債權，表明企業預付帳款的增加，記入「預付帳款」帳戶的借方。故企業應編製的會計分錄為：

借：預付帳款　　　　　　　　　　　　　　　　　　　　　　30,000

貸：銀行存款　　　　　　　　　　　　　　　　　　　　　　　　　　30,000

[例6-17] 月末，分攤應由本月負擔的廠房租金10,000元。

　　分析：租入廠房租金是企業車間發生的間接費用，應記入「製造費用」帳戶的借方；分攤應由本月負擔的廠房租金時，表明企業預付帳款債權的減少，應記入「預付帳款」帳戶的貸方。故企業應編製的會計分錄為：

　　借：製造費用　　　　　　　　　　　　　　　　　　　　　　　　　10,000
　　　貸：預付帳款　　　　　　　　　　　　　　　　　　　　　　　　　　10,000

[例6-18] 企業當月計提固定資產的折舊20,000元，其中車間固定資產計提折舊16,000元，行政管理部門計提折舊4,000元。

　　分析：固定資產折舊是在固定資產用於產品生產過程而發生的價值損耗，企業對固定資產計提折舊，一方面表明企業固定資產損耗價值即累計折舊的增加，記入「累計折舊」帳戶的貸方；另一方面表明有關的成本、費用的增加，記入對應成本、費用帳戶的借方。固定資產折舊應按固定資產使用部門的不同，分別記入不同的帳戶進行核算：車間使用固定資產計提的折舊費用，記入「製造費用」帳戶；廠部行政管理部門使用固定資產計提的折舊費用，記入「管理費用」帳戶。故應編製的會計分錄為：

　　借：製造費用　　　　　　　　　　　　　　　　　　　　　　　　　16,000
　　　　管理費用　　　　　　　　　　　　　　　　　　　　　　　　　　4,000
　　　貸：累計折舊　　　　　　　　　　　　　　　　　　　　　　　　　　20,000

[例6-19] 月末，企業將當月累計發生的製造費用（由A產品和B產品共同承擔）共計60,000元，按A、B兩種產品的生產工時比例分配轉入A、B兩種產品的生產成本。其中，A產品的生產工時為600小時，B產品的生產工時為400小時。

　　月末，企業應將本月累計發生的製造費用在不同的產品之間進行分配，並將其轉入相應產品的生產成本中去。製造費用是一種間接費用，其具體的分配標準一般有產品數量、產品生產工時、產品體積、產品重量等，其分配方法與上一節共同性採購費用的分配方法相同。本例中，A、B兩種產品應分攤的製造費用如下：

　　A產品應分攤的製造費用＝60,000×600/（600+400）＝36,000（元）
　　B產品應分攤的製造費用＝60,000×400/（600+400）＝24,000（元）

　　分析：月末，將本期歸集的間接生產費用（製造費用）分配轉入產品的生產成本時，一方面製造費用因分配結轉而減少，記入「製造費用」帳戶的貸方；另一方面生產成本因轉入分配的製造費用而增加，記入「生產成本」帳戶的借方。故應編製的會計分錄為：

　　借：生產成本——A產品　　　　　　　　　　　　　　　　　　　　36,000
　　　　　　　　——B產品　　　　　　　　　　　　　　　　　　　　24,000
　　　貸：製造費用　　　　　　　　　　　　　　　　　　　　　　　　　　60,000

[例6-20] 月末，企業完工A產品一批，驗收入庫，該批完工產品的生產成本共計40,000元。

　　分析：產品完工入庫，一方面表明企業庫存商品的增加，記入「庫存商品」帳戶的借方；另一方面表明企業產品的生產成本因完工而減少，記入「生產成本」帳戶的

貸方。故應編製的會計分錄為：
  借：庫存商品——A 產品   40,000
   貸：生產成本——A 產品   40,000

在實際工作中，企業發生的生產費用如何在完工產品和月末在產品之間進行分配是一個既重要又複雜的問題。對於這一問題將在后續課程成本會計中予以介紹，此處不再贅述。

第四節 銷售業務的核算

一、銷售業務核算的內容

企業生產產品的主要目的是為了銷售，銷售過程是企業產品價值的實現過程，也是企業生產經營活動的最后一個階段。企業能否將所生產的產品順利地銷售出去，直接關係著企業在激烈的市場競爭中能否生存、發展和不斷壯大。

在產品的銷售過程中，企業要從倉庫發出產品，發生產品包裝、運輸、廣告宣傳等銷售費用，確定產品的銷售收入，與購貨單位結算貨款，計算銷售稅金等。確認銷售收入必須以讓渡商品的所有權為代價，即企業為取得銷售收入而將庫存商品轉讓給客戶，就構成了取得收入的代價，進而就產生了企業的一項費用。因此，確定產品的銷售收入、與購貨單位結算貨款、支付各項銷售費用、計算銷售稅金、結轉已售產品的生產成本等就構成了銷售業務核算的主要內容。

二、銷售業務核算的帳戶設置

為了進行銷售業務的核算，按照銷售業務核算的要求，需要設置以下主要帳戶。

(一)「主營業務收入」帳戶

「主營業務收入」帳戶，用於核算企業確認的銷售商品、提供勞務等主營業務實現的收入。該帳戶屬於損益類（收入）帳戶，企業銷售商品或提供勞務實現銷售收入時，記入本帳戶的貸方；期末，將本帳戶的余額轉入「本年利潤」帳戶時，記入本帳戶的借方；結轉后本帳戶無余額。本帳戶可按主營業務的種類設置明細帳，進行明細分類核算。

(二)「主營業務成本」帳戶

「主營業務成本」帳戶，用於核算企業確認銷售商品、提供勞務等主營業務收入時應結轉的成本。該帳戶屬於損益類（費用）帳戶，月末，企業根據本月銷售各種商品、提供各種勞務等的實際成本，計算應結轉的主營業務成本時，記入本帳戶的借方；期末，將本帳戶的余額轉入「本年利潤」帳戶時，記入本帳戶的貸方；結轉后本帳戶無余額。本帳戶可按主營業務的種類設置明細帳，進行明細分類核算。

(三)「其他業務收入」帳戶

「其他業務收入」帳戶,用於核算企業確認的除主營業務活動以外的其他經營活動實現的收入,包括出租固定資產、出租無形資產、出租包裝物和商品、銷售材料等實現的收入。該帳戶屬於損益類(收入)帳戶,企業確認實現的其他業務收入時,記入本帳戶的貸方;期末,將本帳戶的余額轉入「本年利潤」帳戶時,記入本帳戶的借方;結轉后本帳戶無余額。本帳戶可按其他業務收入的種類設置明細帳,進行明細分類核算。

(四)「其他業務成本」帳戶

「其他業務成本」帳戶,用於核算企業確認的除主營業務活動以外的其他經營活動所發生的支出,包括銷售材料的成本、出租固定資產的累計折舊、出租無形資產的累計攤銷、出租包裝物的成本或攤銷額等。該帳戶屬於損益類(費用)帳戶,企業發生其他業務成本時,記入本帳戶的借方;期末,將本帳戶的余額轉入「本年利潤」帳戶時,記入本帳戶的貸方;結轉后本帳戶無余額。本帳戶可按其他業務成本的種類設置明細帳,進行明細分類核算。

(五)「營業稅金及附加」帳戶

「營業稅金及附加」帳戶,用於核算企業經營活動發生的營業稅、消費稅、城市維護建設稅、資源稅和教育費附加等相關稅費。該帳戶屬於損益類(費用)帳戶,企業按規定計算確定與經營活動相關的稅費時,記入本帳戶的借方;期末,將本帳戶的余額轉入「本年利潤」帳戶時,記入本帳戶的貸方;結轉后本帳戶無余額。本帳戶一般不設明細帳。

(六)「銷售費用」帳戶

「銷售費用」帳戶,用於核算企業銷售商品和材料、提供勞務的過程中發生的各種費用,包括保險費、包裝費、展覽費和廣告費、運輸費、裝卸費等以及為銷售本企業商品而專設的銷售機構(含銷售網點、售后服務網點等)的職工薪酬、業務費、折舊費等經營費用。該帳戶屬於損益類(費用)帳戶,企業在銷售商品過程中發生各種銷售費用時,記入本帳戶的借方;期末,將本帳戶的余額轉入「本年利潤」帳戶,記入本帳戶的貸方;結轉后本帳戶無余額。本帳戶可按費用項目設置明細帳,進行明細分類核算。

(七)「應收帳款」帳戶

「應收帳款」帳戶,用於核算企業因銷售商品、提供勞務等經營活動而形成的應收未收的款項。該帳戶屬於資產類帳戶,其借方登記企業發生的應收帳款;貸方登記企業收回的應收帳款;期末余額一般在借方,反應企業尚未收回的應收帳款;期末如為貸方余額,反應企業預收的帳款。該帳戶可按債務人設置明細帳,進行明細分類核算。

(八)「應收票據」帳戶

「應收票據」帳戶,用於核算企業因銷售商品、提供勞務等而收到的商業匯票,包

括銀行承兌匯票和商業承兌匯票。該帳戶屬於資產類帳戶，借方登記企業因銷售商品、提供勞務等而收到開出、承兌的商業匯票的票面金額；貸方登記商業匯票到期或持未到期的應收票據向銀行貼現而減少的商業匯票的票面金額；期末餘額在借方，反應企業持有的商業匯票的票面金額。該帳戶可按開出、承兌商業匯票的單位設置明細帳，進行明細分類核算。

企業還應當設置「應收票據備查簿」，逐筆登記商業匯票的種類、號數和出票日、票面金額、交易合同號和付款人、承兌人、背書人的姓名或單位名稱、到期日、背書轉讓日、貼現日、貼現率和貼現淨額以及收款日和收回金額、退票情況等資料。商業匯票到期結清票款或退票後，在備查簿中應予註銷。

(九)「預收帳款」帳戶

「預收帳款」帳戶，用於核算企業按照合同規定向購貨單位預收的款項。該帳戶屬於負債類帳戶，貸方登記企業按照合同規定向購貨單位預收的款項；借方登記銷售實現時，按實現的收入和應交的增值稅銷項稅額沖銷的預收帳款或退回多收的預收帳款；期末餘額一般在貸方，反應企業向購貨單位預收的款項；期末如為借方餘額，反應企業應由購貨單位補付的款項。本帳戶應按購貨單位設置明細帳，進行明細分類核算。

預收帳款情況不多的企業，也可以不設置本帳戶，將預收的款項直接記入「應收帳款」帳戶。

三、銷售業務的核算舉例

樂大公司 2010 年 1 月發生如下銷售業務：

[例6-21] 樂大公司銷售 A 產品一批，不含稅售價 100,000 元，收到購貨方開出的承兌商業匯票一張，金額 80,000 元，其餘款項暫欠，適用增值稅稅率為 17%。

分析：產品銷售屬於企業的主營銷售業務。企業在銷售產品時，不僅要向客戶收取貨款，還應按適用的稅率計算並代收增值稅（銷項稅額）。所以，企業在確認收入的同時，還應確認一筆負債（應交稅費）。樂大公司該筆業務的發生，引起各相關項目及其金額的確認如下：

實現主營業務收入 100,000 元，表明主營業務收入的增加，記入「主營業務收入」帳戶的貸方；

應繳納增值稅 17,000 元（100,000×17%），形成企業的一項負債，記入「應交稅費——應交增值稅（銷項稅額）」帳戶的貸方；

應向客戶收取款項 117,000（100,000+17,000）元，形成企業的債權，記入對應帳戶的借方。其中，80,000 元應記入「應收票據」帳戶，餘下的 37,000 元應記入「應收帳款」帳戶。

故該筆業務應編製的會計分錄為：

借：應收票據　　　　　　　　　　　　　　　　　　80,000
　　應收帳款　　　　　　　　　　　　　　　　　　37,000
　貸：主營業務收入——A 產品　　　　　　　　　　100,000

應交稅費——應交增值稅（銷項稅額）　　　　　　　　　　　　17,000

　[例 6-22] 上例中所售出 A 產品的實際生產成本為 60,000 元，結轉該批產品的生產成本。

　分析：企業為獲得產品銷售收入，將庫存商品 A 產品的所有權出讓，並交付了商品，一方面表明企業庫存商品 A 產品的減少，記入「庫存商品」帳戶的貸方；另一方面表明企業已售 A 產品成本的增加，記入「主營業務成本」帳戶的借方。故應編製的會計分錄為：

　　借：主營業務成本——A 產品　　　　　　　　　　　　　　　　60,000
　　　貸：庫存商品——A 產品　　　　　　　　　　　　　　　　　　60,000

　企業在結轉銷售成本時有兩種方式：一種是在確認銷售收入的同時結轉銷售成本，如上例；另一種是將當月的銷售成本於月末進行匯總，一次性進行結轉，這種方式可以簡化核算工作。

　[例 6-23] 企業將一批原材料甲材料售出，不含稅售價 10,000 元，收到購貨方貨款和增值稅，存入銀行，適用增值稅稅率為 17%

　分析：材料銷售屬於企業的其他銷售業務。企業通過銷售材料，取得了貨款及代收的增值稅稅款，並實現了一項其他業務收入，同時還產生一筆應納稅的負債（應交稅費）。該筆業務的發生，一方面使企業實現了 10,000 元的其他業務收入，記入「其他業務收入」帳戶的貸方；同時形成了一項負債，使企業當期應繳納的增值稅增加了 1,700（10,000×17%）元，記入「應交稅費——應交增值稅（銷項稅額）」帳戶的貸方；另一方面企業取得貨款和增值稅而導致銀行存款增加了 11,700（10,000+1,700）元，記入「銀行存款」帳戶的借方。故該筆業務應編製的會計分錄為：

　　借：銀行存款　　　　　　　　　　　　　　　　　　　　　　　11,700
　　　貸：其他業務收入　　　　　　　　　　　　　　　　　　　　　10,000
　　　　　應交稅費——應交增值稅（銷項稅額）　　　　　　　　　　 1,700

　[例 6-24] 上例中所售出甲材料的帳面成本為 8,000 元，結轉該批材料的銷售成本。

　分析：企業為獲得其他銷售收入，將庫存材料的所有權出讓，並交付了材料，一方面表明企業庫存原材料的減少，記入「原材料」帳戶的貸方；另一方面表明企業已售材料成本的增加，記入「其他業務成本」帳戶的借方。應編製的會計分錄為：

　　借：其他業務成本　　　　　　　　　　　　　　　　　　　　　　8,000
　　　貸：原材料——甲材料　　　　　　　　　　　　　　　　　　　 8,000

　[例 6-25] 企業為銷售商品，以現金支付產品運雜費 1,000 元。

　分析：企業為銷售商品而支付的運雜費屬於銷售費用的範疇。這筆業務的發生，一方面引起企業庫存現金的減少，記入「庫存現金」帳戶的貸方；另一方面引起銷售費用的增加，記入「銷售費用」帳戶的借方。企業應編製的會計分錄為：

　　借：銷售費用　　　　　　　　　　　　　　　　　　　　　　　　1,000
　　　貸：庫存現金　　　　　　　　　　　　　　　　　　　　　　　 1,000

　[例 6-26] 企業銷售部門計提當期固定資產折舊 5,000 元。

分析：企業計提固定資產折舊，一方面表明累計折舊的增加，記入「累計折舊」帳戶的貸方；同時，因銷售部門計提固定資產折舊所引起的固定資產價值的減少應作為一項銷售費用的增加，記入「銷售費用」帳戶的借方。故企業應編製的會計分錄為：

借：銷售費用　　　　　　　　　　　　　　　　　　　　5,000
　　貸：累計折舊　　　　　　　　　　　　　　　　　　　　5,000

[例6-27] 期末，經計算，企業當期銷售商品應繳納的消費稅為4,000元，城市維護建設稅為1,000元。

分析：企業因銷售商品必須承擔相應的納稅義務，企業計算當期因銷售商品應繳納的稅費，一方面引起企業相應稅費的增加，應記入「營業稅金及附加」帳戶的借方；另一方面形成企業的一項負債，表明企業應交稅費的增加，應記入「應交稅費」及其相關明細帳戶的貸方。故企業應編製的會計分錄為：

借：營業稅金及附加　　　　　　　　　　　　　　　　　5,000
　　貸：應交稅費——應交消費稅　　　　　　　　　　　　4,000
　　　　應交稅費——應交城市維護建設稅　　　　　　　　1,000

第五節　財務成果的核算

一、財務成果的構成與計算

財務成果是指企業在一定會計期間的經營成果，是企業生產經營活動的最終成果。通常用企業在一定會計期間的各項收入抵補各項支出後的差額來反應，表現為盈利或虧損。當收入大於費用時，差額為正，形成盈利，說明企業實現了利潤；反之，當收入小於費用時，則說明企業發生了虧損。利潤（或虧損）是企業最終的財務成果，是反應企業生產經營活動質量的一項綜合指標，也是評價企業經濟效益優劣的重要標誌。企業在一定會計期間實現的淨利潤，應按照國家的有關規定進行分配。因此，利潤形成的核算和利潤分配的核算，就構成了企業財務成果核算的主要內容。

（一）利潤的構成與計算

企業的收入，廣義地講不僅包括營業收入，還包括營業外收入；企業的費用，廣義地講不僅包括為取得營業收入而發生的各種耗費，還包括營業外支出和所得稅。因此，企業在一定會計期間實現的利潤（或虧損）是由以下幾部分構成的：

1. 營業利潤

營業利潤是指企業在一定會計期間從事日常經營活動所實現的利潤，是企業利潤的主要來源。其計算方法如下：

營業利潤＝營業收入－營業成本－營業稅金及附加－銷售費用－管理費用－財務費用－資產減值損失＋公允價值變動收益＋投資收益

其中：營業收入＝主營業務收入＋其他業務收入

營業成本＝主營業務成本＋其他業務成本

2. 利潤總額

利潤總額又稱為稅前利潤，是指企業在一定時期實現的營業利潤與營業外收支淨額的總額，即企業在一定時期實現的在交納所得稅之前的利潤。其計算方法如下：

利潤總額＝營業利潤＋營業外收入－營業外支出

3. 淨利潤

淨利潤又稱為稅后利潤，是指本期實現的利潤總額扣除所得稅后的利潤。其計算方法如下：

淨利潤＝利潤總額－所得稅費用＝利潤總額×（1－所得稅稅率）

(二) 利潤分配的內容

利潤分配是指企業根據國家有關利潤分配政策和投資協議的規定，對企業在一定期間所實現的可供分配利潤進行的分配。可供分配利潤是指企業本年實現的淨利潤加上年初未分配利潤或減去年初未彌補虧損后的余額。

企業實現的淨利潤，除國家另有規定外，一般應按以下順序進行分配：

(1) 彌補以前年度虧損。按照中國企業所得稅法規定，企業納稅年度發生的虧損，準予向以后年度結轉，用以后年度的所得彌補，但結轉年限最長不得超過五年。即企業納稅年度發生的虧損，可以用以后連續五年的稅前利潤彌補，從第六年開始，只能用稅后利潤和發生虧損以前提取的盈余公積來彌補。但是，企業在匯總計算繳納企業所得稅時，其境外營業機構的虧損不得抵減境內營業機構的盈利。如果稅后利潤還不足以彌補虧損的，則可以用企業發生虧損以前提取的盈余公積來彌補。用盈余公積彌補虧損時，應當由公司董事會提議，並經股東大會批准。

(2) 提取盈余公積。盈余公積是指企業按照國家有關規定從淨利潤中提取的各種累積資金。提取盈余公積的主要目的，是為了對投資者的利潤分配進行限制，擴大公司生產經營規模，增強企業自我發展和承受風險的能力。經股東大會或類似機構決議，盈余公積可以用來彌補虧損和按規定程序轉增資本，符合條件的企業，也可以用盈余公積分配現金股利。盈余公積一般可以分為法定盈余公積和任意盈余公積。中國《公司法》規定，有限責任公司和股份有限公司應當按照公司當年稅后利潤的10%提取法定盈余公積，提取的法定盈余公累積計額達到公司註冊資本的50%以上時，可以不再提取。公司從稅后利潤中提取法定盈余公積后，經公司董事會或者股東大會決議，還可以從稅后利潤中提取任意盈余公積，任意盈余公積的提取比例視企業情況而定。盈余公積轉增資本時，轉增后留存的盈余公積的數額不得少於公司註冊資本的25%。

(3) 向投資者分配利潤。企業的淨利潤用於彌補虧損和提取盈余公積后的剩余部分，為可供向投資者分配的利潤，企業可以按投資協議、合同或法律的規定向投資者進行分配。

企業可供分配的利潤按照上述順序分配后，剩余的部分即為未分配利潤或未彌補虧損。

二、財務成果核算的帳戶設置

企業利潤是隨生產經營活動的進行逐步形成的。為了反應利潤的形成過程，應設

置一系列的損益類帳戶，以便在有關經濟業務發生時，用來歸集形成利潤的各項收入和費用。因此，企業應設置以下主要帳戶來進行財務成果的核算。

(一)「營業外收入」帳戶

「營業外收入」帳戶，用於核算企業發生的與其經營活動無直接關係的各項淨收入，主要包括處置非流動資產利得、非貨幣性資產交換利得、債務重組利得、罰沒利得、政府補助利得、確實無法支付而按規定程序經批准後轉作營業外收入的應付款項等。該帳戶屬於損益類（收入）帳戶，企業發生各項營業外收入時，記入本帳戶的貸方；期末，將本帳戶的餘額轉入「本年利潤」帳戶時，記入本帳戶的借方；結轉後本帳戶無餘額。本帳戶可按營業外收入項目設置明細帳戶，進行明細分類核算。

(二)「營業外支出」帳戶

「營業外支出」帳戶，用於核算企業發生的與其經營活動無直接關係的各項淨支出，包括處置非流動資產損失、非貨幣性資產交換損失、債務重組損失、罰款支出、捐贈支出、非常損失等。該帳戶屬於損益類（費用）帳戶，企業發生各項營業外支出時，記入本帳戶的借方；月末，將本帳戶的餘額轉入「本年利潤」帳戶時，記入本帳戶的貸方；結轉后本帳戶無餘額。本帳戶可按營業外支出項目設置明細帳戶，進行明細分類核算。

(三)「投資收益」帳戶

「投資收益」帳戶，用於核算企業確認的投資收益或投資損失。該帳戶屬於損益類（收入）帳戶，企業取得投資收益或期末將投資淨損失轉入「本年利潤」帳戶時，記入本帳戶的貸方；企業發生投資損失或期末將投資淨收益轉入「本年利潤」帳戶時，記入本帳戶的借方；結轉后本帳戶無餘額。本帳戶可按投資項目設置明細帳戶，進行明細分類核算。

(四)「本年利潤」帳戶

「本年利潤」帳戶，用於核算企業在本年度實現的淨利潤（或發生的淨虧損）。為了反應各個會計期間的財務成果，企業應將各損益類帳戶的餘額於月末結轉至本帳戶。該帳戶屬於所有者權益類帳戶，月末，企業將各項收入類帳戶的餘額結轉至本帳戶時，記入本帳戶的貸方；將各項費用類帳戶的餘額結轉至本帳戶時，記入本帳戶的借方。收入和費用相抵後，本帳戶若有貸方餘額，表示企業本年度累計實現的淨利潤；若有借方餘額，表示企業本年度累計發生的淨虧損。年度終了，應將本帳戶的餘額全部轉入「利潤分配」帳戶及其所屬的「未分配利潤」明細帳戶，結轉後本帳戶無餘額。

(五)「所得稅費用」帳戶

「所得稅費用」帳戶，用於核算企業按稅法規定從當期利潤總額中扣除的所得稅費用。該帳戶屬於損益類（費用）帳戶，企業按照稅法規定計算確定當期應交的所得稅時，記入本帳戶的借方；月末，將本帳戶的餘額轉入「本年利潤」帳戶時，記入本帳戶的貸方；結轉后本帳戶無餘額。

(六)「利潤分配」帳戶

「利潤分配」帳戶，用來核算企業本年度利潤的分配（或虧損的彌補）和歷年利潤分配（或虧損的彌補）的結餘情況。該帳戶屬於所有者權益類帳戶，企業按規定進行利潤分配時，記入本帳戶的借方；企業用盈余公積彌補虧損以及年度終了，企業應將全年實現的淨利潤，自「本年利潤」帳戶轉入本帳戶時，記入本帳戶的貸方；如為虧損，則記入本帳戶的借方；本帳戶的余額一般在貸方，反應企業歷年積存的未分配利潤；余額若在借方，反應企業歷年積存的未彌補虧損。本帳戶可設置「提取法定盈余公積」「提取任意盈余公積」「盈余公積補虧」「應付現金股利或利潤」「未分配利潤」等明細帳戶，進行明細分類核算。

(七)「盈余公積」帳戶

「盈余公積」帳戶，用於核算企業從利潤中提取的盈余公積。該帳戶屬於所有者權益類帳戶，企業按規定提取盈余公積時，記入本帳戶的貸方；按規定用途使用盈余公積時，記入本帳戶的借方；期末余額在貸方，表示企業按規定提取尚未使用的盈余公積余額。本帳戶應當分別設置「法定盈余公積」和「任意盈余公積」明細帳戶，進行明細分類核算。

(八)「應付利潤/應付股利」帳戶

「應付利潤」帳戶，用於核算企業應付給投資者的現金股利或利潤。該帳戶屬於負債類帳戶，企業按規定提取應付投資者的現金股利或利潤時，記入本帳戶的貸方；向投資者實際支付現金股利或利潤時，記入本帳戶的借方；期末余額在貸方，表示企業尚未支付的現金股利或利潤。本帳戶按投資者設置明細帳戶，進行明細分類核算。

三、財務成果的核算舉例

樂大公司 2010 年 1 月發生如下與財務成果有關的經濟業務：

[例 6-28] 向希望工程捐贈 2,000 元，已通過銀行付訖。

分析：企業的對外捐贈，是一項與企業的正常生產經營活動沒有直接關係的支出，因而應將其列為營業外支出的增加，記入「營業外支出」帳戶的借方；通過銀行付訖，表明企業銀行存款的減少，記入「銀行存款」帳戶的貸方。故企業應編製的會計分錄為：

借：營業外支出　　　　　　　　　　　　　　　　　　2,000
　　貸：銀行存款　　　　　　　　　　　　　　　　　　　　2,000

[例 6-29] 收到本單位職工李明交來的違反企業管理制度規定的罰款 800 元。

分析：罰款收入是一項與企業正常經營活動沒有直接關係的收入，取得罰款收入表明企業營業外收入的增加，記入「營業外收入」帳戶的貸方。故企業應編製的會計分錄為：

借：庫存現金　　　　　　　　　　　　　　　　　　　800
　　貸：營業外收入　　　　　　　　　　　　　　　　　　　800

[例 6-30] 採購員李三報銷差旅費 1,700 元，退回余款 300 元，結清預借款。

分析：採購員報銷的差旅費應由企業的管理費用承擔，表明企業管理費用的增加，記入「管理費用」帳戶的借方；退回的款項，增加了企業的庫存現金，記入「庫存現金」帳戶的借方；報銷的差旅費應沖銷企業的原預借款，表明企業其他應收款債權的減少，記入「其他應收款」帳戶的貸方。故企業應編製的會計分錄為：

借：管理費用　　　　　　　　　　　　　　　　　1,700
　　庫存現金　　　　　　　　　　　　　　　　　　 300
　貸：其他應收款——李三　　　　　　　　　　　　 2,000

[例 6-31] 企業對外投資，取得投資收益 6,000 元，存入銀行。

分析：企業取得投資收益，表明企業投資收益的增加，記入「投資收益」帳戶的貸方；存入銀行，表明企業銀行存款的增加，記入「銀行存款」帳戶的借方。故企業應編製的會計分錄為：

借：銀行存款　　　　　　　　　　　　　　　　　6,000
　貸：投資收益　　　　　　　　　　　　　　　　　6,000

[例 6-32] 月末結轉各損益類帳戶。2010 年 1 月 31 日，綜合樂大公司本月份發生的所有經濟業務，確定各損益類帳戶期末結轉前的余額如表 6-2 所示。

表 6-2　　　　　　　損益類帳戶期末結轉前的余額表　　　　　單位：元

帳戶名稱	借方余額	貸方余額
主營業務收入		100,000
主營業務成本	60,000	
其他業務收入		10,000
其他業務成本	8,000	
營業稅金及附加	5,000	
銷售費用	6,000	
管理費用	22,800	
財務費用	1,000	
投資收益		6,000
營業外收入		800
營業外支出	2,000	
合計	104,800	116,800

分析：期末，結轉各損益類帳戶之前，本期所實現的各項收入和與之相配比的各項成本費用均已全部分散記入各損益類帳戶中。為了使收入和成本費用相配比，計算本期的利潤或虧損，確定本期的經營成果，應將各損益類帳戶的余額結轉到「本年利潤」帳戶，結清各損益類帳戶。其相應編製的會計分錄如下：

（1）結轉各項收入

借：主營業務收入　　　　　　　　　　　　　　 100,000

其他業務收入	10,000
投資收益	6,000
營業外收入	800
貸：本年利潤	116,800

(2) 結轉各項費用

借：本年利潤	104,800
貸：主營業務成本	60,000
其他業務成本	8,000
營業稅金及附加	5,000
銷售費用	6,000
管理費用	22,800
財務費用	1,000
營業外支出	2,000

以上各項收入抵補各項支出後的差額為：116,800-104,800=12,000元，差額為正，表明企業當月實現了利潤總額12,000元，通過「本年利潤」帳戶的借貸方差額體現。

[例6-33] 計算並結轉企業當期所得稅費用，假定該企業適用的所得稅稅率為25%。

分析：企業本月實現了利潤，按現行稅法規定，企業應從當期利潤總額中計算確定本月應交納的所得稅。該企業本月應交所得稅=12,000×25%=3,000元。

企業計算當期應交所得稅時，一方面表明企業所得稅費用的增加，記入「所得稅費用」帳戶的借方；另一方面形成了企業的一項負債，表明企業應交所得稅的增加，記入「應交稅費」帳戶的貸方。故企業計算當期應交所得稅費用，應編製的會計分錄為：

借：所得稅費用	3,000
貸：應交稅費——應交所得稅	3,000

會計期結束時，還應將「所得稅費用」帳戶的余額結轉到「本年利潤」帳戶，其應編製的會計分錄為：

借：本年利潤	3,000
貸：所得稅費用	3,000

[例6-34] 假定樂大公司2010年全年實現淨利潤670,000元，經董事會決定，按本年淨利潤的10%提取法定盈余公積，按5%提取任意盈余公積。

企業全年取得的淨利潤（即稅后利潤）應根據有關規定進行分配，利潤分配的工作平時是不進行的，應在年終決算時處理。一般來說，利潤分配的去向主要包括兩個部分：一是提取盈余公積，包括法定盈余公積和任意盈余公積；二是按董事會或類似機構的決定向投資者分配利潤。剩下的部分稱為未分配利潤，轉到下年度再進行分配。

樂大公司2010年提取法定盈余公積和任意盈余公積的計算如下：

提取法定盈余公積=670,000×10%=67,000（元）

提取任意盈余公積＝670,000×5%＝33,500（元）

分析：這項經濟業務的發生，一方面引起企業利潤分配的增加（即利潤的減少）；另一方面引起企業盈余公積的增加。利潤分配的增加（即利潤的減少）是所有者權益的減少，應記入「利潤分配」及其相關明細帳戶的借方；盈余公積的增加是所有者權益的增加，應記入「盈余公積」及其相關明細帳戶的貸方。應編製的相應會計分錄為：

借：利潤分配——提取法定盈余公積　　　　　　　　　　　67,000
　　　　　　——提取任意盈余公積　　　　　　　　　　　33,500
　貸：盈余公積　　　　　　　　　　　　　　　　　　　100,500

[例6-35] 根據公司決議，將本年淨利潤的50%分配給投資者。

應分配給投資者的利潤＝670,000×50%＝335,000（元）

分析：這項經濟業務的發生，一方面，企業利潤由於分配減少了335,000元，應記入「利潤分配」及其相關明細帳戶的借方；另一方面，形成了企業的一項負債，即應付利潤增加了335,000元，應記入「應付利潤」帳戶的貸方。具體的會計分錄為：

借：利潤分配——應付利潤　　　　　　　　　　　　　　335,000
　貸：應付利潤　　　　　　　　　　　　　　　　　　　335,000

[例6-36] 年終決算：將本年取得的淨利潤結轉到利潤分配帳戶。

年度終了，企業應對本年度實現的淨利潤（或虧損總額）和已分配的利潤進行結算。企業在年末對利潤進行分配時，已根據利潤分配的去向將已分配的利潤計入了利潤分配各有關明細帳中，而不是直接在「本年利潤」帳戶上反應。因此，年終結帳時，應將「本年利潤」帳戶的餘額轉入「利潤分配」帳戶所屬的「未分配利潤」明細帳戶；同時，將全年已分配的利潤，自「利潤分配」帳戶所屬的其他明細帳戶轉入「利潤分配」帳戶所屬的「未分配利潤」明細帳戶。結轉后，通過「利潤分配」帳戶所屬的「未分配利潤」明細帳戶借、貸雙方記錄金額的比較，即可確定年末未分配利潤（或未彌補虧損）的數額。也就是說，年終結帳后，除「利潤分配」帳戶所屬的「未分配利潤」明細帳戶有餘額之外，「利潤分配」帳戶所屬的其他明細帳戶是無餘額的。

分析：這項經濟業務的發生，一方面，因年末結轉使本年利潤減少670,000元，應記入「本年利潤」帳戶的借方；另一方面，企業可供分配的利潤增加670,000元，應記入「利潤分配」及其所屬的「未分配利潤」明細帳戶的貸方。具體的會計分錄為：

借：本年利潤　　　　　　　　　　　　　　　　　　　　670,000
　貸：利潤分配——未分配利潤　　　　　　　　　　　　670,000

[例6-37] 年終決算：將「利潤分配」帳戶所屬的其他各明細帳戶的余額結轉到「利潤分配」帳戶所屬的「未分配利潤」明細帳戶。

分析：這項經濟業務的發生，一方面，利潤分配其他明細帳戶的金額因結轉而減少，應記入「利潤分配」帳戶及其所屬的相關明細帳戶的貸方；另一方面，將結轉的金額記入「利潤分配」帳戶及其所屬的「未分配利潤」明細帳戶的借方。具體的會計分錄為：

借：利潤分配——未分配利潤　　　　　　　　　　　　　435,500
　貸：利潤分配——提取法定盈余公積　　　　　　　　　67,000

——提取任意盈余公積　　　　　　　　　　　　　　　　33,500
　　——應付利潤　　　　　　　　　　　　　　　　　　　335,000

　　通過「利潤分配——未分配利潤」明細帳戶借、貸方記錄金額的比較，可以得出，該企業年末未分配利潤的金額為：

年末未分配利潤＝670,000－435,500＝234,500（元）

　　年末未分配利潤234,500元，存在於「利潤分配——未分配利潤」明細帳戶的貸方，表明該企業可結轉到以后會計年度，留待以后會計年度分配的利潤為234,500元。

本章小結

　　本章在講述會計確認與會計計量的基礎上，主要介紹了在借貸記帳法下對極具代表性的製造業的整個生產經營活動的基本經濟業務如何進行會計處理。

　　製造業的生產經營活動主要包括資金籌集、供應、生產、銷售和利潤的形成及其分配五個環節。相應地，製造業的主要經濟業務的核算也應包括資金籌集業務的核算、材料採購業務的核算、產品生產業務的核算、銷售業務的核算和利潤形成及其分配業務的核算五個方面。

　　在製造業的生產經營活動中，不同階段起著不同的作用，因而，各階段所涉及的經濟業務的內容也不相同。資金籌集主要包括所有者投入資本和債權人投入資本業務；供應過程一般是指材料物資等勞動對象的採購過程，供應過程主要包括材料實際採購成本的形成、材料的驗收入庫以及採購過程中與供貨單位之間的款項結算等業務；銷售過程主要包括：確定產品銷售收入、與購貨單位結算貨款、支付各項銷售費用、計算銷售稅金、結轉已售產品的生產成本等業務；財務成果是指企業在一定會計期間的最終經營成果，是反應企業生產經營活動質量的一項綜合指標，也是評價企業經濟效益優劣的重要標誌，表現為盈利或虧損。企業在一定會計期間實現的淨利潤，應按照國家的有關規定進行分配。因此，財務成果主要包括利潤的形成和利潤的分配業務。

思考題

1. 企業資金籌集的途徑有哪些？其會計處理如何？
2. 材料採購業務核算的主要經濟業務有哪些？其會計處理如何？
3. 產品生產業務核算的主要經濟業務有哪些？其會計處理如何？
4. 銷售業務核算的主要經濟業務有哪些？其會計處理如何？
5. 企業的經營成果是如何實現的？
6. 怎樣計算淨利潤？
7. 利潤分配的主要內容有哪些？分配的順序如何？
8. 利潤的形成及其分配的會計處理如何？

練習題

一、單項選擇題

1. 一般納稅人企業的「在途物資」帳戶借方記錄採購過程中發生的（　　）。
   A. 採購材料的採購成本　　　B. 採購人員的工資
   C. 採購材料的進項稅額　　　D. 採購人員的差旅費

2. 製造企業外購材料時支付的增值稅應記入「應交稅費——應交增值稅（　　）」核算。
   A. 進項稅額　　B. 銷項稅額　　C. 已交稅金　　D. 進項稅額轉出

3. 購買單位在材料採購業務之前按合同先向供應單位預付購貨款時，形成了（　　）。
   A. 負債　　B. 債務　　C. 債權　　D. 權益

4. 下列費用在製造成本法下，不應計入產品成本，而列作期間費用的是（　　）。
   A. 直接材料費用　　　B. 直接人工費用
   C. 車間間接費用　　　D. 廠部企業管理部門的費用

5. 出售材料取得的收入應計入（　　）
   A. 主營業務收入　　　B. 其他業務收入
   C. 營業外收入　　　　D. 投資收益

6. 「主營業務成本」帳戶的借方登記從「（　　）」帳戶中結轉的本期已售商品的生產成本。
   A. 生產成本　　B. 庫存商品　　C. 管理費用　　D. 原材料

7. 下列費用中，應計入產品成本的是（　　）。
   A. 計提的車間管理人員福利費　　B. 醫務和福利部門人員的工資
   C. 勞動保險費　　　　　　　　　D. 廣告費

8. 下列需用產品或勞務抵償的債務是（　　）。
   A. 應付帳款　　B. 預收帳款　　C. 應付票據　　D. 預付帳款

9. 下列（　　）不屬於期間費用。
   A. 管理費用　　B. 財務費用　　C. 製造費用　　D. 銷售費用

10. 下列項目中，屬於財務費用的是（　　）。
    A. 財務人員的工資　　　B. 財務部門的辦公費
    C. 投資損失　　　　　　D. 匯兌損失

11. 企業在產品銷售過程中所發生的費用是（　　）。
    A. 管理費用　　B. 製造費用　　C. 銷售費用　　D. 財務費用

12. 與「製造費用」帳戶不可能發生對應關係的是（　　）。
    A. 生產成本　　B. 原材料　　C. 庫存商品　　D. 應付職工薪酬

13. 「固定資產」帳戶是反應企業固定資產的（　　）。

A. 磨損價值　　B. 累計折舊　　C. 原始價值　　D. 淨值

14. 企業在銷售環節，以下稅金除了（　　）外，都應在「營業稅金及附加」帳戶中核算。

　　A. 城市維護建設稅　　　　　　B. 營業稅
　　C. 增值稅　　　　　　　　　　D. 教育費附加

15. 在權責發生制下，下列款項中應列作本期收入的是（　　）。

　　A. 上月銷售貨款本月收存銀行　　B. 本月收回多付的預付貨款存入銀行
　　C. 本月預收下月貨款存入銀行　　D. 本月銷售貨款本月收存銀行

二、多項選擇題

1. 製造業日常生產經營活動主要業務過程包括（　　）。

　　A. 資金籌集過程　　　　　　　B. 供應過程
　　C. 產品製造過程　　　　　　　D. 產品銷售過程

2. 下列有關「在途物資」帳戶的正確說法是（　　）。

　　A. 它是計算材料採購成本的帳戶
　　B. 它是資產類帳戶
　　C. 帳戶的借方是採購成本的歸集
　　D. 帳戶的貸方是入庫材料實際成本的結轉

3. 下列項目中，應計入材料採購成本的有（　　）。

　　A. 買價　　　　　　　　　　　B. 採購過程發生的運輸費、裝卸費
　　C. 採購人員的差旅費　　　　　D. 入庫前的整理挑選費用

4. 從倉庫領用材料時，可能借記的科目有（　　）。

　　A. 原材料　　B. 製造費用　　C. 銷售費用　　D. 管理費用

5. 下列帳戶中，在期末結轉利潤後，無余額的有（　　）。

　　A. 所得稅費用　　　　　　　　B. 營業稅金及附加
　　C. 應交稅費　　　　　　　　　D. 主營業務收入

6. 下列屬於流動負債的有（　　）。

　　A. 預收帳款　　B. 預付帳款　　C. 應收帳款　　D. 應付帳款

7. 下列項目中屬於期間費用的有（　　）。

　　A. 製造費用　　B. 管理費用　　C. 銷售費用　　D. 財務費用

8. 下列（　　）項目應在「管理費用」帳戶中列支。

　　A. 企業行政管理人員的薪酬　　　B. 業務招待費
　　C. 管理部門計提的固定資產折舊　D. 車間管理人員的薪酬

9. 下列帳戶中不會出現貸方余額的是（　　）。

　　A. 原材料　　B. 累計折舊　　C. 庫存現金　　D. 生產成本

10. 與「應付職工薪酬」貸方產生對應關係的帳戶一般有（　　）。

　　A. 生產成本　　B. 製造費用　　C. 管理費用　　D. 銀行存款

三、判斷題

1. 製造費用是指直接用於產品生產，但不便於記入產品成本，因而沒有專設成本項目的費用。（   ）
2. 「應交稅費」帳戶的余額必定在貸方，表示應交未交的稅金。（   ）
3. 企業出售固定資產收回的價款，應確認為營業收入的實現。（   ）
4. 本月應負擔的短期借款利息未予預提，會使當月利潤虛增而月末負債少計。（   ）
5. 「製造費用」帳戶在期末結轉后一般沒有余額。（   ）
6. 計提生產車間固定資產折舊應記入「生產成本」帳戶。（   ）
7. 企業獲得資產的途徑只能由所有者投資形成。（   ）
8. 2009 年 9 月 30 日，「本年利潤」帳戶的貸方余額 10,000 元，表示 8 月份實現的利潤總額。（   ）
9. 「生產成本」帳戶的期末余額，表示期末在產品成本。（   ）
10. 企業所有的資產流入都可作為該企業的收入。（   ）

四、業務題

（一）1. 目的：練習資金籌集業務的核算。
2. 資料：樂凱公司 2010 年 10 月份發生下列籌資業務。
（1）某單位投入一批原材料，總成本 200,000 元。
（2）向銀行借入 3 個月期，利率為 3% 的借款 100,000 元，存入銀行。計算當月利息為 250 元。
（3）向銀行借入 3 年期借款 800,000 元存入銀行。
（4）收到某公司投入本企業商標權一項，投資雙方確認的價值為 200,000 元。
（5）接受外商投資汽車 1 輛，價值 120,000 元。
3. 要求：根據上述資料編製會計分錄。

（二）1. 目的：練習供應過程業務的核算。
2. 資料：樂凱公司 2010 年 10 月份發生下列供應業務：
（1）購進不需要安裝的設備 1 臺，買價 50,000 元，增值稅 8,500，運輸費 400 元，包裝費 300 元，所有款項均以銀行存款支付，設備交付使用。
（2）向大明工廠購進甲材料 1,500 千克，單價 30 元，計 45,000 元，增值稅 7,650 元；乙材料 2,000 千克，單價 15 元，計 30,000 元，增值稅 5,100 元，全部款項以銀行存款支付。
（3）用銀行存款支付上述甲、乙材料的運雜費 7,000 元（按材料重量比例分攤）。
（4）向宏天工廠購進丙材料 3,000 千克，單價 25 元，計 75,000 元，增值稅 12,750 元，款項尚未支付。
（5）用現金支付丙材料的運費及裝卸費 3,000 元。
（6）甲、乙、丙三種材料發生入庫前的挑選整理費 3,250 元（按材料重量比例分

攤），用現金支付。

（7）本期購進的甲、乙、丙材料均已驗收入庫，結轉實際採購成本。

3．要求：根據上述經濟業務編製會計分錄。

（三）1．目的：練習產品生產業務的核算。

2．資料：樂凱公司 2010 年 10 月份發生下列產品生產業務：

（1）本月生產領用材料情況如下（金額單位：元）：

用　　途	甲材料	乙材料	合　　計
A 產品	32,000	45,000	77,000
B 產品	68,000	38,000	106,000
車間一般耗用	2,000	500	2,500
合　　計	102,000	83,500	185,500

（2）結算本月應付工資 68,000 元，其中生產 A 產品生產工人工資 30,000 元，生產 B 產品生產工人工資 20,000 元，車間管理人員工資 10,000 元，廠部管理人員工資 8,000 元。

（3）按工資總額 14% 計提職工福利費。

（4）從銀行存款提取現金 68,000 元。

（5）用現金發放上月職工工資 68,000 元，備發工資。

（6）用銀行存款支付本月水電費 5,200 元，其中車間分配 3,700 元，廠部分配 1,500 元。

（7）按規定標準計提本月固定資產折舊費 4,830 元，其中生產用固定資產折舊費為 3,800 元，廠部固定資產折舊費為 1,030 元。

（8）按生產工人工資比例分攤並結轉本月製造費用。

（9）本月投產 A 產品 100 件，B 產品 300 件，全部完工，結轉完工產品成本。

3．要求：根據上述經濟業務編製會計分錄。

（四）1．目的：練習銷售過程和財務成果業務的核算。

2．資料：樂凱公司 2010 年 10 月份發生下列經濟業務：

（1）銷售 A 產品 10 件，單價 1,920 元，貨款 19,200 元，銷項稅 3,264 元，款項已存入銀行。

（2）銷售 B 產品 150 件，單價 680 元，計 102,000 元，銷項稅 17,340 元，款項尚未收到。

（3）用銀行存款支付銷售費用計 1,350 元。

（4）結轉已銷產品成本，其中，A 產品成本 9,200 元，B 產品成本 60,000 元。

（5）計算應交城市維護建設稅 1,100 元，教育費附加 610 元。

（6）銷售丙材料 200 千克，單價 26 元，計 5,200 元，增值稅 884 元，貨款已存入銀行，其採購成本為 4,900 元。

（7）以現金 260 元，支付延期提貨的罰款。

（8）月末將「主營業務收入」「其他業務收入」帳戶結轉「本年利潤」帳戶。

（9）月末將「主營業務成本」「營業稅金及附加」「其他業務成本」「銷售費用」「管理費用」(帳戶餘額為 11,650 元)、「財務費用」(帳戶餘額為 250 元)、「營業外支出」帳戶餘額結轉到「本年利潤」帳戶。

（10）計算並結轉本月應交所得稅，稅率為 25%。

3. 要求：根據經濟業務作會計分錄。

（五）1. 目的：練習利潤分配的核算。

2. 資料：假定樂凱公司 2010 年全年實現淨利潤 500,000 元，有關利潤分配情況如下：

（1）按本年取得的淨利潤的 10% 提取法定盈余公積，按淨利的 5% 提取任意盈余公積。

（2）根據公司決議，按本年取得淨利潤的 50% 計算應分配給投資者的利潤。

（3）將本年取得的淨利潤結轉到利潤分配帳戶。

（4）將利潤分配各明細帳金額結轉到「利潤分配——未分配利潤」帳戶。

3. 要求：根據經濟業務作會計分錄。

第七章 財產清查

　　當企業某一會計期間的所有經濟業務全部處理完畢並登記到相關帳簿以後，為了向信息使用者提供總括、系統的會計信息，到了會計期末，企業就可以準備編製會計報表了。而為保證帳簿記錄的正確、完整、真實可靠，以便為編製會計報表提供有效的會計信息資料，企業在日常會計處理的基礎上，還必須定期進行財產清查，做到帳實相符。

第一節　財產清查的意義和種類

一、財產清查的意義

　　財產清查也叫財產檢查，是指通過對貨幣資金、各項財產物資、往來款項等進行盤點和核對，查明各項財產物資、貨幣資金、往來款項的實有數額，確定其帳面結存數和實際結存數是否相符，並查明帳實不符原因的一種會計核算的專門方法。

(一) 造成帳實不符的原因

　　企業的會計工作，都要通過會計憑證的填製和審核，然后及時地在帳簿中進行連續登記。應該說，這一過程能保證帳簿記錄的正確性，也能真實反應企業各項財產的實有數，各項財產的帳實應該是一致的。但是，在實際工作中，由於種種主觀原因和客觀原因，常常會使各項財產物資、貨幣資金、往來款項等的帳簿記錄發生差錯，各項財產的實際結存數也會發生差錯，造成帳存數與實存數發生差異。造成帳實不符的原因是多方面的，歸納起來，一般有以下幾種原因：

　　(1) 在財產物資收發過程中，由於計量、檢驗不準確而造成品種、數量或質量上的差錯；

　　(2) 財產物資在運輸、保管、收發過程中，在數量上發生自然增減變化，如油料的自然揮發；

　　(3) 結算過程中，由於銀行和企業在記帳時間上的不一致，造成企業銀行存款的帳面餘額和銀行對帳單的帳面餘額不一致；

　　(4) 會計人員在記帳時，發生的重記、漏記、錯記或計算上的錯誤等；

　　(5) 由於財產物資手續不齊發生的錯收、錯付；

　　(6) 由於管理不善或工作人員失職，造成財產物資損失、變質或短缺等；

　　(7) 由於貪污盜竊、營私舞弊等造成的財產物資損失；

(8) 由於自然災害造成的非常損失。

上述種種原因都會影響到財產物資帳實的一致性。因此，運用財產清查的手段，對各種財產物資進行定期或不定期的核對和盤點，具有十分重要的意義。

(二) 財產清查的意義

1. 保證帳實相符，使會計資料真實可靠

通過財產清查可以確定各項財產物資的實際結存數，將帳面結存數和實際結存數進行核對，可以揭示各項財產物資的溢缺情況，從而及時地調整帳面結存數，做到帳實相符，保證帳簿紀錄資料的真實、可靠。

2. 保證財產物資的安全和完整

通過財產清查，可以查明企業單位財產、商品、物資是否完整，有無缺損、霉變、貪污盜竊、營私舞弊等現象，以便堵塞漏洞，改進和健全各種責任制，切實保證財產物資的安全和完整。

3. 挖掘財產潛力，加速資金周轉

通過財產清查，可以及時查明各種財產物資的結存和利用情況。如發現企業有限制不用、呆滯、積壓、不配套或儲備不足的財產物資等情況，應及時加以處理，並分析原因，採取措施，改善經營管理。這樣，可以使各種財產物資得到充分合理的利用，以充分發揮他們的效能，加速資金周轉，提高企業的經濟效益。

4. 保證財經紀律和結算紀律的執行

通過對財產、物資、貨幣資金及往來款項的清查，可以查明單位有關業務人員是否遵守財經紀律和結算紀律，有無貪污盜竊、挪用公款的情況；查明單位資金的使用是否合理，是否符合黨和國家的方針政策和法規，從而使工作人員更加自覺地遵紀守法，自覺維護和遵守財經紀律。

二、財產清查的種類

企業在日常工作中，在考慮成本效益的前提下，可以根據實際情況，組織範圍大小適宜、時機恰當的財產清查。也就是說，企業可按財產清查實施的範圍、時間等對財產清查進行適當的分類。

(一) 全面清查與局部清查

財產清查，按照清查對象範圍的不同，可分為全面清查和局部清查。

全面清查是指對企業所有的財產物資、貨幣資金、往來款項等財產（包括受其他單位委託代管的財產）進行全面盤點與核對。其清查對象主要包括原材料、在產品、自製半成品、庫存商品、現金、短期存（借）款、有價證券及外幣、在途物資、委託加工物資、往來款項、固定資產、無形資產等。全面清查範圍廣，內容多，工作量大，一般在年終決算、企業撤銷、合併、改變隸屬關係或清產核資時進行。

局部清查也稱重點清查，是指根據企業需要只對財產中某些重點部分進行的盤點與核對。在企業的日常經營活動中，主要是對流動性較大、變現能力較強以及貴重物品進行盤點與核對。如對於流動資產中變化較頻繁的原材料、庫存商品等，除年度全

面清查外，還應根據需要隨時輪流盤點或重點抽查；對於各種貴重物資，每月至少清查一次；對於庫存現金，應由出納人員每天進行清查核對；對於銀行存（借）款，每月至少要同銀行核對一次等。

(二) 定期清查和不定期清查

財產清查，按照清查的時間，可分為定期清查和不定期清查。

定期清查是指按計劃在規定的時間內對企業財產進行的清查。一般是在月末、季末、年終結帳時進行。定期清查的範圍，可以是全面清查，也可以是局部清查。一般在年終決算前進行全面清查，在月末和季末對貴重物品、貨幣資金等進行局部清查。

不定期清查也稱臨時清查，是指根據實際需要臨時進行的財產清查。一般是在更換財產物資保管人員、企業撤銷、合併或發生財產損失等情況時所進行的清查。不定期清查的範圍也應視具體情況而定，可以是全面清查，也可以是局部清查。

第二節　財產清查的方法

一、財產清查的準備工作

財產清查是一項複雜細致的工作，它涉及面廣、政策性強、工作量大。為了加強領導，保質保量完成此項工作，在財產清查前，必須做好以下幾項準備工作：

（1）成立清查領導小組。一般應在企業單位負責人（如廠長、經理等）的領導下，由會計、業務、倉庫等有關部門的人員組成財產清查的專門班子，具體負責財產清查的組織和管理工作。

（2）制定清查計劃。清查小組應制訂詳細的財產清查計劃，確定清查的對象、範圍、清查日期，配備清查人員，明確清查任務。

（3）財務部門要在財產清查前，將截止清查日止的所有經濟業務全部登記入帳，結出總帳、明細帳的餘額，並核對相符，做到帳帳、帳實相符。

（4）財產物資的保管、使用等相關業務部門，應登記好所經管的所有財產物資的明細帳，並結出餘額。對所經管的各種財產物資以及帳簿、帳卡分類整理、排列、掛上標簽，詳細標明實物的編號、名稱、品種、規格、數量、結存等，以備查對。

（5）對需要使用的度量衡器，要提前校驗正確，保證計量準確。對清查登記需要使用的所有表冊、清單等，都要準備妥當。

二、財產清查的方法

由於各項財產物資有不同的形態和特徵，相應的清查方法也就有所不同。常見的清查方法有：實地盤點法、技術推算法、核對法和查詢法。

(一) 實物資產的清查

1. 確認實物資產數量的方法

實物資產在企業資產中所占的比重較大,是企業日常管理的重點。對於各種實物如材料、半成品、在產品、產成品、低值易耗品、包裝物、固定資產等,都要從數量和質量上進行清查。由於實物的形態、體積、重量、堆放方式等不盡相同,因而所採用的清查方法也不盡相同。實物數量的清查方法,比較常用的有以下兩種:

(1) 實地盤點法。即通過在財產物資堆放現場進行逐一清點數量或用計量器具來確定實物的實存數量的一種方法。其適用的範圍較廣,在多數財產物資清查中都可以採用這種方法。

(2) 技術推算法。採用這種方法,對於財產物資不是逐一清點計數,而是利用技術方法,如通過量方、計尺等技術推算財產物資的結存數量的一種方法。這種方法只適用於成堆量大而價值又不高難以逐一清點的財產物資的清查。例如,露天堆放的煤炭等。

在實物資產的清查中,不僅要關注數量,還應關注質量。對於實物資產的質量,應根據不同的實物採用不同的檢查方法,例如有的採用物理方法,有的採用化學方法來檢查實物的質量。

在實物資產的清查過程中,實物資產的保管人員和盤點人員必須同時在場。盤點時,清查人員應認真盤點核對,作好記錄,並對清查中發現的異常情況,如呆滯、缺損、霉變、積壓、不配套等財產物資應予以註明,查明原因,並提出處理意見。盤點結束時,盤點人員應根據盤點結果如實填製「盤存單」,並由盤點人員和實物保管人員簽字或蓋章,以明確經濟責任。盤存單既是紀錄盤點結果的書面證明,也是反應財產物資實存數額的原始憑證,其一般格式如表 7-1 所示。

表 7-1　　　　　　　　　　　盤存單

單位名稱:　　　　　　盤點時間:　　　　　　編號:
財產類別:　　　　　　存放地點:　　　　　　金額單位:

編號	名稱	規格	計量單位	帳面結存數量	實際盤點 數量	實際盤點 單價	實際盤點 金額	備註

盤點人:　　　　　　　　　　　　　　實物保管人:

為了查明財產物資的實存數與帳存數是否一致,確定盤盈或盤虧情況,應根據盤存單和有關帳簿的記錄,編製「實存帳存對比表」。實存帳存對比表是用以調整帳簿記錄的重要原始憑證,也是分析產生差異的原因,明確經濟責任的依據。實存帳存對比表的一般格式如表 7-2 所示。

表 7-2　　　　　　　　　　　實存、帳存對比表
單位名稱：　　　　　　　　　　年　月　日

編號	類別及名稱	計量單位	單價	實存		帳存		對比結果				備註
								盤盈		盤虧		
				數量	金額	數量	金額	數量	金額	數量	金額	

主管人員：　　　　　　　　　會計：　　　　　　　　製表：

對於委託外單位加工、保管的材料、商品、物資以及在途的材料、商品、物資等，可以用詢證的方法與有關單位進行核對，以查明帳實是否相符。

對於固定資產的清查，其方法與實物資產的清查方法相同。清查結束時，應編製「固定資產盤盈、盤虧報告表」。其格式如表 7-3 所示。

表 7-3　　　　　　　　固定資產盤盈、盤虧報告表
部門：　　　　　　　　　　年　月　日

編號	名稱	規格及型號	盤盈			盤虧			毀損			原因
			數量	重估價	累計折舊	數量	原價	已提折舊	數量	原價	已提折舊	
處理意見	審批部門			清查小組				使用保管部門				

2. 確認存貨帳面結存數量的方法

確認存貨帳面結存數量的方法有永續盤存制和實地盤存制兩種形式。

（1）永續盤存制

永續盤存制也稱帳面盤存制，就是通過設置存貨明細帳，對日常發生的存貨增加或減少，都必須根據會計憑證在有關帳簿中進行連續登記，並隨時在帳簿中結算出各項存貨的結存數並定期與實際盤存數對比，確定存貨盤盈盤虧的一種制度。具體做法是：收入某項財產物資時，根據有關的會計憑證將收入的數量和金額記在有關明細帳的收入欄；當發出某項財產物資時，將支出的數量和金額記在有關明細帳的支出欄，並及時計算出該財產物資在明細帳上的結存數量和金額。其計算公式為：

帳面期末結存數＝帳面期初結存數＋本期增加數－本期減少數

採用永續盤存制，可以隨時掌握和瞭解各項財產物資收入（增加）、發出（減少）和結存的詳細情況，有利於加強對存貨的管理與控制，但是，相對於實地盤存制而言，永續盤存制下存貨明細帳的會計核算工作量較大，尤其是核算月末一次結轉銷售成本或耗用成本時，存貨結存成本及銷售或耗用成本的計算工作比較集中；採用這種方法需要將財產清查的結果同帳面結存進行核對，在帳實不符的情況下，還需要及時查明

原因，按照有關規定進行處理，以達到帳實相符的目的。

[**例 7-1**] 某企業 2010 年 3 月 1 日倉庫存有甲材料 500 千克，單價 100 元。本月與甲材料有關的收發情況如下：

（1）3 日，生產領用 200 千克，單價 100 元；
（2）8 日，購入 400 千克，單價 100 元，已驗收入庫；
（3）15 日，生產領用 650 千克，單價 100 元；
（4）26 日，購入 600 千克，單價 100 元，已驗收入庫；

根據上述資料，登記甲材料明細帳如表 7-4 所示。

表 7-4　　　　　　　　　　材料明細分類帳　　　　　　　　計量單位：千克

帳戶名稱：甲材料　　　　　　　　　　　　　　　　　　　金額單位：元

2010年		憑證號數	摘要	收入（借方）			發出（貸方）			結存		
月	日			數量	單價	金額	數量	單價	金額	數量	單價	金額
3	1	（略）	期初結存							500	100	50,000
	3		生產領用				200	100	20,000	300	100	30,000
	8		購買入庫	400	100	40,000				700	100	70,000
	15		生產領用				650	100	65,000	50	100	5,000
	26		購買入庫	600	100	60,000				650	100	65,000
3	31		本月合計	1,000	100	100,000	850	100	85,000	650	100	65,000

（2）實地盤存制

實地盤存制，又稱定期盤存制，是指會計期末通過對財產物資進行實地盤點確定期末結存數量的方法。即是以期末具體盤點實物的結果為依據來確定財產物資結存數量的方法。具體做法是：平時只登記財產物資收入數，不登記財產物資發出數，月末通過實地盤點，確定結存數量，並倒擠發出數量及金額，據以完成帳簿記錄，使帳實相符的一種盤存制度。在實地盤存制下，本期減少數的計算公式是：

本期減少數＝期初結存數＋本期增加數－期末結存數

採用實地盤存制，其優點是，由於平時不需要計算、記錄財產物資的減少數和結存數，可以大大簡化日常核算工作量，財產物資的收發手續也比較簡便。其缺點是，正由於平時不作存貨的減少記錄，使得日常財產物資的實體流轉與帳面變化並不完全一致，且發貨手續不嚴密，不能通過帳簿隨時反應和監督各項財產物資的收、發、結存情況，不利於財產物資的控制和管理；期末所得的存貨減少數是一個倒擠數，有可能把不正常的財產物資的損失數，如被盜、浪費、遺失或盤點遺漏等造成的損失都包括在發出成本中，這樣就會影響日常核算的真實性，影響經營成果的核算；另外，由於每個會計期末都必須花費大量的人力、物力對財產物資進行盤點和計價，加大了期末會計核算工作量，有時會影響正常的生產經營。因此，企業很少採用這種盤存制度。實地盤存制一般只適應於核算數量大、價值低、收發頻繁的財產物資。

[**例7-2**] 沿用 [例7-1] 的資料，假設月末對甲材料進行實地盤點確定的結存數為620千克，單價100元。則採用實地盤存制登記甲材料明細帳如表7-5所示。

表 7-5　　　　　　　　　　　材料明細分類帳　　　　　　　　　計量單位：千克
帳戶名稱：甲材料　　　　　　　　　　　　　　　　　　　　　　　　金額單位：元

2010年		憑證號數	摘要	收入（借方）			發出（貸方）			結存		
月	日			數量	單價	金額	數量	單價	金額	數量	單價	金額
3	1	（略）	期初結存							500	100	50,000
	8		購買入庫	400	100	40,000						
	26		購買入庫	600	100	60,000						
3	31		本月發出				880	100	88,000			
3	31		本月合計	1,000	100	100,000	880	100	88,000	620	100	62,000

在實地盤存制下，本月購入並驗收入庫甲材料1,000千克，單價100元；月初結存甲材料500千克，單價100元；月末結存甲材料620千克，單價100元。因此，本月發出甲材料的數量為880千克（500+1,000−620），單價100元，金額為88,000（50,000+100,000−62,000）元。

(二) 庫存現金的清查

庫存現金的清查，包括人民幣和各種外幣的清查。對於庫存現金的清查，都是採用實地盤點法，即通過點票數來確定庫存現金的實存數，然後以實存數與庫存現金日記帳的帳面餘額進行核對，以查明帳實是否相符及盈虧情況。

由於現金的收支業務十分頻繁，容易出現差錯，需要出納人員每日進行清查，有關部門和人員進行定期及不定期的專門清查。現金清查前，出納人員必須將所有與現金有關的經濟業務在現金日記帳中全部予以登記，並結出餘額；每日業務終了，出納人員都必須將現金日記帳的帳面餘額與現金的實存數進行核對，做到帳款相符。有關部門和人員每月至少要對現金進行一次清查，清查時，出納人員必須在場，現鈔應逐張查點。

在庫存現金的清查過程中，應特別注意：是否有借條、收據抵充現金，現金日記帳的帳面餘額是否與庫存現金的實有數一致，現金是否超過庫存限額，是否有現金短款、長款、挪用等違反現金管理制度的現象。

現金清查結束，應及時填製「庫存現金盤點報告表」，對現金長款或短款要查明原因，提出意見，並由盤點人員和出納人員簽章。現金盤點報告表兼有盤存單和實存帳存對比表的作用，是反應現金實有數和調整帳簿記錄的重要原始憑證。其一般格式如表7-6所示。

表 7-6　　　　　　　　　　庫存現金盤點報告表
單位名稱：　　　　　　　　　　年　月　日

實存金額	帳存金額	對比結果		備註
		盤盈（長款）	盤虧（短款）	

盤點人：　　　　　　　　　　　　出納員：

國庫券、其他金融債券、公司債券、股票等有價證券的清查方法和現金相同。

(三) 銀行存款的清查

銀行存款的清查，與實物和現金的清查方法不同，它是採用與銀行核對帳目的方法來進行的。即將企業單位的銀行存款日記帳與定期從開戶銀行取得的銀行對帳單逐比進行核對，以查明銀行存款的收入、付出和結餘的記錄是否正確。

開戶銀行送來的銀行對帳單是銀行在收付企業單位存款時復寫的帳頁，它完整地記錄了企業單位存放在銀行的款項的增減變動及其結存情況，是進行銀行存款清查的重要依據。

在實際工作中，企業銀行存款日記帳的帳面餘額與銀行對帳單的帳面餘額往往會出現不一致，其主要原因：一是雙方帳目發生錯帳、漏帳。所以，在與銀行核對帳目之前，應先仔細檢查企業單位銀行存款日記帳的正確性和完整性，然后再將其與銀行送來的對帳單逐筆進行核對。二是正常的「未達帳項」。所謂「未達帳項」，是指銀行和企業雙方由於記帳時間不一致而發生的一方已經入帳，另一方尚未入帳的款項。企業單位與銀行之間的未達帳項，主要有以下四種情況：

(1) 企業已入帳，銀行尚未入帳的款項

①企業已收，銀行未收。如企業送存銀行的款項，企業已作為銀行存款的增加入帳，但銀行尚未作為企業銀行存款的增加，記入本企業的銀行存款帳戶。

②企業已付，銀行未付。如企業開出支票支付貨款，企業已作為銀行存款的減少入帳，但客戶收到支票後，尚未到銀行去辦理有關手續，銀行尚未實際劃出款項，因而未作為企業銀行存款的減少，記入本企業銀行存款帳戶。

(2) 銀行已入帳，企業尚未入帳的款項

①銀行已收，企業未收。如銀行代企業收進的銷貨款或銀行付給企業的存款利息，銀行已作為企業存款的增加入帳，但企業尚未收到收款通知，因而未入帳。

②銀行已付，企業未付。如銀行代企業支付的水電費、電話費等款項，銀行已作為企業存款的減少入帳，但企業尚未收到付款通知，因而未入帳。

上述任何一種情況的發生，都會使企業和銀行雙方的帳面存款餘額不一致。因此，為了查明企業單位和銀行雙方帳目的記錄有無差錯，同時也是為了發現未達帳項，在進行銀行存款清查時，必須將企業單位的銀行存款日記帳與銀行對帳單逐筆進行核對。

核對的內容包括收付金額、結算憑證的種類和號數、收入來源、支出的用途、發生的時間等。通過核對，如果發現企業單位有錯帳或漏帳，應立即予以更正；如果發現銀行有錯帳或漏帳，應及時通知銀行查明原因，予以更正；如果發現有未達帳項，則應據以編製「銀行存款余額調節表」來消除未達帳項的影響。

銀行存款余額調節表的編製方法：一般是在企業和銀行雙方帳面余額的基礎上，分別加上對方已收而本方尚未記收的帳項金額，減去對方已付而本方尚未記付的帳項金額，然后驗證調節后的雙方余額是否相等。其調節后存款余額的計算方法是：

企業銀行存款日記帳調節后的存款余額＝企業銀行存款日記帳帳面余額

　　　＋銀行已收、企業未收的帳項金額－銀行已付、企業未付的帳項金額

銀行對帳單調節后的存款余額＝銀行對帳單帳面余額

　　　＋企業已收、銀行未收的帳項金額－企業已付、銀行未付的帳項金額

下面舉例說明銀行存款余額調節表的編製方法。

[例7-3] 2010年6月30日某企業銀行存款日記帳的帳面余額為31,000元，銀行對帳單上顯示的當天余額為36,000元，經逐筆核對，發現有下列未達帳項：

（1）29日，企業銷售產品收到轉帳支票一張計2,000元，將支票存入銀行，銀行尚未辦理入帳手續。

（2）29日，企業採購原材料開出轉帳支票一張計1,000元，企業已作銀行存款付出，銀行尚未收到支票而未入帳。

（3）30日，企業購買辦公用品，開出現金支票一張計250元，銀行尚未入帳。

（4）30日，銀行代企業收回貨款8,000元，收款通知尚未到達企業，企業尚未入帳。

（5）30日，銀行代付電費1,750元，付款通知尚未到達企業，企業尚未入帳。

（6）30日，銀行代付水費500元，付款通知尚未到達企業，企業尚未入帳。

根據以上資料，編製銀行存款余額調節表如7-7所表示：

表7-7　　　　　　　　　　銀行存款余額調節表

2010年6月30日　　　　　　　　　　　單位：元

項　目	金額	項　目	金額
企業銀行存款日記帳帳面余額	31,000	銀行對帳單帳面余額	36,000
加：銀行已收，企業未收的款項 　　銀行代收貨款 減：銀行已付，企業未付的款項 　　銀行代付電費 　　銀行代付水費	 8,000 1,750 500	加：企業已收，銀行未收的款項 　　存入的轉帳支票 減：企業已付，銀行未付的款項 　　開出轉帳支票 　　開出現金支票	 2,000 1,000 250
調節后存款余額	36,750	調節后存款余額	36,750

調節后，如果雙方余額相等，一般可以說明雙方記帳沒有差錯；如果雙方余額不相等，原因有兩個：要麼是未達帳項未全部查出，要麼是一方或雙方帳簿記錄還有差錯。無論是什麼原因，都要進一步查明並加以更正，一定要到調節表中雙方余額相等

為止。

調節后相等的銀行存款余額，既不是企業銀行存款日記帳的余額，也不是銀行對帳單的余額，它是企業銀行存款的真實數字，也是企業當日可以動用的銀行存款的實際數額。

需要注意的是，未達帳項不是錯帳、漏帳，因此，企業不能以銀行存款調節表作為記帳依據。對於銀行已經入帳而企業尚未入帳的未達帳項，不能根據銀行存款余額調節表來編製會計分錄，作為記帳依據，必須在收到銀行的有關結算憑證后，才能據以入帳。另外，對於長期懸置的未達帳項，應及時查明原因，予以解決。

上述銀行存款的清查方法，也適用於各種銀行借款的清查。但在清查銀行借款時，還應檢查借款是否按規定的用途使用，是否按期歸還。

(四) 往來款項的清查

往來款項是指企業與其他單位之間發生的各種應收款、應付款、暫收款、暫付款等債權、債務款項。各種往來款項的清查，一般採用查詢法或與對方單位核對帳目的方法，或二者結合。在往來款項的清查中，不僅要查明債權、債務的余額，還要查明債權、債務形成的原因，以便加強管理。清查前，應首先檢查、核對各個單位結算往來款項帳目的正確性和完整性，在此基礎上，根據有關明細分類帳的記錄，按用戶編製對帳單，送交對方單位（債權人或債務人）進行核對。對帳單一般一式兩聯，其中一聯作為回單。如果對方單位核對相符，應在回單上蓋章后退回；如果數字不符，則應將不符的情況在回單上註明，或另抄對帳單退回，以便進一步清查。往來款項對帳單沒有固定的格式，但一般應包括如下內容，其格式如表 7-8 所示。

表 7-8　　　　　　　　　　往來款項對帳單

對帳單位：　　　　　　地址：　　　　　對帳截止日期：　　　　　編號：

帳戶名稱	經濟事項摘要	我方帳戶余額	貴方帳戶余額	核對差額	核對結果	差異情況說明
合計						

貴方簽章：　　　　　　　　　　　　我方簽章：

在核對過程中，如果發現未達帳項，雙方都應採用調節帳面余額的方法（調整方法與銀行存款余額的調節方法相似），來核對往來款項是否相符。清查中尤其應注意查明有無雙方發生爭議的款項、沒有希望收回的款項以及無法支付的款項，以便及時採取措施進行處理，避免或減少壞帳損失。

清查完畢，企業應填製「往來款項清查結果報告表」，其格式如表 7-9 所示。

表 7-9　　　　　　　　　往來款項清查結果報告表
　　　　　　　　　　　　　　　年　　月　　日

總分類帳戶		明細帳戶		對方金額	清查結果		核對不符原因及金額			備註
名稱	金額	名稱	金額		核對相符金額	核對不符金額	未達帳項	有爭議款項	無法收回款項	

清查人員：　　　　　　　　　　　　主管人員：

第三節　財產清查結果的處理

一、財產清查結果的處理程序

　　通過財產清查，一般會產生以下三種情況之一的結果：帳存數等於實存數，帳實相符；帳存數大於實存數，財產物資發生短缺，出現盤虧；帳存數小於實存數，財產物資發生溢余，出現盤盈。

　　除帳實相符外，對財產清查中出現的各種帳實差異，均應當查明出現差異的原因，核實盤盈、盤虧金額，對所發現的財產管理和核算方面存在的問題，認真分析研究，以有關的法令、制度為依據進行相應處理。為此，對財產清查結果處理的大致程序如下：

　　1. 查明差異，分析原因

　　通過財產清查所確定的清查資料和帳簿記錄之間的差異，如財產的盤盈、盤虧和多余積壓，以及逾期債權、債務等，都要認真查明其性質和原因，明確經濟責任，提出處理意見，按照規定程序報經有關部門批准後，予以認真嚴肅的處理。財產清查人員應以高度的責任心，深入調查研究，實事求是，問題定性要準確，處理方法要得當。

　　2. 認真總結，加強管理

　　財產清查以後，針對所發現的問題和缺點，應當認真總結經驗教訓，表彰先進，鞏固成績，發揚優點，克服缺點，做好工作。同時，要建立和健全以崗位責任制為中心的財產管理制度，切實提出改進工作的措施，進一步加強財產管理，保護財產物資的安全和完整。

　　3. 調整帳簿記錄，做到帳實相符

　　財產清查的重要任務之一就是為了保證帳實相符，財會部門對於財產清查中所發現的差異必須及時進行帳簿記錄的調整。由於財產清查結果的處理要報請有關部門審批，所以，在帳務處理上通常分兩步進行。

第一步，將財產清查中發現的盤盈、盤虧或毀損數，在查明原因，核實金額的基礎上，報請有關領導審批，並根據盤點報告表，通過「待處理財產損溢」帳戶，編製記帳憑證，登記有關帳簿，以調整有關帳面記錄，使各項財產物資的帳存數和實存數相等，做到帳實相符。

第二步，在報請有關領導審批后，應根據批准的處理意見和發生差異的原因進行帳務處理，編製記帳憑證，登記有關帳簿。

為了對各種實物資產的清查結果進行帳務處理，應設置「待處理財產損溢」帳戶，該帳戶是一個暫記帳戶，它是專門用來核算企業在財產清查過程中查明的各種財產物資的盤盈、盤虧和毀損價值的帳戶。該帳戶屬於資產類帳戶，借方登記各種財產物資的盤虧、毀損數及按照規定程序批准的盤盈轉銷數；貸方登記各種財產物資的盤盈數及按照規定程序批准的盤虧、毀損轉銷數。企業的財產損溢，因查明原因，在期末結帳前處理完畢，處理后本帳戶應無餘額。在該帳戶下應設置「待處理固定資產損溢」和「待處理流動資產損溢」兩個明細帳戶，進行明細核算。

二、財產清查結果的會計處理

(一) 庫存現金清查結果的會計處理

在庫存現金清查中，若發現的現金帳存數小於實存數，稱為現金長款；若發現的現金帳存數大於實存數，稱為現金短款。

對於清查中發生的現金長款或短款，應在查明原因，報經批准前，先記入「待處理財產損溢」帳戶的貸方或借方，並據以登記有關帳簿，調整庫存現金帳戶的餘額，做到帳實相符。

在報經批准后，應根據批准意見，視不同的原因而採取相應的帳務處理。一般來說，對於無法查明原因的現金長款，報經批准后，屬於應付給有關單位或個人的，記入「其他應付款」帳戶；無法查明原因的，記入「營業外收入」帳戶。對於現金短款，如果應由責任人或保險公司賠償的，記入「其他應收款」帳戶；如果是由於管理不善造成或無法查明原因的，記入「管理費用」帳戶。同時，對原已記入「待處理財產損溢」帳戶的現金長、短款予以轉銷。

［例7-4］某企業在對庫存現金進行盤點時，發現現金長款50元。

報經批准前，根據「庫存現金盤點報告表」所確定的現金長款額，調整帳面記錄，應編製的會計分錄為：

借：庫存現金　　　　　　　　　　　　　　　　　　50
　　貸：待處理財產損溢——待處理流動資產損溢　　　　　　50

對於該筆長款，無法查明原因，報經企業領導批准后，記入「營業外收入」帳戶。

借：待處理財產損溢——待處理流動資產損溢　　　　50
　　貸：營業外收入　　　　　　　　　　　　　　　　　　50

［例7-5］某企業在對庫存現金進行盤點時，發現現金短款600元。

報經批准前，根據「庫存現金盤點報告表」所確定的現金短款額，調整帳面記錄，

應編製的會計分錄為：

借：待處理財產損溢——待處理流動資產損溢　　　　　　　　600
　　貸：庫存現金　　　　　　　　　　　　　　　　　　　　　600

經查，這筆現金短款是由於出納人員在現金收支過程中不仔細造成的，由出納人員賠償250元，其餘記入「管理費用」帳戶。

借：管理費用　　　　　　　　　　　　　　　　　　　　　　350
　　其他應收款　　　　　　　　　　　　　　　　　　　　　　250
　　貸：待處理財產損溢——待處理流動資產損溢　　　　　　　600

(二) 存貨清查結果的會計處理

對於財產清查中，發現的各種材料、在產品、產成品等存貨的盤盈、盤虧和毀損，應在查明原因，報經批准前，先記入「待處理財產損溢」帳戶的貸方或借方，並據以登記有關帳簿，調整相關存貨帳戶的余額，做到帳實相符。

在報經批准后，應根據批准意見，視不同的原因而採取相應的帳務處理：

(1) 盤盈的存貨，通常是由於企業日常收發計量或計算上的差錯所造成的，一般沖減管理費用，記入「管理費用」帳戶的貸方。

(2) 屬於以下正常原因造成的損失，一般應增加管理費用，記入「管理費用」帳戶的借方：在收發物資中，由於計量、檢驗不準確；財產物資在運輸、保管、收發過程中，在數量上發生自然增減變化；由於手續不齊或計算、登記上發生錯誤。

(3) 屬於管理不善或工作人員失職，造成財產損失、變質或短缺的，應由過失人賠償或保險公司賠償的，記入「其他應收款」帳戶。

(4) 屬於自然災害造成的非常損失的，扣除殘料價值、可收回的過失人賠償和保險公司賠償后的剩餘部分，應記入「營業外支出」帳戶。

[例7-6] 某企業在財產清查中，盤盈原材料6噸，價值18,000元。

報經批准前，根據「實存帳存對比表」所確定的材料盤盈金額，調整帳面記錄，應編製的會計分錄如下：

借：原材料　　　　　　　　　　　　　　　　　　　　　　18,000
　　貸：待處理財產損溢——待處理流動資產損溢　　　　　　18,000

經查明，這項盤盈材料是因計量儀器不準造成生產領用少付多算，所以，經批准沖減本月管理費用，應編製的會計分錄為：

借：待處理財產損溢——待處理流動資產損溢　　　　　　　18,000
　　貸：管理費用　　　　　　　　　　　　　　　　　　　　18,000

[例7-7] 在財產清查中，發現企業生產的完工A產品實際庫存較帳面庫存短缺7,000元。

報經批准前，根據「實存帳存對比表」所確定的材料盤虧金額，調整帳面記錄，應編製的會計分錄為：

借：待處理財產損溢——待處理流動資產損溢　　　　　　　7,000
　　貸：庫存商品——A產品　　　　　　　　　　　　　　　7,000

經查明，該項短缺的 A 產品中，有 4,000 元屬於自然損耗，其余 3,000 元屬於管理人員過失造成的損失。報經批准後，屬於自然損耗的，應作為管理費用，計入本期損益；屬於管理人員過失造成的，應由過失人賠償。應編製的會計分錄如下：

借：管理費用 4,000
　　其他應收款——某某人 3,000
　貸：待處理財產損溢——待處理流動資產損溢 7,000

(三) 固定資產清查結果的會計處理

對於財產清查中，盤盈的固定資產，應作為前期會計差錯處理，通過「以前年度損益調整」帳戶核算。這將在后續課程中介紹，此處不再贅述。

對於財產清查中，發現的固定資產盤虧和毀損，應在查明原因，報經批准前，先記入「待處理財產損溢」帳戶，並據以登記有關帳簿，調整固定資產帳戶的余額，做到帳實相符。

在報經批准後，應根據批准意見，屬於過失人及保險公司賠償的部分，記入「其他應收款」帳戶，扣除過失人賠償和保險公司賠償后的剩餘部分，記入「營業外支出」帳戶。

[例 7-8] 某企業在財產清查中，發現損壞一臺設備，原價 20,000 元，已提折舊 14,000 元。

在審批之前，根據「固定資產盤盈、盤虧報告表」所確定的固定資產盤虧金額，調整帳面記錄，應編製的會計分錄為：

借：待處理財產損溢——待處理固定資產損溢 6,000
　　累計折舊 14,000
　貸：固定資產 20,000

經查明，該臺損壞的設備是由於工人操作不當造成的。經領導批示，由操作過失人員賠償的 2,000 元和保險公司賠償的 3,000 元，均記入「其他應收款」帳戶，其余由企業承擔 1,000 元，記入「營業外支出」帳戶。應編製的會計分如下：

借：營業外支出 1,000
　　其他應收款——某某人 2,000
　　　　　　　——保險公司 3,000
　貸：待處理財產損溢——待處理固定資產損溢 6,000

[例 7-9] 在財產清查中，查明確實無法收回的購貨款 30,000 元，經批准作為壞帳損失。

壞帳損失是指無法收回的應收帳款而使企業遭受的損失。按制度規定，在會計核算中對壞帳損失的處理採用備抵法，即按一定比例提取「壞帳準備」計入當期損益。因此，對於這筆確屬無法收回的應收帳款，應按照規定的手續審批后，以批准的文件為原始依據，作壞帳損失處理，沖減「壞帳準備」帳戶。「壞帳準備」是資產類的帳戶，是「應收帳款」的抵減帳戶，用來核算壞帳準備的提取和轉銷情況，貸方登記提取數，借方登記沖銷數，余額在貸方，表示已經提取尚未沖銷的壞帳。這筆業務應編

製的會計分錄如下：
　　借：壞帳準備　　　　　　　　　　　　　　　　　　　　　30,000
　　　貸：應收帳款（或其他應收款）　　　　　　　　　　　　　30,000
　　對於應付購貨款項，如確實無法支付，可按制度規定，經批准後記為營業外收入，通過「營業外收入」帳戶進行核算。
　　企業在財產清查中查明的有關債權、債務的壞帳收入或壞帳損失，經批准後，按照上述會計分錄直接進行轉銷，不需要通過「待處理財產損溢」帳戶核算。

本章小結

　　為了保證會計資料的真實性，企業必須定期或不定期地對其所擁有的財產物資進行清查，將帳存數與實存數相互核對，以便在帳實發生差異時及時尋找原因、分清責任，並按規定的程序和方法調整帳面記錄，做到帳實一致。

　　財產清查按不同的標準可以分為不同的類別。財產清查按其清查範圍可分為全部清查和局部清查，按其清查時間可分為定期清查和不定期清查。全部清查和局部清查，既可以是定期清查，也可以是不定期清查。

　　對不同的財產物資應採用不同的方法進行清查。對材料、產成品、固定資產等實物的清查主要採用實地盤點的方法來進行；對現金的清查要採用不通知，突擊盤點的方法來進行；對銀行存款的清查要採取與銀行核對帳目的方法來進行；對應收和應付等債權債務的清查主要通過詢證核對的方法來進行。

　　對清查的結果應填製相應的清查結果報告表，並查明原因，報請有關領導審批，進行相應的會計處理。對財產物資的盤盈、盤虧、毀損情況進行會計處理時，應設置「待處理財產損溢」帳戶，分報請批准以前和批准以後兩個步驟分別進行。

思考題

1. 什麼是財產清查？為什麼要進行財產清查？
2. 財產清查有何作用？
3. 財產清查有哪些類型？各自的適用對象是什麼？
4. 財產清查前要做好哪些準備工作？
5. 什麼是永續盤存制和實地盤存制？為什麼在一般情況下應採用永續盤存制？
6. 如何對現金、銀行存款、實物資產進行財產清查？
7. 什麼是未達帳項？未達帳項有哪幾種情況？怎樣編製銀行存款餘額調節表？
8. 財產清查的結果有幾種？如何進行相應的帳務處理？

練習題

一、單項選擇題

1. 對應收帳款進行清查時，應採用的方法是（　　）。
   A. 與記帳憑證核對　　　　　B. 函證法
   C. 實地盤點法　　　　　　　D. 技術推算法
2. 一般來說，單位撤銷、合併或改變隸屬關係時，要進行（　　）。
   A. 全面清查　　B. 局部清查　　C. 實地盤點　　D. 定期清查
3. 按照財產清查對象範圍的不同，財產清查分為（　　）。
   A. 定期清查和不定期清查　　　B. 全面清查和局部清查
   C. 實物清查、現金清查　　　　D. 銀行存款清查和往來款項清查
4. 財產清查按照（　　），可以分為定期和不定期清查。
   A. 清查範圍　　　　　　　　B. 清查人員
   C. 清查時間是否固定　　　　D. 清查地點是否固定
5. 銀行存款清查的方法是（　　）。
   A. 定期盤存法　　　　　　　B. 和往來單位核對帳目的方法
   C. 實地盤存法　　　　　　　D. 與銀行核對帳目的方法
6. 盤虧的固定資產應該通過（　　）科目核算。
   A. 固定資產清理　　　　　　B. 待處理財產損溢
   C. 以前年度損益調整　　　　D. 材料成本差異
7. 下列反應在「待處理財產損溢」科目借方的是（　　）。
   A. 財產的盤虧數　　　　　　B. 財產的盤盈數
   C. 財產盤虧的轉銷數　　　　D. 尚未處理的財產淨溢余
8. 無法查明原因的現金盤盈應該記入（　　）科目。
   A. 管理費用　　B. 營業外收入　　C. 銷售費用　　D. 其他業務收入
9. 企業在遭受自然災害後，對其受損的財產物資進行的清查，屬於（　　）。
   A. 局部清查和定期清查　　　B. 全面清查和定期清查
   C. 全面清查和不定期清查　　D. 局部清查和不定期清查
10. 華為公司 2011 年 6 月 30 日銀行存款日記帳的余額為 100 萬元，經逐筆核對，未達帳項如下：銀行已收，企業未收的 2 萬元；銀行已付，企業未付的 1.5 萬元。調整后的企業銀行存款余額應為（　　）萬元。
    A. 100　　　　B. 100.5　　　　C. 102　　　　D. 103.5
11. 對於天然堆放的礦石，一般採用（　　）法進行清查。
    A. 技術推算　　B. 抽查檢驗　　C. 詢證核對　　D. 實地盤點
12. 關於現金的清查，下列說法不正確的是（　　）。
    A. 在清查小組盤點現金時，出納人員必須在場

B.「現金盤點報告表」需要清查人員和出納人員共同簽字蓋章

C. 要根據「現金盤點報告表」進行帳務處理

D. 不必根據「現金盤點報告表」進行帳務處理

13. 財產清查是對（　　）進行盤點和核對，確定其實存數，並檢查其帳存數和實存數是否相符的一種專門方法。

  A. 存貨　　　　B. 固定資產　　　C. 貨幣資金　　　D. 各項財產

二、多項選擇題

1. 下列屬於財產清查一般程序的有（　　）。

  A. 組織清查人員學習有關政策規定

  B. 確定清查對象、範圍，明確清查任務

  C. 制定清查方案

  D. 填製盤存單和清查報告表

2. 在銀行對帳中，未達帳項包括（　　）。

  A. 銀行已收款入帳企業未收款入帳

  B. 企業未付款入帳銀行已付款入帳

  C. 企業未付款入帳銀行也未付款入帳

  D. 銀行已收款入帳企業也收款入帳

3. 下列關於「銀行存款餘額調節表」的判斷中正確的有（　　）。

  A. 若無差錯，調整後的銀行存款餘額即為企業可動用的銀行存款數

  B. 按現行制度規定，不能根據它將未達帳項入帳，只有結算憑證到達後才能進行帳務處理

  C. 銀行存款餘額調節表只是用來核對帳目

  D. 可以根據銀行存款餘額調節表調整銀行存款日記帳

4. 庫存現金盤虧的帳務處理中可能涉及的科目有（　　）。

  A. 庫存現金　　B. 管理費用　　C. 其他應收款　　D. 營業外支出

5. 造成帳實不符的原因主要有（　　）。

  A. 財產物資的自然損耗　　　　B. 財產物資收發計量錯誤

  C. 財產物資的毀損、被盜　　　D. 會計帳簿漏記、重記、錯記

6. 下列情況需要進行不定期清查的是（　　）。

  A. 年終決算前進行財產清查　　B. 更換財產物資保管人員

  C. 發生自然災害或意外損失　　D. 臨時性清產核資

7. 全面清查是指對企業的全部財產進行盤點和核對，包括屬於本單位和存放在本單位的所有財產物資、貨幣資金和各項債權債務。其中的財產物資包括（　　）。

  A. 在本單位的所有固定資產、庫存商品、原材料、包裝物、低值易耗品、在產品、未完工程等

  B. 屬於本單位但在途中的各種在途物資

  C. 委託其他單位加工、保管的材料物資

D. 存放在本單位的代銷商品、材料物資等
8. 下列項目中屬於調增項目的是（　　）。
   A. 企業已收，銀行未收　　B. 企業已付，銀行未付
   C. 銀行已收，企業未收　　D. 銀行已付，企業未付
9. 下列不適於採用實地盤點法清查的是（　　）。
   A. 原材料　　　　　　　　B. 固定資產
   C. 露天堆放的沙石　　　　D. 露天堆放的煤
10. 關於庫存現金的清查，下列說法正確的是（　　）。
    A. 庫存現金應該每日清點一次
    B. 要根據盤點結果編製「現金盤點報告表」
    C. 在清查過程中可以用借條、收據充抵庫存現金
    D. 庫存現金應該採用實地盤點法

三、判斷題

1. 定期清查和不定期清查對象的範圍均既可以是全面清查，也可以是局部清查。（　　）
2. 非正常原因造成的存貨盤虧損失經批准后應該計入營業外支出。（　　）
3. 小企業會計制度也要設置「待處理財產損溢」科目。（　　）
4. 在進行庫存現金和存貨清查時，出納人員和實物保管人員不得在場。（　　）
5. 存貨發生盤虧時，應根據不同的原因作出不同的處理，若屬於一般經營性損失或定額內損失，記入「管理費用」科目。（　　）
6. 「銀行存款余額調節表」編製完成後，可以作為調整企業銀行存款余額的原始憑證。（　　）

四、業務題

（一）1. 目的：練習銀行存款余額調節表的編製。

2. 資料：某企業 2011 年 9 月 30 日銀行存款日記帳帳面餘額為 51,300 元，銀行對帳單餘額為 53,000 元。經查對發現有以下未達帳項：
（1）29 日企業存入銀行一張轉帳支票，金額 3,900 元，銀行尚未入帳。
（2）29 日銀行收取企業借款利息 400 元，企業尚未收到付款通知。
（3）30 日企業委託銀行收款 4,100 元，銀行已入帳，企業尚未入帳收到收款通知。
（4）30 日企業開出轉帳支票一張，金額 1,900 元，持票單位尚未到銀行辦理手續。

3. 要求：根據以上未達帳項，編製銀行存款余額調節表。

銀行存款余額調節表

2011 年 9 月 30 日　　　　　　　　　　　　　　單位：元

項目	金額	項目	金額
銀行對帳單余額		企業銀行存款日記帳余額	
加：企業已收銀行未收款		加：銀行已收企業未收款	
減：企業已付銀行未付款		減：銀行已付企業未付款	
調整后余額		調整后余額	

（二）1. 目的：練習財產清查的會計處理。

2. 資料：大華公司 2011 年 12 月 31 日報表決算前進行財產清查時發現如下問題：

（1）現金短缺 100 元，經查明是由於出納收發錯誤造成的，經批准由出納賠償。

（2）原材料甲盤盈 100 千克，單價為 10 元/千克，經查明屬於自然升溢。

（3）原材料乙盤虧 100 千克，價款 1,000 元，增值稅稅率為 17%，進項稅額為 170 元，經查明為計量差錯造成。

（4）盤虧設備一臺，固定資產原值為 10,000 元，已經計提折舊 5,000 元，未計提減值準備，經查明屬於失竊，可以獲得保險公司賠償 1,000 元。

3. 要求：做出上述事項批准前后的帳務處理。

第八章　財務報告

　　財務報告是會計系統的最終產品，是企業在日常會計核算基礎上編製的，向信息使用者提供綜合財務信息的書面文件。本章主要介紹最基本的財務報表：資產負債表和利潤表的編製，其他財務報表的內容將在《中級財務會計》中予以介紹，此處不再贅述。

第一節　財務報告概述

一、財務報告的意義

　　財務報告又稱財務會計報告，是指企業對外提供的反應企業某一特定日期的財務狀況和某一會計期間的經營成果、現金流量等會計信息的文件。

　　財務報告是財務會計確認與計量的最終結果體現，是向投資者、債權人等財務報告使用者提供決策有用信息的媒介和渠道，是溝通投資者、債權人等財務報告使用者與企業管理層之間信息的橋梁和紐帶。

　　編製財務報告，是會計核算的一種專門方法，也是會計循環的重要環節。企業日常發生的各項經濟業務，雖然通過編製會計憑證和登記相關帳簿得到了確認與反應，但是會計憑證和會計帳簿是比較分散的，不便於會計信息使用者系統、全面地掌握企業經濟活動的全貌。因此，有必要定期對日常會計信息資料作進一步的加工、整理、綜合，並結合其他的核算資料，按一定的指標體系，以報告文件的形式進行集中反應，從而全面、系統、概括地為財務會計報告使用者提供與企業財務狀況、經營成果和現金流量等有關的會計信息，反應企業管理層受託責任履行情況，有助於財務會計報告使用者做出經濟決策。

二、財務報告的組成

　　財務報告由會計報表及其附註和其他應當在財務報告中披露的相關信息和資料組成。

　　會計報表，又稱為財務會計報表或財務報表，是指企業以一定的會計方法和程序由會計帳簿的數據整理得出，以表格的形式反應企業財務狀況、經營成果和現金流量的書面文件，是財務報告的主體和核心。根據 2006 年財政部頒布的《企業會計準則第 30 號——財務報表》規定，會計報表至少應當包括資產負債表、利潤表、現金流量表

和所有者權益（或股東權益）變動表及其相關附表。其中，相關附表是反應企業財務狀況、經營成果和現金流量的補充報表，主要包括利潤分配表以及國家統一會計制度規定的其他附表。

會計報表附註是指對在會計報表中列示項目所作的進一步說明，以及對未能在這些報表中列示項目的說明等。會計報表附註是財務會計報告的一個重要組成部分，它有利於增進會計信息的可理解性，提高會計信息可比性和突出重要的會計信息。

三、會計報表的分類

會計報表可以按照不同的標準進行分類。

會計報表按照反應的內容，分為資產負債表、利潤表、現金流量表和所有者權益（或股東權益）變動表。資產負債表是反應企業在某一特定日期財務狀況的會計報表。利潤表是反應企業在一定會計期間經營成果的會計報表。現金流量表是反應企業在一定會計期間現金和現金等價物流入和流出的會計報表。所有者權益變動表是反應構成所有者權益各組成部分當期增減變動情況的會計報表。

會計報表按其服務對象，分為外部會計報表和內部會計報表。外部會計報表是企業向外部的會計信息使用者報告經濟活動和財務收支情況的會計報表，如資產負債表、利潤表、現金流量表和所有者權益變動表。這類報表的種類、格式、編製要求和方法均由企業會計準則統一規定，任何組織不得隨意變更。內部會計報表是用來反應企業經濟活動和財務收支的具體情況，為企業內部管理者進行決策提供信息的會計報表，如成本費用報表、預算表等。這類報表種類繁多、格式多樣、內容各異，沒有統一指標體系，由企業財會部門自行制定。

會計報表按照編製的時間，分為中期會計報表和年度會計報表。中期會計報表簡稱為中報，是指短於一年的會計期間編製的會計報表，如半年度會計報表、季度會計報表、月度會計報表。月度會計報表簡稱為月報，是月終編製的報表，每月編報一次；季度會計報表簡稱為季報，是季度終了以後編製的報表，每季編報一次；半年度會計報表簡稱為半年報，是指每個會計年度的前六個月結束後對外提供的財務報告，每年6月30日編報一次。月報、季報和半年報種類比年報少一些，只包括一些主要的報表，如資產負債表、利潤表等，但半年報與月報和季報在部分指標上有一定的差異。年度會計報表簡稱為年報，是年度終了以後編製的，全面反應企業財務狀況、經營成果及其分配、現金流量等方面信息的報表，包括資產負債表、利潤表、現金流量表和所有者權益（或股東權益）變動表及其附註。

會計報表按其編製單位，分為單位會計報表和匯總會計報表。單位會計報表是由獨立核算的會計主體編製的，用以反應某一會計主體的財務狀況、經營成果和現金流量情況的會計報表。匯總會計報表是由上級主管部門、專業公司根據基層所屬企業所編製的會計報表加以匯總編製的會計報表。

會計報表按其編製的範圍，分為個別會計報表和合併會計報表。個別會計報表是指僅僅反應一個會計主體的財務狀況、經營成果和現金流量情況的會計報表；合併會計報表是指反應母公司和其全部子公司形成的企業集團整體財務狀況、經營成果和現

金流量情況的會計報表。

會計報表按照反應的資金運動狀況，分為靜態報表和動態報表。靜態報表是指反應企業在某一特定日期（月末、季末、半年末和年末）財務狀況的會計報表，如資產負債表。動態報表是指反應企業在一定會計期間的經營成果、現金流量及形成過程和原因的會計報表，如利潤表、現金流量表、所有者權益（或股東權益）變動表等。

四、財務報表的編製要求

會計報表編製和報送是一項嚴肅的工作，為充分發揮財務報表的作用，必須保證財務報表的質量，為此，企業編製財務報表必須符合以下要求：

1. 數字真實

會計是一個信息系統，如實反應企業的經營活動和財務狀況是會計信息系統的基本要求。對外提供的會計報表主要是滿足不同的使用者對信息資料的要求，便於使用者根據所提供的財務信息作出決策。因此，會計報表所提供的數據必須做到真實可靠。如果會計報表所提供的財務信息不真實可靠，會導致報表使用者對企業財務狀況和經營成果作出相反的結論，導致其決策失誤。

2. 內容完整

會計報表應當全面反應企業的財務狀況和經營成果，反應企業經營活動的全貌。會計報表只有全面反應企業的財務情況，提供完整的會計信息資料，才能滿足各方面對會計信息資料的需要。為了保證會計報表的全面完整，企業在編製會計報表時，應該按照規定的格式和內容進行填列，凡是國家要求提供的會計報表，必須按照國家規定的要求編報，不得漏編漏報。凡是國家統一要求披露的信息，都必須披露。企業某些重要的會計事項，應當在會計報表附註中加以說明。

3. 計算準確

日常的會計核算以及編製財務報表，涉及大量的數字計算，只有準確的計算，才能保證數字的真實可靠。這就要求編製財務報表必須以核對無誤后的帳簿記錄和其他有關資料為依據，不能使用估計或推算的數據，更不能以任何方式弄虛作假，玩數字游戲或隱瞞謊報。

4. 報送及時

會計報表只有及時編製和報送，財務報表信息才能及時地傳遞給信息使用者，才能有利於報表使用者使用，為使用者的決策提供依據。否則，即使是真實可靠和內容完整的財務報告，由於編製、報送不及時，對於報表的使用者來說，也是沒有任何價值的。

5. 便於理解

可理解性是指會計報表提供的財務信息可以為使用者所理解。企業對外提供的會計報表是為廣大財務信息使用者使用，以提供企業過去、現在和未來的財務信息資料，為財務信息使用者提供決策所需的經濟信息的，因此，企業編製的會計報表應清晰易懂，便於理解和使用。如果提供的會計報表晦澀難懂，不可理解，使用者就不能作出可靠的判斷，所提供的會計報表也毫無用處。當然，對會計報表的這一要求，是建立

在會計報表使用者具有一定閱讀會計報表能力的基礎之上的。

6. 手續完備

企業對外提供的財務報表應加具封面、裝訂成冊、加蓋公章。財務報表封面上應當註明：企業名稱、企業統一代碼、組織形式、地址、報表所屬年度或者月份、報出日期，並由企業負責人和主管會計工作的負責人、會計機構負責人（會計主管人員）簽名並蓋章；設置總會計師的企業，還應當由總會計師簽名並蓋章。

第二節　資產負債表

一、資產負債表的作用

資產負債表是反應企業在某一特定日期財務狀況的報表。資產負債表根據資產、負債、所有者權益（或股東權益，下同）之間的勾用關係，按資產、負債和所有者權益分類分項列示。資產負債表作為企業的基本報表，在財務報表體系中處於重要的地位。其主要作用有：

（1）可以反應企業的資產總額及其構成情況。通過資產負債表提供的資料，分析企業在某一日期所擁有或控制的經濟資源及其分佈情況，可以幫助報表使用者全面瞭解企業的財務狀況，有利於報表使用者進一步分析企業生產經營的穩定性和資產分佈的合理性。

（2）可以反應企業的負債總額及其構成情況。通過資產負債表提供的資料，分析企業目前與未來需要支付的債務數額，可以瞭解企業償還負債的緊迫性和償債壓力，有利於報表使用者進一步分析企業的財務風險，為報表使用者進行經濟決策提供重要的信息資料。

（3）可以反應企業所有者權益的總額及其構成情況。通過資產負債表提供的資料，可以瞭解企業現有的投資者在企業資產總額中所占的份額，反應企業投資者對企業的初始投入和資本累積，有助於報表使用者分析、判斷企業資本的保值、增值情況對負債的保障程度以及抗風險的能力。

（4）可以總體反應企業資金的來源渠道和構成情況。通過資產負債表提供的資料，分析資產、負債和所有者權益的構成情況，能比較全面地瞭解企業資本結構的合理性、財務實力、短期償債能力和資產的周轉能力，有助於報表使用者進行經濟決策。

二、資產負債表的結構

資產負債表由表首、表體和表尾三部分組成。其中表首概括地說明報表名稱、編製單位名稱、編製日期、報表編號、貨幣名稱、計量單位等內容，表尾主要列示附註資料及其相關人員的簽章。表體是資產負債表的主體和核心，主要列示了用以說明企業財務狀況的各個項目。

根據資產負債表表體部分排列形式的不同，資產負債表的格式主要有兩種：報告

式資產負債表和帳戶式資產負債表。按照中國企業會計準則的規定，中國企業的資產負債表一般採用帳戶式。

(一) 報告式資產負債表

報告式資產負債表，又稱為垂直式資產負債表，其結構分為上、下兩部分，上半部分列示資產項目，下半部分列示負債和所有者權益項目。具體排列形式又有兩種：一是按「資產＝負債＋所有者權益」的原理排列，如表8-1所示；二是按「資產－負債＝所有者權益」的原理排列，如表8-2所示。但不管採取什麼格式，上、下兩部分的合計數均應相等。其優點是便於編製比較資產負債表。

表8-1　　　　　　　　　　　資產負債表　　　　　　　　　　會企01表

編製單位：　　　　　　　　　　年　月　日　　　　　　　　　　單位：元

項　目	行　次	期末餘額	年初餘額
資產：			
流動資產			
長期投資			
固定資產			
無形資產			
其他資產			
資產合計			
負債：			
流動負債			
非流動負債			
負債合計			
所有者權益：			
實收資本（或股本）			
資本公積			
盈余公積			
未分配利潤			
所有者權益合計			
負債和所有者權益總計			

表8-2　　　　　　　　　　　資產負債表　　　　　　　　　　會企01表

編製單位：　　　　　　　　　　年　月　日　　　　　　　　　　單位：元

項　目	行　次	期末餘額	年初餘額
資　產：			
流動資產			

表8-2(續)

項　目	行次	期末余額	年初余額
長期投資			
固定資產			
無形資產			
其他資產			
資產合計			
負債：			
流動負債			
非流動負債			
負債合計			
所有者權益：			
實收資本（或股本）			
資本公積			
盈余公積			
未分配利潤			
所有者權益合計			

（二）帳戶式資產負債表

帳戶式資產負債表，又稱為橫式資產負債表，其結構分為左、右兩部分，左邊列示資產項目，右邊列示負債和所有者權益項目。左、右兩部分的合計數相等。其優點是資產、負債和所有者權益的恒等關係一目了然，具體格式如表8-3所示。

表8-3　　　　　　　　　　　　　　資產負債表　　　　　　　　　　　　會企01表
編製單位：　　　　　　　　　　　　　年　月　日　　　　　　　　　　　　單位：元

資產	期末余額	年初余額	負債和股東權益	期末余額	年初余額
流動資產：			流動負債：		
貨幣資金			短期借款		
交易性金融資產			交易性金融負債		
應收票據			應付票據		
應收帳款			應付帳款		
預付帳款			預收帳款		
應收利息			應付職工薪酬		
應收股利			應交稅費		
其他應收款			應付利息		

表8-3(續)

資產	期末余額	年初余額	負債和股東權益	期末余額	年初余額
存貨			應付股利		
一年內到期的非流動資產			其他應付款		
其他流動資產			一年內到期的非流動負債		
流動資產合計			其他流動負債		
非流動資產:			流動負債合計		
可供出售金融資產			非流動負債:		
持有至到期投資			長期借款		
長期應收款			應付債券		
長期股權投資			長期應付款		
投資性房地產			預計負債		
固定資產			遞延所得稅負債		
在建工程			其他非流動負債		
工程物資			非流動負債合計		
固定資產清理			負債合計		
無形資產			股東權益:		
商譽			實收資本（或股本）		
長期待攤費用			資本公積		
遞延所得稅資產			盈余公積		
其他非流動資產			未分配利潤		
非流動資產合計			股東權益合計		
資產總計			負債和股東權益總計		

三、資產負債表的編製

資產負債表是一張靜態報表，反應企業在某一時點的財務狀況，它是根據「資產＝負債+所有者權益」的會計恒等關係編製的，因此，表中各項目的數據應來源於資產、負債和所有者權益類帳戶的本期余額。同時通過在資產負債表上設立「年初余額」和「期末余額」兩欄的比較資料，還能反應出企業財務狀況的變動情況。表中各項目的填列方法如下：

(一)「年初余額」欄的填列

資產負債表的「年初余額」欄內各項目的金額，應根據上年末資產負債表「期末余額」欄內各項目的金額填列。如果本年度資產負債表規定的各項目的名稱和內容與上年度不一致，應對上年度資產負債表各項目的名稱和數字按照本年度的規定進行調整，填入本表「年初余額」欄內。

(二)「期末余額」欄的填列

資產負債表的「期末余額」欄內各項目的金額，應根據各項目有關總帳科目或明細科目的本期期末余額直接填列或計算分析填列。「期末余額」欄各項目的填列方法如下：

1. 根據總帳帳戶的期末余額直接填列

資產負債表中大部分項目的「期末余額」可以根據有關總帳帳戶的期末余額直接填列。如「交易性金融資產」「固定資產清理」「遞延所得稅資產」「短期借款」「交易性金融負債」「應付票據」「應付職工薪酬」「應付股利」「應交稅費」「遞延所得稅負債」「預計負債」「實收資本」「資本公積」「盈余公積」等項目。這些項目中，「應交稅費」等負債項目，如果其相應帳戶出現借方余額，應以「－」號填列。「固定資產清理」等資產項目，如果其相應的帳戶出現貸方余額，也應以「－」號填列。

2. 根據總帳帳戶的期末余額計算填列

資產負債表中有些項目的「期末余額」需要根據有關總帳帳戶的期末余額計算填列。這些項目主要包括：

(1)「貨幣資金」項目，應根據「庫存現金」「銀行存款」和「其他貨幣資金」等帳戶的期末余額合計數填列。

(2)「存貨」項目，應根據「在途物資（或材料採購）」「原材料」「周轉材料」「庫存商品」「委託加工物資」「材料成本差異」「生產成本」等帳戶的期末余額之和，減去「存貨跌價準備」帳戶期末余額后的金額填列。

(3)「應收票據」「應收股利」「應收利息」項目應根據各相應帳戶的期末余額，減去「壞帳準備」帳戶中相應各項目計提的壞帳準備期末余額后的差額填列。

(4)「固定資產」項目，應根據「固定資產」帳戶的期末余額減去「累計折舊」「固定資產減值準備」帳戶期末余額后的淨額填列。

(5)「無形資產」項目，應根據「無形資產」帳戶的期末余額減去「累計攤銷」「無形資產減值準備」帳戶期末余額后的淨額填列。

(6)「投資性房地產」「在建工程」「工程物資」「長期股權投資」和「持有至到期投資」項目，均應根據其相應總帳帳戶的期末余額減去其相應減值準備后的淨額填列。

(7)「未分配利潤」項目，1~11月份應根據「本年利潤」帳戶和「利潤分配」帳戶的年末余額抵減或合併后的金額計算填列，如為未彌補虧損，則在本項目內以「－」號填列；年末結帳后，「本年利潤」帳戶已無余額，「未分配利潤」項目應根據「利潤分配」帳戶的年末余額直接填列，貸方余額以正數填列，如為借方余額，應以「－」號填列。

3. 根據明細帳戶的期末余額分析計算填列

資產負債表中有些項目的「期末余額」需要根據有關明細帳戶的期末余額分析計算填列。這些項目主要包括：

（1）「應收帳款」項目，應根據「應收帳款」帳戶和「預收帳款」帳戶所屬明細帳戶的期末借方余額合計數，減去「壞帳準備」帳戶中有關應收帳款計提的壞帳準備期末余額后的金額填列。

（2）「預付款項」項目，應根據「預付帳款」帳戶和「應付帳款」帳戶所屬明細帳戶的期末借方余額合計數，減去「壞帳準備」帳戶中有關預付款項計提的壞帳準備期末余額后的金額填列。

（3）「應付帳款」項目，應根據「應付帳款」帳戶和「預付帳款」帳戶所屬明細帳戶的期末貸方余額合計數填列。

（4）「預收款項」項目，應根據「預收帳款」帳戶和「應收帳款」帳戶所屬明細帳戶的期末貸方余額合計數填列。

（5）「其他應收款」項目，應根據「其他應收款」帳戶和「其他應付款」帳戶所屬明細帳戶的期末借方余額合計數，減去「壞帳準備」帳戶中有關其他應收款計提的壞帳準備期末余額后的金額填列。

（6）「其他付款項」項目，應根據「其他應付款」帳戶和「其他應收款」帳戶所屬明細帳戶的期末貸方余額合計數填列。

4. 根據總帳帳戶和明細帳戶的余額分析計算填列

（1）「長期待攤費用」項目，應根據「長期待攤費用」帳戶期末余額扣除其中將於一年內攤銷的數額后的金額填列，將於一年內攤銷的數額填列在「一年內到期的非流動資產」項目內。

（2）「持有至到期投資」項目，應根據「持有至到期投資」帳戶期末余額扣除「持有至到期投資減值準備」和所屬明細科目中將於一年內到期的數額后的金額填列，將於一年內到期的數額填列在「一年內到期的非流動資產」項目內。

（3）「長期借款」「應付債券」和「長期應付款」項目，應根據「長期借款」「應付債券」和「長期應付款」帳戶的期末余額，扣除所屬的明細科目中在資產負債表日起一年內到期、且企業不能自主地將清償義務展期的部分后的金額計算填列；在資產負債表日起一年內到期、且企業不能自主地將清償義務展期的部分在流動負債類下的「一年內到期的非流動負債」項目內反應。

5. 資產負債表附註的內容

資產負債表附註的內容，根據實際需要和有關備查帳簿等的記錄分析填列。如或有負債披露方面，按照備查帳簿中記錄的商業承兌匯票貼現情況，填列「已貼現的商業承兌匯票」項目。

四、資產負債表編製實例

資料一，甲公司 2009 年 12 月 31 日結帳后有關帳戶期末余額，如表 8-4、表 8-5 所示。

表 8-4　　　　　甲公司 2009 年 12 月 31 日有關總分類帳戶余額表　　　　　單位：元

帳戶名稱	借方余額	貸方余額	帳戶名稱	借方余額	貸方余額
庫存現金	64,000		短期借款		235,000
銀行存款	230,000		應付票據		220,000
其他貨幣資金	140,000		應付帳款		500,000
交易性金融資產	25,000		預收帳款		20,000
應收票據	40,000		應付職工薪酬		135,000
應收股利	30,000		應付股利		120,000
應收利息	10,000		應交稅費		45,000
應收帳款	350,000		其他應付款		35,000
壞帳準備		60,000	長期借款		570,000
預付帳款	10,000		實收資本		1,950,000
其他應收款	330,000		資本公積		219,000
原材料	165,000		盈余公積		356,000
庫存商品	126,000		利潤分配		125,000
生產成本	350,000				
持有至到期投資	140,000				
長期股權投資	2,000,000				
長期股權投資減值準備		120,000			
固定資產	900,000				
累計折舊		200,000			
合計	4,910,000	380,000			4,530,000

表 8-5　　　甲公司 2009 年 12 月 31 日有關總分類帳戶所屬明細分類帳戶余額表　　　單位：元

帳戶名稱	明細帳戶借方余額合計	明細帳戶貸方余額合計
應收帳款	380,000	30,000
預付帳款	30,000	20,000
應付帳款	40,000	540,000
預收帳款	5,000	25,000

資料二，壞帳準備中，有 20,000 元是根據其他應收款的期末余額計算的，其余均是根據應收帳款的期末余額計算的；持有至到期投資中有 40,000 元將於 2010 年 10 月 21 日到期；長期借款中有 250,000 元將於 2010 年 8 月 15 日到期。假設 2009 年資產負債表中各項目的名稱和內容與上年度一致。

根據上述資料，甲公司編製 2009 年 12 月 31 日的資產負債表如表 8-6 所示。

表 8-6　　　　　　　　　　　　　　　　**資產負債表**　　　　　　　　　　　　　　　會企 01 表

編製單位：甲公司　　　　　　　　　　　2009 年 12 月 31 日　　　　　　　　　　　　　　單位：元

資　產	期末余額	年初余額	負債和股東權益	期末余額	年初余額
流動資產：			流動負債：		
貨幣資金	434,000		短期借款	235,000	
交易性金融資產	25,000		交易性金融負債		
應收票據	40,000		應付票據	220,000	
應收利息	10,000		應付帳款	560,000	
應收股利	30,000		預收帳款	55,000	
應收帳款	345,000		應付職工薪酬	135,000	
預付帳款	70,000		應交稅費	45,000	
其他應收款	310,000		應付利息		
存貨	641,000		應付股利	120,000	
一年內到期的非流動資產	40,000		其他應付款	35,000	
其他流動資產			一年內到期的非流動負債	250,000	
流動資產合計	1,945,000		其他流動負債		
非流動資產：			流動負債合計	1,655,000	
可供出售金融資產			非流動負債：		
持有至到期投資	100,000		長期借款	320,000	
長期應收款			應付債券		
長期股權投資	1,880,000		長期應付款		
投資性房地產			預計負債		
固定資產	700,000		遞延所得稅負債		
在建工程			其他非流動負債		
工程物資			非流動負債合計	320,000	
固定資產清理			負債合計	1,975,000	
無形資產			股東權益：		
商譽			實收資本（或股本）	1,950,000	
長期待攤費用			資本公積	219,000	
遞延所得稅資產			盈餘公積	356,000	
其他非流動資產			未分配利潤	125,000	
非流動資產合計	2,680,000		股東權益合計	2,650,000	
資產總計	4,625,000		負債和股東權益總計	4,625,000	

甲公司 2009 年 12 月 31 日編製的資產負債表中，各項目的填列方法如下：

「交易性金融資產」「應收票據」「應收股利」「應收利息」「短期借款」「應付票

據」「應付職工薪酬」「應付股利」「應交稅費」「其他應付款」「實收資本」「資本公積」「盈余公積」項目,均直接根據相關科目的期末余額填列。

「貨幣資金」項目,根據「庫存現金」「銀行存款」和「其他貨幣資金」總帳科目的期末余額合計數填列。

「存貨」項目,根據「原材料」「庫存商品」「生產成本」總帳科目的期末余額的合計數填列。

「應收帳款」項目,根據「應收帳款」科目所屬明細科目的期末借方余額和「預收帳款」科目所屬明細科目的期末借方余額的合計數減去「壞帳準備」科目中有關應收帳款計提的壞帳準備期末余額后的差額填列。

「預付帳款」項目,根據「預付帳款」科目所屬明細科目的期末借方余額和「應付帳款」科目所屬明細科目的期末借方余額的合計數填列。

「應付帳款」項目,根據「應付帳款」科目所屬明細科目的期末貸方余額和「預付帳款」科目所屬明細科目的期末貸方余額的合計數填列。

「預收帳款」項目,根據「預收帳款」科目所屬明細科目貸方余額和「應收帳款」科目所屬明細科目貸方余額的合計數填列。

「其他應收款」項目,根據「其他應收款」科目的期末余額減去「壞帳準備」科目中有關其他應收款計提的壞帳準備期末余額后的差額填列。

「長期股權投資」項目,根據「長期股權投資」科目的期末余額減去「長期股權投資減值準備」科目期末余額后的差額填列。

「固定資產」項目,根據「固定資產」科目的期末余額減去「累計折舊」科目的期末余額后的淨額填列。

「持有至到期投資」項目,根據「持有至到期投資」科目的期末余額,扣除將於一年內到期的持有至到期投資數額后的差額填列,將於一年內到期的持有至到期投資數額填列在流動資產下的「一年內到期的非流動資產」項目內。

「長期借款」項目,根據「長期借款」科目的期末余額,扣除將於一年內到期的長期借款后的長期借款的差額填列,將於一年內到期的長期借款數額填列在流動負債下的「一年內到期的非流動負債」項目內。

「未分配利潤」項目,根據「利潤分配」科目的期末余額填列。

第三節　利潤表

一、利潤表的作用

利潤表也稱為損益表、收益表,是反應企業在一定會計期間經營成果的報表。企業的經營成果一般表現為利潤（或虧損）,利潤是企業的各項收入扣除各項費用后的差額,是企業經濟效益的綜合體現。

編製利潤表的主要目的是將企業經營成果的信息,提供給各種報表使用者,為會

計報表使用者的決策提供依據或參考。其主要作用有：

（1）可以評價和預測企業的經營成果和獲利能力。通過利潤表提供的相關信息，可以直接反應企業的經營成果，揭示企業利用經濟資源的效率，瞭解企業收益增長的規模和趨勢，為企業投資者、債權人和管理部門等信息使用者評價和預測企業的獲利能力，進行投資決策提供依據。

（2）可以評價和預測企業的償債能力。通過利潤表提供的相關信息，企業的投資者、債權人和管理部門等有關信息使用者可以間接地評價和預測企業的償債能力，尤其是長期償債能力，並揭示償債能力的變化趨勢，為進行各種投資決策、信貸決策和改進企業管理工作決策提供依據。管理部門還可據以找出償債能力不強的原因，努力提高企業的償債能力，改善企業的公關形象。

（3）可以評價和考核企業管理人員的經營業績和經營管理水平。通過利潤表提供的相關信息，比較分析前後各期利潤表上各項收入、費用、成本與收益的增減變動情況及增減變動的原因，可以明確各項收入、成本、費用與收益之間的消長趨勢，考核企業經營目標的完成情況，能夠較為客觀地評價各職能部門、生產經營單位的經營績效，發現各方面工作中存在的問題，揭露缺點，找出差距，及時對採購、生產、銷售、籌資和人事等方面的工作作出調整，使各項活動趨於合理，不斷提高企業的經營管理水平。

二、利潤表的結構

利潤表由表首、表體和表尾三部分組成。其中表首說明報表名稱、編製單位名稱、編製日期、報表編號、貨幣名稱、計量單位等內容，表尾主要列示附註資料及其相關人員的簽章。表體是利潤表的核心，它是根據「收入－費用＝利潤」的會計平衡公式編製的，反應形成經營成果的各個項目及其形成過程。利潤表的格式有兩種：單步式利潤表和多步式利潤表。

（一）單步式利潤表

單步式利潤表是指當期全部收入抵減當期全部支出，一次計算出當期損益的一種利潤表。因其計算只有一個相減的步驟，故稱單步式利潤表，其具體格式如表 8-7 所示。

表 8-7　　　　　　　　　　　　　利潤表　　　　　　　　　　　　　會企 02 表
編製單位：　　　　　　　　　　　　年　月　　　　　　　　　　　　　單位：元

項　目	行　次	本期金額	上期金額
一、收入			
營業收入			
公允價值變動收益（損失以「－」號填列）			
投資收益（損失以「－」號填列）			
營業外收入			

表8-7(續)

項　目	行次	本期金額	上期金額
收入合計			
二、費用			
營業成本			
營業稅金及附加			
銷售費用			
管理費用			
財務費用			
資產減值損失			
營業外支出			
所得稅費用			
費用合計			
三、淨利潤			
四、每股收益			

　　單步式利潤表的優點是收入費用歸類清楚，經營成果的確認比較直觀，編製方法簡單，便於會計報表使用者理解。不足之處是不能像多步式利潤表那樣區分收入和費用配比的先後層次，無法揭示利潤中各要素之間的內在聯繫，不利於不同企業或同一企業不同時期相應項目的比較，不便於對企業經營成果進行分析和評價。在實際工作中這種格式已經很少使用。

(二) 多步式利潤表

　　多步式利潤表是指將不同的收入和費用項目加以歸類，按企業利潤的構成內容列示，分步反應淨利潤的實現過程。多步式利潤表主要分三步計算企業的淨利潤（或淨虧損）。具體如下：

　　第一步，計算營業利潤。

　　營業利潤＝營業收入－營業成本－營業稅金及附加－銷售費用－管理費用－財務費用－資產減值損失＋公允價值變動收益（或－公允價值變動損失）＋投資收益（或－投資損失）

　　第二步，計算利潤總額。

　　利潤總額＝營業利潤＋營業外收入－營業外支出

　　第三步，計算淨利潤。

　　淨利潤＝利潤總額－所得稅費用

　　按照中國企業會計準則的規定，中國企業的利潤表採用多步式。多步式利潤表的具體格式如表8-8所示。

表 8-8　　　　　　　　　　　　　　　利潤表　　　　　　　　　　　　　　　會企 02 表

編製單位：　　　　　　　　　　　　　年　　月　　　　　　　　　　　　　　單位：元

項　　目	本期金額	上期金額
一、營業收入		
減：營業成本		
營業稅金及附加		
銷售費用		
管理費用		
財務費用		
資產減值損失		
加：公允價值變動收益（損失以「-」號填列）		
投資收益（損失以「-」號填列）		
其中：對聯營企業和合營企業的投資收益		
二、營業利潤（虧損以「-」號填列）		
加：營業外收入		
減：營業外支出		
其中：非流動資產處置損失		
三、利潤總額（虧損總額以「-」號填列）		
減：所得稅費用		
四、淨利潤（淨虧損以「-」號填列）		
五、每股收益：		
（一）基本每股收益		
（二）稀釋每股收益		

多步式利潤表與單步式利潤表相比，對收入與費用、支出項目加以了歸類，能較直觀地反應營業收入與非營業收入對利潤的影響和淨利潤的形成過程，揭示利潤中各要素之間的內在聯繫，有助於會計報表使用者對不同企業或同一企業不同時期相應項目的比較和對企業的生產經營情況進行分析、評價，從而有利於預測企業未來的盈利能力。但多步式利潤表較難理解，而且容易使人產生收入與費用的配比有先後順序的誤解，對收入、費用、支出項目的歸類、分步難免帶有主觀性。

三、利潤表的編製

利潤表是一張動態報表，反應企業在一定會計期間的盈利情況，因此表中各項目的數據來源於損益類帳戶的本期發生額。表中各項目的填列方法如下：

(一)「上期金額」欄的填列

利潤表中「上期金額」欄各項目的數字，應根據上期利潤表中「本期金額」欄的數字填列。如果上期利潤表與本期利潤表的項目名稱和內容不相一致，則應按編報當期的口徑對上期利潤表項目的名稱和數字進行調整，填入本表「上期金額」欄內。在編製中期和年度財務報表時，應將「上期金額」欄改成「本年累計金額」欄，「本年累計金額」欄反應各項目自年初起至報告期末止的累計實際發生數。該欄應根據上月利潤表的「本年累計金額」欄各項目的數額，加上本月利潤表的「本期金額」欄各項目的數額，然后將其合計數填入該欄相應項目內。

(二)「本期金額」欄的填列

利潤表「本期金額」欄反應各項目的本月實際發生數。在編製中期和年度財務報表時，應將「本期金額」欄改成「上年金額」欄，反應上年同期累計實際發生數。「本期金額」欄各項目應根據有關損益類帳戶的本期發生額直接填列或計算分析填列。

1. 根據損益類帳戶的本期發生額分析填列

(1)「營業收入」項目，應根據「主營業務收入」和「其他業務收入」帳戶期末轉入「本年利潤」帳戶貸方的發生額的合計數填列。

(2)「營業成本」項目，應根據「主營業務成本」和「其他業務成本」帳戶期末轉入「本年利潤」帳戶借方的發生額的合計數填列。

(3)「營業稅金及附加」項目，應根據「營業稅金及附加」帳戶期末轉入「本年利潤」帳戶借方的發生額填列。

(4)「銷售費用」項目，應根據「銷售費用」帳戶期末轉入「本年利潤」帳戶借方的發生額填列。

(5)「管理費用」項目，應根據「管理費用」帳戶期末轉入「本年利潤」帳戶借方的發生額填列。

(6)「財務費用」項目，應根據「財務費用」帳戶期末轉入「本年利潤」帳戶借方的發生額填列。

(7)「資產減值損失」項目，應根據「資產減值損失」帳戶期末轉入「本年利潤」帳戶借方的發生額填列。

(8)「公允價值變動損益」項目，應根據「公允價值變動損益」帳戶期末轉入「本年利潤」帳戶貸方的發生額填列；如為公允價值變動損失，以「-」號填列。

(8)「投資收益」項目，應根據「投資收益」帳戶期末轉入「本年利潤」帳戶貸方的發生額填列；如為投資損失，以「-」號填列。

(9)「營業外收入」項目，應根據「營業外收入」帳戶期末轉入「本年利潤」帳戶貸方的發生額填列。

(10)「營業外支出」項目，應根據「營業外支出」期末轉入「本年利潤」帳戶借方的發生額填列。

(11)「所得稅費用」項目，應根據「所得稅費用」帳戶轉入「本年利潤」帳戶借方的發生額填列。

2. 根據表中有關項目計算填列

利潤表中「營業利潤」「利潤總額」「淨利潤」等項目，均應根據有關項目之間的關係計算填列，如利潤表中所示，此處不再贅述。

四、利潤表編製實例

乙公司 2010 年度有關損益類科目本年累計發生淨額，如表 8-9 所示。

表 8-9　　　　　　　　乙公司 2010 年度損益類科目累計發生淨額　　　　　單位：元

科目名稱	借方發生額	貸方發生額
主營業務收入		1,250,000
其他業務收入		70,000
主營業務成本	750,000	
其他業務成本	50,000	
營業稅金及附加	2,000	
銷售費用	20,000	
管理費用	157,100	
財務費用	41,500	
資產減值損失	30,900	
投資收益		31,500
營業外收入		50,000
營業外支出	22,000	
所得稅費用	82,000	

根據上述資料，編製乙公司 2010 年度的利潤表，如表 8-10 所示。

表 8-10　　　　　　　　　　　利　潤　表　　　　　　　　　　　會企 02 表
編製單位：乙公司　　　　　　　　　2010 年　　　　　　　　　　　單位：元

項　目	本期金額	上期金額（略）
一、營業收入	1,320,000	
減：營業成本	800,000	
營業稅金及附加	2,000	
銷售費用	20,000	
管理費用	157,100	
財務費用	41,500	
資產減值損失	30,900	
加：公允價值變動收益（損失以「-」號填列）	0	
投資收益（損失以「-」號填列）	31,500	

表8-10(續)

項　　目	本期金額	上期金額（略）
其中：對聯營企業和合營企業的投資收益	0	
二、營業利潤（虧損以「-」號填列）	300,000	
加：營業外收入	50,000	
減：營業外支出	22,000	
其中：非流動資產處置損失		
三、利潤總額（虧損總額以「-」號填列）	328,000	
減：所得稅費用	82,000	
四、淨利潤（淨虧損以「-」號填列）	246,000	
五、每股收益	（略）	
（一）基本每股收益		
（二）稀釋每股收益		

本章小結

　　財務報告是指企業對外提供的反應企業某一特定日期的財務狀況和某一會計期間的經營成果、現金流量等會計信息的文件。財務報告由會計報表及其附註和其他應當在財務報告中披露的相關信息和資料組成。其中會計報表是財務報告的最基本組成部分。根據《企業會計準則》規定，會計報表至少應當包括資產負債表、利潤表、現金流量表和所有者權益（或股東權益）變動表及其相關附表。

　　編製財務報表，是會計核算的一種專門方法，也是會計循環的重要環節。通過編製財務報表可以對企業日常發生的分散的、零亂的會計信息進行進一步的加工、整理，進而向會計信息使用者提供全面、系統的會計信息，有助於財務會計報告使用者做出經濟決策。

　　會計報表編製和報送是一項嚴肅的工作，為充分發揮財務報表的作用，保證財務報表的質量，企業在編製財務報表時必須滿足數字真實、內容完整、計算準確、報送及時、便於理解和手續完備等要求，以便會計信息使用者理解和應用。

　　資產負債表是反應企業在某一特定日期財務狀況的報表。其格式主要有報告式和帳戶式兩種，中國企業一般採用帳戶式資產負債表。資產負債表是一張靜態報表，它是根據「資產＝負債＋所有者權益」的會計恒等關係編製的，因此，表中各項目的數據應來源於資產、負債和所有者權益類帳戶的本期余額。

　　利潤表是反應企業在一定會計期間經營成果的報表。利潤表的格式一般有單步式和多步式兩種，中國企業一般採用多步式利潤表。利潤表是一張動態報表，反應企業在一定會計期間的盈利情況，因此表中各項目的數據來源於損益類帳戶的本期發生額。

思考題

1. 什麼是財務報告？財務報告有何作用？
2. 簡述財務報告的內容、分類及其編製要求。
3. 簡述資產負債表的定義、作用、內容和結構。
4. 資產負債表的格式如何？表中各項目如何填列？
5. 簡述利潤表的定義、作用、內容和結構。
4. 利潤表的格式如何？表中各項目如何填列？

練習題

一、單項選擇題

1. 企業一年內到期的長期應收款，應在資產負債表中的（　　）列示。
   A. 長期應收款　　B. 應收帳款　　C. 其他長期資產　　D. 流動資產
2. 根據《企業會計制度》的規定，中期財務會計報告不包括（　　）。
   A. 月報　　　　B. 季報　　　　C. 半年報　　　　D. 年報
3. 以下項目中，屬於資產負債表中流動負債項目的是（　　）。
   A. 長期借款　　B. 長期應付款　　C. 應付股利　　D. 應付債券
4. 「預付帳款」科目明細帳中若有貸方余額，應將其計入資產負債表中的（　　）項目。
   A. 應收帳款　　B. 預收款項　　C. 應付帳款　　D. 其他應付款
5. 資產負債表中貨幣資金項目中包含的項目是（　　）。
   A. 銀行本票存款　　　　　B. 銀行承兌匯票
   C. 商業承兌匯票　　　　　D. 交易性金融資產
6. 某企業 2007 年 12 月 31 日無形資產帳戶余額為 500 萬元，累計攤銷帳戶余額為 200 萬元，無形資產減值準備帳戶余額為 100 萬元。該企業 2007 年 12 月 31 日資產負債表中無形資產資產項目的金額為（　　）萬元。
   A. 500　　　　B. 300　　　　C. 400　　　　D. 200
7. 下列項目在資產負債表中只需要根據某一個總分類帳戶就能填列的項目是（　　）。
   A. 應收帳款　　B. 短期借款　　C. 預付款項　　D. 預收款項
8. 資產負債表中的「未分配利潤」項目，應根據（　　）填列。
   A. 「利潤分配」科目餘額
   B. 「本年利潤」科目餘額
   C. 「本年利潤」和「利潤分配」科目的餘額計算後
   D. 「盈餘公積」科目餘額

9. 中國的資產負債表主要採用（　　）格式。

　　A. 多步式　　　B. 帳戶式　　　C. 報告式　　　D. 單步式

10. 下列資產負債表項目中，應根據多個總帳科目余額計算填列的是（　　）。

　　A. 應付帳款　　B. 盈余公積　　C. 未分配利潤　D. 長期借款

11. 乙企業「原材料」科目借方余額150萬元，「生產成本」科目借方余額200萬元，「在途物資」科目借方余額50萬元，「材料成本差異」科目貸方余額30萬元，該企業期末資產負債表中「存貨」項目應填列的金額為（　　）萬元。

　　A. 520　　　　B. 370　　　　C. 420　　　　D. 390

12. 下列資產負債表項目，根據有關總帳科目余額計算填列的是（　　）。

　　A. 貨幣資金　　B. 應收票據　　C. 預收帳款　　D. 應收帳款

二、多項選擇題

1. 資產負債表的格式一般有（　　）。

　　A. 報告式　　　B. 帳戶式　　　C. 單步式　　　D. 多步式

2. 下列資產負債表項目中，根據總帳科目余額直接填列的有（　　）。

　　A. 短期借款　　B. 實收資本　　C. 應收票據　　D. 應收帳款

3. 資產負債表中的「一年內到期的非流動負債」項目應當根據下列科目貸方余額分析填列（　　）。

　　A. 長期借款　　B. 長期應付款　C. 應付帳款　　D. 應付債券

4. 下列各資產負債表項目中，應根據明細科目余額計算填列的有（　　）。

　　A. 應收票據　　B. 預收款項　　C. 應收帳款　　D. 應付帳款

5. 下列各項，影響企業營業利潤的項目有（　　）。

　　A. 銷售費用　　B. 管理費用　　C. 投資收益　　D. 所得稅費用

6. 下列項目中，屬於資產負債表中「流動資產」項目的有（　　）。

　　A. 預付款項　　B. 應收票據　　C. 預收款項　　D. 存貨

7. 資產負債表中的應付帳款項目應根據（　　）填列。

　　A. 應付帳款所屬明細帳借方余額合計數

　　B. 應付帳款總帳余額

　　C. 預付帳款所屬明細帳貸方余額合計數

　　D. 應付帳款所屬明細帳貸方余額合計數

8. 下列各項中，影響營業利潤的項目有（　　）。

　　A. 已銷商品成本　　　　　　B. 原材料銷售收入

　　C. 出售固定資產淨收益　　　D. 轉讓股票所得收益

9. 下列資產中，屬於流動資產的有（　　）。

　　A. 交易性金融資產　　　　　B. 一年內到期的非流動資產

　　C. 預付款項　　　　　　　　D. 開發支出

10. 財務報告至少應當包括（　　　）。
    A. 資產負債表　　　　　　　　B. 利潤表和現金流量表
    C. 所有者權益變動表　　　　　D. 財務報表附註

三、判斷題

1. 「長期借款」項目，根據「長期借款」總帳科目余額填列。（　）
2. 利潤表是指反應企業在一定會計期間的經營成果的報表。（　）
3. 資產負債表中的「應收帳款」項目應根據「應收帳款」所屬明細科目的期末借方余額合計數、「預收帳款」所屬明細科目的期末借方余額合計數和「壞帳準備」總帳的貸方余額計算填列。（　）
4. 「利潤分配」總帳的年末余額不一定與相應的資產負債表中未分配項目的數額一致。（　）
5. 「應付帳款」項目應根據「應付帳款」和「預付帳款」科目所屬各明細科目的期末貸方余額合計數填列；如「應付帳款」科目所屬明細科目期末有借方余額的，應在資產負債表「預付款項」項目內填列。（　）
6. 「預付帳款」科目所屬各明細科目期末有貸方余額的，應在資產負債表「應收帳款」項目內填列。（　）
7. 資產負債表中的「長期待攤費用」項目應根據「長期待攤費用」科目的期末余額直接填列。（　）
8. 資產負債表中確認的資產都是企業擁有的。（　）
9. 如果固定資產清理科目出現借方余額，應在資產負債表「固定資產清理」項目中以負數填列。（　）

四、業務題

（一）1. 目的：練習資產負債表中有關項目的填列方法。
2. 資料：甲公司2007年12月31日結帳后有關科目余額如下所示：
（1）有關債權、債務資料：

單位：萬元

科目名稱	借方余額	貸方余額
應收帳款	600	40
壞帳準備		80
預收帳款	100	800
應付帳款	20	400
預付帳款	320	60

（2）長期借款資料：

借款起始日期	借款期限（年）	金額（萬元）
2007年1月1日	3	300
2005年1月1日	5	600
2004年6月1日	4	450

（3）「長期待攤費用」項目的期末餘額為50萬元，將於一年內攤銷的數額為20萬元。

3. 要求：根據上述資料，計算資產負債表中下列項目的金額：應收帳款、預付帳款、應付款項和預收帳款、長期借款，長期借款中應列入「一年內到期的非流動負債」項目的金額、長期待攤費用，長期待攤費用中應該列入「一年內到期的非流動資產」項目的金額。

（二）1. 目的：練習利潤表的編製。

2. 資料：乙公司截止2009年12月31日有關科目的本期發生額如下：

科目名稱	借方發生額（萬元）	貸方發生額（萬元）
主營業務收入	150	4,500
主營業務成本	2,400	120
其他業務收入		300
其他業務成本	225	
營業稅金及附加	150	
銷售費用	75	
管理費用	270	
財務費用	30	
資產減值損失	240	15
公允價值變動損益	60	105
投資收益	90	150
營業外收入		360
營業外支出	60	
所得稅費用	450	

3. 要求：根據上述資料，編製乙公司2009年度利潤表。

（三）1. 目的：練習資產負債表的編製。

2. 資料：

（1）某企業2010年12月31日有關科目的餘額如下表所示。

科目余額表

2010 年 12 月 31 日　　　　　　　　　　　　　　　　單位：元

帳戶名稱	借方餘額	帳戶名稱	貸方餘額
庫存現金	24,000	短期借款	1,260,000
銀行存款	4,512,000	應付票據	431,100
其他貨幣資金	2,112,000	應付帳款	1,861,200
應收票據	450,000	其他應付款	18,600
應收帳款	3,300,000	應付職工薪酬	114,000
壞帳準備	-18,000	應交稅費	750,300
預付帳款	608,400	長期借款	15,000,000
其他應收款	42,000	股本	30,000,000
在途物資	2,707,500	盈餘公積	3,000,000
原材料	3,600,000	利潤分配（未分配利潤）	1,420,500
包裝物	970,200		
低值易耗品	770,400		
庫存商品	1,620,000		
長期股權投資	1,524,600		
固定資產	34,227,000		
累計折舊	-7,203,000		
在建工程	2,416,200		
無形資產	1,821,600		
長期待攤費用	370,800		
合計	53,855,700	合計	53,855,700

（2）應收帳款所屬明細帳中有借方餘額 3,600,000 元，貸方餘額 300,000 元；18,000 元壞帳準備全部是根據應收帳款的期末餘額計算的；長期借款中 2,400,000 元將於 2011 年 10 月到期。

3. 要求：根據上述資料編製 2010 年 12 月末資產負債表。

第九章　會計機構和會計人員

　　會計機構和會計人員是會計工作系統正常運行的必要條件。任何單位都應當根據本單位經濟業務的性質、規模、組織結構和經營管理的要求，在符合中國《會計法》《會計基礎工作規定》等法規、制度的要求下，設置與本單位實際情況相適應的會計機構，並配備相應的會計人員；不具備條件設置的，應當委託經批准設立從事會計代理記帳業務的仲介機構代理記帳。本章主要介紹了會計機構的類型、設置原則、會計核算工作組織形式，會計人員的職責、權限、職業道德以及會計專業技術職務和資格考試。

第一節　會計工作組織概述

一、會計工作組織的定義和內容

　　所謂會計工作組織，是指如何安排、協調和管理好企業的會計工作。會計機構和會計人員是會計工作系統運行的必要條件，而會計法規則是保證會計工作系統正常運行的必要的約束機制。

　　會計工作組織的內容主要包括：會計機構的設置；會計人員的配備；會計人員的職責權限；會計工作的規範；會計法規制度的制定；會計檔案的保管；會計工作的電算化等。本課程中只介紹會計機構和會計人員的相關內容，其餘知識將在經濟法、稅法、會計電算化等后續課程中介紹。

二、會計工作組織的原則

　　(1) 必須按照國家對會計工作的要求來組織會計工作，會計工作組織受到各種法規、制度的制約，比如中國《會計法》《總會計師條例》《會計基礎工作規定》《會計專業職務試行條例》《會計檔案管理辦法》《會計電算化管理辦法》等。

　　(2) 根據各企業生產經營管理特點來組織會計工作。各企業應根據自身的特點，確定本企業的會計會計制度，對會計機構的設置和會計人員的配備作出切合實際的安排。

　　(3) 在保證會計工作質量的前提下，講求工作效率，節約工作時間和費用。

三、會計工作組織的意義

　　會計工作組織是指會計機構的設置、會計人員的配備、會計法規的制定與執行和

會計檔案的保管。科學地組織會計工作對於完成會計職能，保證會計工作質量，實現會計的目標，發揮會計在經濟管理中的作用，具有十分重要的意義，其具體表現在以下三個方面：

1. 有利於保證會計工作的質量，提高會計工作的效率

會計反應的是企業再生產過程中的資金運動和頻繁發生的財務收支。會計工作要把這些財務收支和經濟活動從憑證到帳簿，從帳簿到報表，連續地進行收集、記錄、分類、匯總和分析等。這不但涉及複雜的計算，並且需要一系列的程序和手續，各個程序之間、各種手續之間，一環扣一環，聯繫密切。如果在任何一個環節出現差錯或脫節，都會造成整個核算結果錯誤。如果沒有專職的機構和辦事人員，沒有一套工作制度和辦事程序，就不能科學地組織會計工作，就不能很好地完成會計的任務，更談不上提高會計工作效率了。因此，科學地組織會計有利於核算質量和效率的提高，保證向會計信息需求者提供有用、可靠和內容完整的會計信息。

2. 有利於協調會計工作與其他經濟管理工作的關係

會計工作既獨立於其他經濟管理工作，又同它們存在著十分密切的聯繫。會計工作一方面必須服從國家的宏觀經濟政策，與之保持口徑一致；另一方面又要與各單位的計劃、統計工作之間保持協調關係，配合其他的管理工作。只有這樣，才能相互促進，充分發揮會計工作的作用。

3. 有利於加強經濟責任制

經濟責任制是各經營單位實行內部控制和管理的重要手段，會計是經濟管理的重要組成部分，必然要在貫徹經濟責任制方面發揮重要的作用。實行內部經濟控制離不開會計，如科學的經濟預測、正確的經濟決策以及業績評價考核等，都離不開會計工作的支持。科學地組織會計工作，可以促進會計單位內部及有關部門有效利用資金，增收節支，提高管理水平，從而提高經濟效益，加強各單位內部的經濟責任制，為企業盡可能地創造利潤。

此外，會計工作是一項政策性很強的工作，發揮會計監督的作用，認真貫徹執行國家有關方針、政策和法令、制度，揭露和制止一切違法、違紀行為，也是會計工作的一項重要任務。因此，科學組織會計工作，對於貫徹執行國家方針、政策和法令、制度，維護財經紀律，建立良好的社會經濟秩序具有重要意義。

第二節　會計機構

一、會計機構的定義和設置原則

會計機構是指單位內部所設置的、專門辦理會計事項、處理會計工作的職能部門。在中國實際工作中，由於會計機構往往行使會計工作和財務工作的全部職權，所以又稱為財務會計機構。會計機構和會計人員是會計工作的主要承擔者。《中華人民共和國會計法》第三十六條明確規定：「各單位應當根據會計業務的需要，設置會計機構，或

者在有關機構中設置會計人員並指定會計主管人員；不具備條件設置的，應當委託經批准設立從事會計代理記帳業務的仲介機構代理記帳。」

設置會計機構，除要符合《中華人民共和國會計法》的要求外，還要與本單位的實際情況相適應：一是要與企業管理體制和企業組織結構相適應；二是要與單位經濟業務的性質和規模相適應；三是要與本單位的會計工作組織形式相適應；四是要與本單位其他管理機構相協調；五是要體現精簡高效原則。企業可按照上述原則來確定如下問題：是否單獨設置會計機構？設置什麼性質的會計機構？會計機構是分設還是合設？設置幾級會計機構？會計機構在企業組織機構中如何定位？會計機構與其他管理機構如何分工協調等。

二、設置會計機構的類型

根據《中華人民共和國會計法》規定，中國會計機構有三種類型：

1. 國家管理部門設置的會計機構

國務院財政部門是主管全國會計工作的機構，它是全國會計機構的最高領導，主管全國會計工作。它的主要職責是：制定和組織貫徹實施會計準則和會計制度，以及各項全國性的會計法令、規章制度；制訂全國會計人員培訓規劃；管理全國會計人員專業技術資格考試等。

2. 各級管理機關設置的會計機構

地方財政部門設置會計事務管理局，主管本地區的會計工作。它的主要職責是根據國家的統一規定，結合本部門、本地區的具體情況，補充制定會計制度；規劃和組織本地區在職會計人員專業知識培訓；管理本地區會計人員專業技術資格考試與考核等工作。

中央各部和地方各廳、局設置財務會計司、局、處、科等會計機構，負責組織、領導和監督本部門及所屬單位的會計工作。它的主要職責是：審核、分析和批覆所屬單位上報的會計報表，並編製本系統匯總會計報表；核算本單位與財政機關及上下級之間有關繳款、撥款等會計事項；經常瞭解所屬單位的會計工作情況，幫助他們解決工作上的問題，定期或不定期地對所屬單位進行會計檢查等。

3. 基層企業、行政事業單位設置的會計機構

基層企業和行政事業單位，一般應設置財務處、科、股等專職機構，在廠長、經理或總會計師的領導下，負責本單位會計人員的設置、會計主管人員的指定、辦理本單位會計事項等財務會計工作，同時接受上級財務會計機構的指導和監督，工作中發現的有關財會方面的問題，除向本單位領導匯報外，還要向上級有關部門匯報。

三、會計機構內部核算組織形式

會計核算工作的組織形式，是指企業內部各部門之間的會計核算工作上的相關關係。由於不同企業的業務範圍、規模大小、業務繁簡程度等各不相同，會計核算工作的組織形式也就有所不同。通常，企業內部的會計核算工作，有獨立核算組織形式和非獨立核算組織形式兩種。

1. 獨立核算組織形式

所謂獨立核算組織形式，是指企業對其本身的生產經營活動或業務活動過程及其結果，進行全面、系統、獨立的記帳、算帳，定期編製會計報表，並對其經營活動進行分析、檢查等一系列工作。企業實行獨立核算必須具備一定的條件，通常要有一定數量的自有資金和經濟活動使用的資財，有獨立經營的自主權，經工商行政部門註冊登記，在銀行中獨立開設帳戶，並對外辦理結算業務；具有完整的憑證、帳簿等系統，能單獨編製計劃，獨立核算，自負盈虧，定期編製會計報表。凡是獨立核算的單位，一般都要單獨設置會計機構，並配備必要的會計人員來從事會計工作。對於有些獨立核算的單位，如果會計核算業務不多，可以不單獨設置專門的會計機構，而在有關機構中只配備專職的會計人員從事會計業務。

獨立核算單位的會計工作形式，一般又分為集中核算和非集中核算兩種。

(1) 集中核算是將整個企業的會計工作主要集中在會計部門進行，企業內部的其他部門和下屬單位一般不進行核算，只對其發生的經濟業務進行原始記錄，填製原始憑證，定期將原始憑證或原始憑證匯總表送交會計部門，由會計部門進行審核，然後據以編製記帳憑證，登記總分類帳和明細分類帳，編製會計報表，並對各部門的會計核算進行業務上的監督和指導。

集中核算的優點是：會計部門可以集中掌握有關資料，有利於瞭解企業全面經濟活動情況，減少核算環節，簡化核算手續，精簡人員。缺點：不便於各個基層單位瞭解本部門的核算資料，一般適用於中小型企業單位。

(2) 非集中核算，又稱分散核算，是指會計工作分散在各有關部門進行。企業單位的各車間、部門在會計部門的指導下，對其生產經營範圍內發生的經濟業務進行比較全面的核算，包括進行原始記錄，填製原始憑證或原始憑證匯總表，並分別登記有關的明細分類帳，會計部門只進行總分類核算，以及一部分明細分類核算和編製會計報表。

非集中核算的優點：各職能部門和基層單位能及時瞭解本部門（單位）的經濟活動情況，及時分析問題和解決問題，便於實行責任會計核算。缺點：不便於會計部門及時、全面地瞭解整個單位的會計核算資料；會計核算工作總量增加；會計人員配備增加，核算費用支出增加。

一個企業是採用集中核算還是非集中核算，主要取決於該企業規模大小和內部經營管理的需要，取決於企業內部是否實行分級管理、分級核算。需注意的是，採用哪種核算組織形式不是絕對的，可以在一個企業內部結合使用，如對某些業務採取集中核算，而對另一些業務採用非集中核算。但是不論採用哪一種形式，企業對外的現金收付、銀行存款收付、物資購銷、應收和應付款項的結算等，都應由會計部門統一辦理、集中管理。在實行內部經濟核算制的情況下，企業內部的各部門（單位）可以擁有企業撥給的一定數量的資金，也可以擁有一定的業務經營權和管理權。為了反應和考核其自身的經營活動，還可以進行比較全面的經濟核算，單獨計算盈虧和編製各種會計報表。但是，這些內部業務部門（單位）與獨立核算單位不同，不能獨立對外簽訂各種交易合同，不能在銀行設立結算帳戶。

2. 非獨立核算組織形式

所謂非獨立核算組織方式，是指企業向上級主管機構領取一定數量的物資和資金從事業務活動，平時只進行原始憑證的填製、整理、匯總以及某些明細帳的登記等一系列會計工作，企業單位定期將收入支出向上級報銷，並定期將有關核算資料報送上級機構，由上級主管機構匯總記帳。實行非獨立核算方式的企業單位一般不專設會計機構，只配備專職會計人員。

非獨立核算機構，又可分為半獨立核算和報帳製單位。

半獨立核算是指獨立核算企業所屬的分廠、分部或生產、業務部門，其規模較大，生產、經營上有一定的獨立性，但不具備完全獨立核算的某些必要的條件，如不能在銀行單獨開戶，沒有獨立的資金等。這些單位配備一定的會計人員，單獨編製會計憑證、單獨記帳和單獨編製會計報表，然后送獨立核算企業的會計部門匯總。這種核算組織方式對實行經濟責任制企業特別有利。

報帳製單位是指企業內部的某些部門本身不單獨計算盈虧，只記錄和計算幾個主要指標，進行簡單核算，以考核其工作質量，這些單位如商業企業所屬的門市部和分銷店，平時只向上級領取備用金，定期向上級報銷一次，收入全部解繳上級，由財會部門集中進行核算。

四、會計機構的崗位設置

根據《中華人民共和國會計法》規定：「各單位應當根據會計業務的需要，設置會計機構，或者在有關機構中設置會計人員並指定會計主管人員。」實行獨立核算的大中型企業，實行企業化管理的事業單位，以及財務收支數額較大、會計業務較多的企業都需要設置具體的工作崗位；其他情況的企業可以聘請經批准有權代理記帳的仲介機構代理記帳。

目前，中國會計工作崗位一般可分為：會計機構負責人或會計主管人員、出納、財產物資核算、工資核算、成本費用核算、財務成果核算、資金核算、往來核算、總帳報表、稽核和檔案管理等。財務崗位可以一人一崗，一人多崗或一崗多人，但出納人員不得兼管稽核、會計檔案保管和收入、費用、債權債務帳目的登記工作，即「管帳不管錢，管錢不管帳」。正確區分會計工作同出納工作是把握工作重點，切實做好會計工作的前提。

此外，開展會計電算化和管理會計的單位，可以根據需要設置相應工作崗位，也可以與其他工作崗位相結合。

五、會計機構內部控制和牽制制度

1. 內部控制制度

內部會計控制制度是指各單位根據國家會計法律、法規、規章、制度的規定，結合本單位經營管理和業務管理的特點和要求而制定的旨在規範單位內部會計管理活動的制度和辦法。建立健全單位內部會計控制制度，是貫徹執行國家會計法律法規、規章、制度，保證單位會計工作有序進行的重要措施，也是加強會計基礎工作的重要手

段。實踐證明，建立並嚴格執行內部會計控制制度的單位，會計基礎工作就比較扎實，會計工作在經濟管理中就能有效發揮作用。

內部會計控制制度的基本內容包括內部會計控制體系、會計人員崗位責任制度、帳務處理程序制度、內部牽制制度、稽核制度、原始記錄管理制度、定額管理制度、計量驗收制度、財產保護制度、預算控制制度、財務收支審批制度、成本核算制度和財務會計分析制度。各單位建立哪些內部會計控制制度以及各項內部會計控制制度包括哪些內容，主要取決於單位內部的經營管理需要。不同類型的單位會對內部會計控制制度有不同的選擇，如非企業單位往往不需要建立成本核算制度等。

2. 內部牽制制度

內部牽制制度是以帳目間的相互核對為主要內容並實施崗位分離，以確保所有帳目正確無誤的一種控制機制。內部牽制制度規定了涉及企業款項和財物收付、結算及登記的任何一項工作，必須由兩人或兩人以上分工處理，以起到一種相互制約的作用。它是內部會計控制制度的重要內容之一，主要包括：內部牽制制度的原則，即機構分離、職務分離、錢帳分離、物帳分離等；對出納等崗位的職責和限制性規定；有關部門或領導對限制性崗位的定期檢查辦法。

第三節　會計人員

一、會計人員的概念及其相關規定

會計人員，是指從事會計工作的專職人員。根據中國《會計法》和《會計基礎工作規範》的規定：任何單位都必須根據各單位的規模大小、經濟業務的特點及其崗位設置的要求，配備一定數量和質量的專職會計人員並指定會計主管人員，大、中型企事業單位還應當根據法律和國家有關規定設置總會計師來負責組織領導本單位的會計工作。

會計人員應具備必要的專業知識；總會計師由具有會計師以上專業技術任職資格的人員擔任；國有企業、事業單位的會計機構負責人、會計主管人員的任免應當經過主管單位同意，不得任意調動或者撤換。會計人員忠於職守，堅持原則，受到錯誤處理的，主管單位應當責成所在單位予以糾正；玩忽職守，喪失原則，不宜擔任會計工作的，主管單位應當責成所在單位予以撤職或者免職。會計人員調動工作或者離職，必須與接續人員辦理交接手續，一般人員辦理交接手續，由會計機構負責人、會計主管人員監交。會計機構負責人、會計主管人員辦理交接手續，由單位領導人監交，必要時可以由主管單位派人會同監交。

二、會計人員的職責和權限

在中國，會計人員按職權劃分主要有總會計師、會計機構負責人和一般會計人員。會計人員的職權不同，相應應履行的職責和享有的權利也就有所不同。

(一) 一般會計人員的職責和權限

　　1. 一般會計人員的職責

　　(1) 依法按章辦公。認真學習和貫徹執行國家有關財經的法律法規、方針政策，遵守《中華人民共和國會計法》的規定，嚴格執行國家頒布的《民間非營利組織會計制度》《會計基礎工作規範》《內部會計控制規範》《會計檔案管理辦法》和本基金會制定的有關財務會計工作的各項制度。

　　(2) 進行會計核算。會計人員要以實際發生的經濟業務為依據，按規定填製會計憑證、設置和登記會計帳簿，做到手續完備，內容真實，數字準確，帳目清楚；日清月結，按期報帳，如實反應財務狀況、經營成果和財務收支情況。及時地提供真實可靠的、能滿足各方需要的會計信息。進行會計核算，是會計人員最基本的職責。

　　(3) 實行會計監督。各單位的會計機構、會計人員依法履行對本單位實行會計監督。會計人員對不真實、不合法的原始憑證，不予受理；對記載不準確、不完整的原始憑證，予以退回，要求更正補充；發現帳簿記錄與實物、款項不符的時候，應當按照有關規定進行處理；無權自行處理的，應當立即向本單位行政領導人報告，請求查明原因，作出處理；對違反國家統一的財政制度、財務制度規定的收支，不予辦理；對單位制定的預算、財務計劃、業務計劃的執行情況進行監督；積極宣傳、維護國家財經制度和紀律，預防違法違紀行為發生。

　　(4) 擬訂本單位辦理會計事務的具體辦法。各單位的會計人員應根據國家的有關會計法規、制度，並結合本單位的經營特點和管理要求建立、健全本單位具體的會計事務處理辦法。如建立會計人員崗位責任、內部控制和牽制制度等。

　　(5) 參與擬訂經濟計劃、業務計劃，考核、分析預算、財務計劃的執行情況。

　　2. 一般會計人員的工作權限

　　(1) 有權要求本單位有關部門、人員認真遵守國家財經紀律和財務會計規章制度。有權要求本單位有關部門、人員認真執行國家批准的計劃、預算，遵守國家財政紀律和財務會計制度，如有違反，會計人員有權拒絕付款，拒絕報銷和拒絕執行，並向本單位領導人報告；對於弄虛作假，營私舞弊、欺騙上級等違法亂紀行為，會計人員必須堅持拒絕執行，並向本單位領導人或上級機關、財政部門報告，請求查明原因，追究當事人的責任。

　　(2) 有權參與本單位編製計劃、制定定額，簽訂經濟合同，參與有關業務會議，參加有關的生產、經營管理會議，領導人和有關部門對會計人員提出的有關財務開支和經濟效果方面的問題和意見，要認真考慮，合理的意見要加以採納。

　　(3) 有權監督、檢查本單位有關部門的財務收支、資金使用和財產保管、收支、計量、檢查等情況。如會計人員對違法的收支，有權不予辦理，並予以制止和糾正；制止和糾正無效的，有權向單位領導提出書面意見，要求處理。對嚴重違法損害國家和社會公眾利益的收支，會計人員有權向主管單位或者財政、審計、稅務機關報告。

(二) 會計機構負責人的職責和權限

　　會計機構負責人，又稱會計主管人員，是指在一個單位內具體負責會計工作的領

導人員，是各單位會計工作的具體領導者和組織者。在公司制企業中，它通常是由單位負責人提名並報董事會或其他權力機構批准，組織、領導會計機構或會計人員依法進行會計核算，實行會計監督的負責人。會計機構負責人的職責和權限，主要表現在以下幾方面：

1. 遵守國家法規，制定企業財務會計制度

具體領導本企業的財務會計工作，對各項財務會計工作要定期研究、布置、檢查、總結。要積極宣傳、嚴格遵守財經紀律和各項規章制度。要把專業核算與經營管理緊密結合起來，不斷改進財務會計工作。組織制定本單位的各項財務會計制度，並督促貫徹執行。根據《企業財務通則》和《企業會計準則——基本準則》，結合本企業的生產經營特點，制定適合本企業的各項財務會計制度，要貫徹經濟核算的原則，以便提高經濟效益。要隨時檢查各項制度的執行情況，發現違反財經紀律、財務會計制度的情況，要及時制止和糾正，發現重大問題要向領導或有關部門報告。要及時總結經驗，不斷地修訂和完善本企業各項財務會計制度。

2. 組織籌集資金，節約使用資金

組織編製本單位資金的籌集計劃和使用計劃，並組織實施。資金的籌集計劃和使用計劃要結合本單位的經營預測和經營決策以及生產、經營、供應、銷售、勞動、技術措施等計劃，按年、按季、按月進行編製，並根據企業的經濟核算責任制將各項計劃指標分解下達落實，督促執行。根據生產經營發展和節約資金的要求，組織有關人員，合理核定資金定額，加強資金的使用管理，提高資金使用效果。根據管用結合和資金歸口分級管理的要求，擬定資金管理與核算實施辦法，並組織有關部門貫徹執行。

3. 認真研究稅法，督促足額上繳

對於應該上繳的稅金、費用等款項，要按照國家稅法等規定進行嚴格審查，督促辦理解繳手續，做到按期足額上繳，不擠占、不挪用、不拖欠、不截留。積極組織完成各項上繳任務。

4. 組織分析活動，參與經營決策

按月、按季、按年分析計劃的完成情況，找出管理中的漏洞，提出改善經營管理的建議和措施，進一步挖掘增收節支的潛力。參加生產經營管理會議，參與經營決策。充分運用會計資料，分析經濟效果。提供可靠信息，預測經濟前景，為領導決策當好參謀助手。

5. 參與審查合同，維護企業利益

審查或參與擬定經濟合同、協議及其他經濟文件。對於違反國家法律和制度，損害國家和集體利益，以及沒有資金來源的經濟合同和協議，應拒絕執行，並向本單位領導報告。對重要的經濟合同和協議，要積極參與擬定，加強事前監督。

6. 提出財務報告，匯報財務工作

負責按規定定期或不定期地向企業管理當局、職工代表大會報告或股東大會報告財務狀況和經營成果，以便高層管理人員進行決策。要按照會計制度和上級有關規定，認真審查對外提供的會計報表，保證會計資料的真實可靠，並及時按規定報送給有關部門。

7. 組織會計人員學習，考核調配人員

要建立學習制度，組織會計人員學習業務技術，不斷提高會計人員的業務水平。定期召開專業研討會，研究工作問題。要制定對會計人員的考核辦法，按期進行考核。參與研究會計人員的任用和調配。對不適合做會計工作的人員，要提出建議，進行調整；對不能勝任會計工作的人員，要幫助培養提高，或者另行安排適當的工作。

(三) 總會計師的職責和權限

總會計師是指具有較高的會計專業技術職務，協助單位行政領導人組織領導本單位的經濟核算和財務會計工作的專門人員，是單位行政群體的成員之一。

1. 總會計師的職責

根據《總會計師條例》的規定，總會計師的職責主要包括兩個方面：

(1) 由總會計師負責組織的工作，包括組織編製和執行預算、財務收支計劃、信貸計劃，擬訂資金籌措和使用方案，開闢財源，有效地使用資金；建立、健全經濟核算制度，強化成本管理，進行經濟活動分析，精打細算，提高經濟效益；負責本單位財務會計機構的設置和會計人員的配備，組織對會計人員進行業務培訓和考核；支持會計人員依法行使職權等。

(2) 由總會計師協助、參與的工作，主要有：協助單位負責人對本單位的生產經營、行政事業單位的義務發展以及基本建設投資等問題作出決策；參與新產品開發、技術改造、科學研究、商品（勞務）價格和工資、獎金方案的制定；參與重大經濟合同和經濟協議的研究、審查。

2. 總會計師的權限

《總會計師條例》的規定，總會計師有以下權限：

(1) 對違法違紀問題的制止和糾正權，即對違反國家財經紀律、法規、方針、政策、制度和有可能在經濟上造成損失、浪費的行為，有權制止和糾正；制止或者糾正無效時，提請單位負責人處理。

(2) 建立、健全單位經濟核算的組織指揮權。總會計師有權組織本單位各職能部門、直屬基層組織的經濟核算、財務會計和成本管理方面的工作。

(3) 對單位財務收支具有審批簽署權。除一般的收支工作可以由總會計師授權的財務機構負責人或者其他指定人員審批外，重大的財務收支，須經總會計師審批或者由總會計師報單位主要行政領導人批准。預算、財務收支計劃、成本和費用計劃、信貸計劃、財務專題報告、會計決算報表，須經總會計師簽署。涉及財務收支的重大業務計劃、經濟合同、經濟協議等，在本單位內部須經總會計師會簽。

(4) 有對本單位會計人員的管理權，包括本單位會計機構設置、會計人員配備、繼續教育、考核、獎懲等。

三、會計人員的任職條件

從事會計工作的人員，除必須取得會計從業資格證書，具備從業資格外，還必須具備以下會計人員任職的基本條件：掌握一般的財務會計基礎理論和專業知識；能擔

負一個崗位的財務會計工作；熟悉並能正確執行有關會計法規和財務會計制度；大學專科或中等專業學校畢業，在財務會計工作崗位見習1年期滿。

會計機構負責人（會計主管人員）除取得會計從業資格證書，具備會計人員任職的基本條件之外，還應當具備會計師以上專業技術職務資格或者從事會計工作3年以上經歷；能夠堅持原則、廉潔奉公；熟悉國家財經法律、法規、規章和方針、政策，掌握本行業業務管理的有關知識；有較強的組織能力；身體狀況能夠適應本職工作的要求。

總會計師的任職資格除應符合會計機構負責人（會計主管人員）任職的條件外，還應當取得會計師任職資格，主管一個單位或者單位內一個重要方面的財務會計工作時間不少於3年。

四、會計專業技術職務和會計資格考試

(一) 會計專業技術職務

會計專業技術職務，是區別會計人員業務技能的技術等級。會計專業技術職務分為高級會計師、會計師和初級會計師。高級會計師為高級職務，會計師為中級職務，初級會計師為初級職務。《會計專業職務試行條例》規定了各種職務的會計人員應具備相應的任職條件。具體如下：

1. 初級會計師的任職條件

擔任初級會計師的基本任職條件是：掌握一般的財務會計基礎理論和專業知識；熟悉並能正確執行有關的財經方針、政策和財務會計法規、制度；能擔負一個方面或某個重要崗位的財務會計工作；取得碩士學位或取得第二學士學位或研究生班結業證書，具備履行助理會計師職責的能力，或者大學本科畢業后在財務會計工作崗位上見習一年期滿，或者大學專科畢業並擔任會計員職務兩年以上，或者中等專業學校畢業並擔任會計員職務4年以上。

2. 會計師的任職條件

擔任中級會計師的基本任職條件是：較系統地掌握財務會計基礎理論和專業知識；掌握並能正確貫徹執行有關的財經方針、政策和財務會計法規、制度；具有一定的財務會計工作經驗，能擔負一個單位或管理一個地區、一個部門、一個系統某個方面的財務會計工作；取得博士學位並具有履行會計師職責的能力，或者取得碩士學位並擔任助理會計師職務兩年左右，或者取得第二學士學位或研究生班結業證書，並擔任助理會計師職務2~3年，或者大學本科或專科畢業並擔任助理會計師職務4年以上。

3. 高級會計師的任職條件

擔任高級會計師的基本任職條件是：較系統地掌握經濟、財務會計理論和專業知識；具有較高的政策水平和豐富的財務會計工作經驗，能擔負一個地區、一個部門或一個系統的財務會計管理工作；取得博士學位並擔任會計師職務2~3年，或者取得碩士學位、第二學士學位或研究生班結業證書，或者大學本科畢業並擔任會計師職務5年以上。

對各級專業職務學歷和從事財務會計工作年限的要求，一般都應具備；但對確有真才實學、成績顯著、貢獻突出、符合任職條件的，在確定其相應專業職務時，可以不受本條例規定的學歷和工作年限的限制。

(二) 會計專業技術資格考試

1. 會計從業資格考試

根據《中華人民共和國會計法》第三十八條規定：從事會計工作的人員，必須取得從業資格證書。這說明會計從業資格是法定資質，是進入會計職業的一個「門檻」。會計從業資格的取得一律實行考試制度。考試科目設為「財經法規與會計職業道德」「會計基礎」「初級會計電算化」或「珠算」五級。一般每年考兩次：上半年和下半年各一次，全國各地具體的考試時間不同。參加會計從業資格考試的人員必須一次通過全部科目的考試。當通過規定的考試科目，拿到合格證書後，再到財政部門領取會計從業資格證書（會計證）。會計從業資格不屬於會計專業技術資格的範疇，但是是報考會計專業技術資格考試的前提條件。

2. 會計專業技術資格考試

會計專業技術資格考試，實行全國統一組織、統一考試時間、統一考試大綱、統一考試命題、統一合格標準的考試制度。初級會計師、會計師專業技術資格實行全國統一考試制度，以考代評；高級會計師資格實行全國統一考試制度，考評結合。

考試日期一般為每年十月最後一個星期六、星期日。每年舉行考試一次，如遇特殊情況需要調整考試時間，財政部、人事部將會及時通知各地。

會計專業技術資格考試合格者，頒發人事部統一印製，人事部、財政部用印的《會計專業技術資格證書》，該證書在全國範圍內有效。

（1）初級資格考試

凡具備會計從業資格，持有會計從業資格證書，並具有高中畢業及以上學歷的人員或通過全國統一的考試，取得經濟、統計、審計專業技術初級資格的人員，均可報考。

初級資格考試，設「經濟法基礎」和「初級會計實務」兩個科目。分兩個半天進行，每個科目的考試時間為 2.5 小時。參加初級資格考試的人員必須在一個考試年度內通過全部科目的考試。

（2）會計師資格考試

報名參加會計專業技術中級資格考試的人員，除具備會計從業資格，持有會計從業資格證書外，還必須具備下列條件之一：取得大學專科學歷，從事會計工作滿五年；取得大學本科學歷，從事會計工作滿四年；取得雙學士學位或研究生班畢業，從事會計工作滿二年；取得碩士學位，從事會計工作滿一年；取得博士學位；通過全國統一的考試，取得經濟、統計、審計專業技術中級資格的人員。

會計師資格考試，設「財務管理」「經濟法」和「中級會計實務」三個科目。分一天半進行，「財務管理」和「經濟法」科目的考試時間為 2.5 小時，「中級會計實務」科目的考試時間為 3 小時。

會計師資格考試以兩年為一個週期，參加考試的人員必須在連續的兩個考試年度內通過全部科目的考試。

（3）高級資格考試

報名參加高級會計專業技術資格考試的人員，除具備會計從業資格，持有會計從業資格證書外，還必須符合下列條件之一：獲得博士學位，並取得中級相關專業技術資格滿2年。獲得碩士學位或第二學位，並取得中級相關專業技術資格滿4年；大學本科畢業，取得中級相關專業技術資格后從事財會工作滿5年；或取得本科學歷，取得中級相關專業技術資格滿5年，並從事財會工作滿13年。大學專科畢業，取得中級相關專業技術資格滿5年，並從事財會工作滿18年；或取得專科學歷，取得中級相關專業技術資格滿5年，並從事財會工作滿23年。中專畢業，取得中級相關專業技術資格滿5年，並從事財會工作滿25年。

高級資格考試的考試科目為「高級會計實務」，考試時間為210分鐘。

高級會計專業技術職務，實行考評結合，先考後評，評審時還需電腦、外語、論文參評。參加「高級會計實務」考試並達到國家合格標準的人員，由全國會計考辦核發高級會計師資格考試成績合格證，該證在全國範圍內3年有效。高級會計實務考試成績合格後，要求在通過考試的三年內通過評審，假如通過了，就是高級會計師，永久有效。假如沒有通過那第四年要重新考試，然後繼續參加評審。

各地區、各中央單位可根據本地區、本部門會計專業人員的實際情況，在全國會計考辦確定的使用標準範圍內，確定當年評審有效的使用標準，並報全國會計考辦備案。

3. 註冊會計師

註冊會計師不是會計專業職稱，它和會計職稱是兩回事，屬於不同的系統。

註冊會計師是依法取得註冊會計師證書並接受委託從事審計和會計咨詢、會計服務業務的執業人員，簡稱為CPA。會計師事務所是依法設立並承辦註冊會計師業務的機構。註冊會計師執行業務，應當加入會計師事務所。

註冊會計師實行全國統一的考試制度。註冊會計師全國統一考試辦法，由國務院財政部門制定，由中國註冊會計師協會組織實施。

具有高等專科以上學校畢業的學歷，或具有會計或者相關專業中級以上技術職稱的中國公民，可以申請參加註冊會計師全國統一考試；具有會計或者相關專業高級技術職稱的人員，可以免予部分科目的考試。

註冊會計師考試劃分為專業階段考試和綜合階段考試兩個層次。考生只有在通過專業階段考試的全部科目後，才能參加綜合階段考試。兩個階段的考試，每年各舉行1次。

專業階段考試的科目為：「會計」「審計」「財務成本管理」「公司戰略與風險管理」「經濟法」和「稅法」六個科目。《會計》的考試時間為180分鐘；「審計」「財務成本管理」的考試時間各為150分鐘；「公司戰略與風險管理」「經濟法」和「稅法」的考試時間各為120分鐘。一般在每年的10月進行。

綜合階段考試的科目為：職業能力綜合測試（試卷一、試卷二）。試卷一和試卷二

的考試時間各為210分鐘。一般在每年的9月進行。

專業階段單科成績5年內有效，從通過第一科考試時間開始算起，5年內必須全科通過註冊會計師全國統一考試，否則第一年通過的考試成績將作廢，以此類推。綜合階段考試科目3年內有效；取得全科合格證考生，如5年內申請成為中國註冊會計師協會會員，並滿足繼續教育要求，全科合格證長期有效，否則5年內有效。

五、會計人員素質和職業道德

（一）會計人員素質

（1）思想品質：堅持原則、秉公辦事、熱愛工作、有責任心；
（2）專業知識：熟悉、掌握國家有關會計法規、政策和會計理論知識；
（3）工作技能：處理會計事務的技術和技能；
（4）改革創新：掌握現代管理技術。

（二）會計人員職業道德

根據《會計基礎工作規範》的規定，會計人員職業道德的內容主要包括以下六個方面：

（1）愛崗敬業。敬業就是會計人員應該充分認識本職工作在社會經濟活動中的地位和作用，認識本職工作的社會意義和道德價值，具有會計職業的榮譽感和自豪感，在職業活動中具有高度的勞動熱情和創造性，以強烈的事業心、責任感，從事會計工作。愛崗敬業就是要求會計人員熱愛會計工作，安心在本職崗位工作，忠於職守，盡心盡力，盡職盡責。

（2）誠實守信。誠實是指言行和內心思想一致。守信就是遵守自己所作出的承諾，講信用、重信用，信守諾言，保守秘密。要求會計人員做老實人，說老實話，辦老實事，執業謹慎，信譽至上，不為利益所誘惑，不弄虛作假，不洩露秘密。嚴格按照國家會計制度和會計法規記帳、算帳、結帳、報帳，做到帳證、帳帳、帳表、帳實相符。會計人員在履行自己的職責時，應樹立保密觀念，做到保守商業秘密，對機密資料不外傳、不外泄，守口如瓶。

（3）廉潔自律。廉潔就是不貪污錢財，不收受賄賂，保持清白；自律是指自律主體按照一定的標準，自己約束自己、自己控制自己的言行和思想的過程。要求會計人員公私分明、不貪不占、遵紀守法、清正廉潔。要敢於、善於運用法律所賦予的權利，盡職盡責，勇於承擔職業責任，履行職業義務，保證廉潔自律。

（4）客觀公正。客觀就是按事物的本來面目去反應，不摻雜個人的主觀意願，也不為他人的意見所左右；公正就是平等、公正、沒有偏失。要求會計人員端正態度，依法辦事，實事求是，不偏不倚，保持應有的獨立性。

（5）堅持準則。堅持準則是指會計人員在處理業務的過程中，要嚴格按照會計法律制度辦事，不為主觀或他人意志左右。這裡所說的「準則」不僅指會計準則，而且包括會計法律、法規、國家統一的會計制度以及與會計工作相關的法律制度。要求會計人員熟悉國家法律、法規和國家統一的會計制度，始終堅持按法律、法規和國家統

一的會計制度的要求進行會計核算，實施會計監督。

（6）提高技能。要求會計人員增強提高專業技能的自覺性和緊迫感，勤學苦練，刻苦鑽研，不斷進取，提高業務水平。包括會計專業理論水平、會計實務操作能力和職業判斷能力三個方面。

（7）參與管理。參與管理簡單地講就是參加管理活動，為管理者當參謀，為管理活動服務。要求會計人員在做好本職工作的同時，努力鑽研相關業務，全面熟悉本單位經營活動和業務流程，主動提出合理化建議，協助領導決策，積極參與管理。

（8）強化服務。要求會計人員樹立服務意識，提高服務質量，努力維護和提升會計職業的良好社會形象。

本章小結

會計機構是指單位內部專門從事會計工作的職能部門。各單位應根據自身業務範圍、規模大小、業務繁簡程度以及經濟管理的要求，設置會計機構。會計機構核算的組織形式，有獨立核算組織形式和非獨立核算組織形式。獨立核算又分為集中核算和非集中核算，非獨立核算又分為半獨立核算和報帳製單位。

會計人員，是指從事會計工作的專職人員。任何單位都必須根據各單位的規模大小、經濟業務的特點及其崗位設置的要求，配備一定數量和質量的專職會計人員並指定會計主管人員。中國《會計法》《會計基礎工作規範》等法規、制度對會計人員的職責、權限、任免條件、職業道德以及會計專業技術職務和資格考試等均作了明確的規定。

思考題

1. 什麼是會計機構？設置會計機構的要求有哪些？
2. 什麼是集中核算和非集中核算？各有何優缺點？
3. 簡述會計人員的職責、權限和各類會計人員的任職條件。
4. 會計專業技術職務有哪些？各級職務的任職條件是什麼？
5. 會計專業技術資格考試有哪些？各級資格考試的報考條件和考試科目是什麼？
6. 會計人員應遵循的職業道德有哪些？

練習題參考答案

第一章

一、單項選擇題

1. B　2. D　3. A　4. D　5. A　6. C　7. B

二、多項選擇題

1. ABCD　2. ABD　3. BC　4. ABCD　5. ABD　6. BCD

三、判斷題

1. 對　2. 錯　3. 對　4. 錯　5. 錯　6. 錯　7. 對　8. 對　9. 錯　10. 錯

第二章

一、單項選擇題

1. A　2. B　3. C　4. B　5. A　6. D　7. C　8. A　9. C　10. A

二、多項選擇題

1. ABCD　2. BCD　3. BC　4. ABCD　5. ABCDE　6. ABCE
7. ABCD　8. BC　9. ABE

三、判斷題

1. 對　2. 對　3. 對　4. 錯　5. 錯　6. 錯　7. 錯　8. 錯　9. 錯

四、業務題

（一）（1）

項目序號	金　額（單位：元）		
	資　產	負　債	所有者權益
（1）	1,700		
（2）	2,939,300		
（3）			13,130,000
（4）		500,000	
（5）		300,000	
（6）	417,000		
（7）	584,000		
（8）	520,000		
（9）	43,000		
（10）		45,000	
（11）	60,000		
（12）	5,700,000		
（13）	4,200,000		
（14）	530,000		
（15）			960,000
（16）			440,000
（17）		200,000	
（18）	650,000		
（19）			70,000
合　計	15,645,000	1,045,000	14,600,000

（2）資產總計15,645,000元、負債總計1,045,000元、所有者權益總計14,600,000元。

（二）7月份的收入額是80,000元〔1,420,000-（300,000+400,000）-700,000+60,000〕。

（三）（1）

資　產	金額（元）	負債及所有者權益	金額（元）
庫存現金		短期借款	
銀行存款		應付帳款	
應收帳款		應交稅費	
原材料		長期借款	61,000
長期投資	60,000	實收資本	
固定資產		資本公積	
合　計		合　計	375,000

(2) 該企業的流動資產總額為 115,000 元；
(3) 該企業的流動負債總額為 51,000 元；
(4) 該企業的淨資產總額為 263,000 元。

(四)

單位：元

項目	期初余額	本月增加額	本月減少額	期末余額
庫存現金	1,000	8,000		9,000
銀行存款	70,000	49,000	66,000	53,000
原材料	20,000	32,000		52,000
固定資產	270,000	50,000		320,000
應付帳款	6,000	30,000	6,000	30,000
短期借款	5,000	9,000		14,000
實收資本	350,000	40,000		390,000

(五)(1) 經濟業務的發生對會計要素的影響

單位：元

項目及序號	資產	負債	所有者權益
期初余額	375,000	112,000	263,000
(1)	固定資產 +30,000 銀行存款 −30,000		
(2)	原材料 +10,000		實收資本 +10,000
(3)	銀行存款 −5,000	應付帳款 −5,000	
(4)	銀行存款 +8,000 應收帳款 −8,000		
(5)		長期借款 −50,000	實收資本 +50,000
(6)			實收資本 +20,000 資本公積 −20,000
期末余額	380,000	57,000	323,000

從上表可以看出，6月末該公司的資產總額為 380,000 元，負債總額為 57,000 元，所有者權益總額為 323,000 元。

第三章

一、單項選擇題

1. A   2. A   3. C   4. C   5. B   6. B   7. B   8. D   9. C   10. D

二、多項選擇題

1. BD   2. CD   3. ABC   4. ACD   5. ABC   6. ABC

三、判斷題

1. 錯   2. 對   3. 錯   4. 錯   5. 錯   6. 錯   7. 對   8. 錯   9. 對   10. 對

四、業務題

（一）

經濟事項	資產	負債	所有者權益	收入	費用
銷售產品一批，收到銀行存款10,000元。	增			增	
銷售產品一批，款項10,000元未收。	增			增	
償還所欠供應商貨款10,000元。	減	減			
接受投資10,000元。	增		增		
用現金報銷業務招待費10,000元。	減				增
用10,000元銀行存款購買股票。	此增彼減				

（二）1. 固定資產   2. 固定資產   3. 固定資產   4. 原材料   5. 原材料
6. 生產成本   7. 庫存商品   8. 銀行存款   9. 庫存現金   10. 應收帳款
11. 其他應收款   12. 長期借款   13. 應付帳款   14. 應交稅費
15. 主營業務收入   16. 實收資本   17. 其他應付款   18. 銷售費用
19. 主營業務成本   20. 管理費用

（三）會計分錄如下：

1. 借：原材料　　　　　　　　　　　　　　　　　　20,000
　　　貸：應付帳款　　　　　　　　　　　　　　　　　　20,000
2. 借：銀行存款　　　　　　　　　　　　　　　　　　50,000
　　　貸：短期借款　　　　　　　　　　　　　　　　　　50,000
3. 借：應付帳款　　　　　　　　　　　　　　　　　　30,000
　　　貸：銀行存款　　　　　　　　　　　　　　　　　　30,000
4. 借：銀行存款　　　　　　　　　　　　　　　　　　30,000
　　　貸：實收資本　　　　　　　　　　　　　　　　　　30,000

5. 借：銀行存款　　　　　　　　　　　　　　　　　　12,000
　　貸：應收帳款　　　　　　　　　　　　　　　　　　　　　12,000
6. 借：庫存現金　　　　　　　　　　　　　　　　　　 1,000
　　貸：銀行存款　　　　　　　　　　　　　　　　　　　　　 1,000
7. 借：固定資產　　　　　　　　　　　　　　　　　　 6,000
　　貸：銀行存款　　　　　　　　　　　　　　　　　　　　　 6,000

帳戶名稱	期初借方余額	期初貸方余額	本期借方發生額	本期貸方發生額	期末借方余額	期末貸方余額
庫存現金	1,000		1,000		2,000	
銀行存款	13,000		92,000	37,000	68,000	
應收帳款	14,000			12,000	2,000	
原材料	2,000		20,000		22,000	
庫存商品	10,000				10,000	
固定資產	140,000		6,000		146,000	
短期借款		10,000		50,000		60,000
應付帳款		30,000	30,000	20,000		20,000
實收資本		100,000		30,000		130,000
未分配利潤		40,000				40,000
合計	180,000	180,000	149,000	149,000	250,000	250,000

第四章

一、單項選擇題

1. D　2. A　3. D　4. A　5. A　6. B　7. C　8. B　9. C　10. B　11. D　12. C　13. D　14. C　15. C　16. A　17. C　18. C　19. D　20. D

二、多項選擇題

1. ABC　2. ABC　3. ABCD　4. CD　5. BCD　6. AD　7. ABCD　8. AD　9. ABC　10. BC　11. ABCD　12. ABC　13. ACD　14. CD

三、判斷題

1. 對　2. 對　3. 錯　4. 對　5. 錯　6. 錯　7. 對　8. 錯　9. 錯　10. 錯　11. 錯　12. 錯　13. 對　14. 對　15. 錯　16. 對

四、業務題

(一) 填製的有關會計憑證如下：

借 款 單

No 0049768

借款部門：王風　　　　　2010 年 7 月 25 日　　　　　業務授權人：鄭來寧

人民幣（大寫）貳仟元整				￥ 2,000.00	
用途	差旅費		財務部門		借款部門
付款方式	現金	票據號碼	負責人	謝意	負責人	鄭來寧
收款單位		開戶銀行	審核	姜平	借款人	王風
		帳號	記帳	李梅	經辦人	王風

公出差旅費報銷單

2010 年 7 月 28 日

公出者姓名	王風			公出地點	上 海							
出 發			到 達		車船費	途中伙食補助		住勤伙食補助		其 他			合計
月	日	地點	月	日	地點		日數	金額	日數	金額	車馬費	住宿費	其他	
		（略）			（略）	×××	×	××	×	××	××	××	××	1,960
合 計						×××	×	××	×	××	××	×	×	1,960

報銷 2010 年 7 月 28 日借款 2,000 元。　　結餘 40 元　　報銷金額(大寫)壹仟玖佰陸拾元整　　￥1,960

會計主管：謝意　　審核：姜平　　製單：李梅　　部門主管：鄭來寧　　公出人：王鳳

付 款 憑 證

貸方科目：庫存現金　　　　2010 年 7 月 25 日　　　　憑證編號：現付字第 00125 號

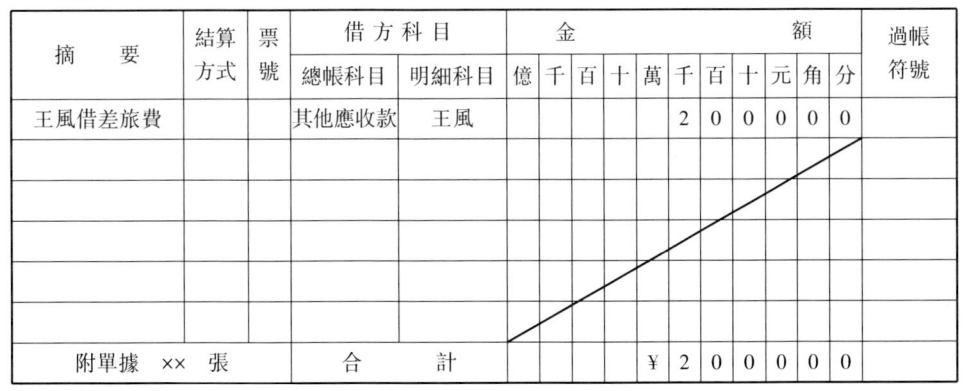

摘 要	結算方式	票號	借方科目		金　　　　　　　　額										過帳符號
			總帳科目	明細科目	億	千	百	十	萬	千	百	十	元	角	分	
王風借差旅費			其他應收款	王風					2	0	0	0	0	0		
附單據 ×× 張			合　　計		￥	2	0	0	0	0	0					

會計主管：謝意　　記帳：李梅　　稽核：姜平　　製單：李梅　　出納：金夏　　領款人：王鳳

251

收 款 憑 證

借方科目：庫存現金　　　　2010 年 7 月 28 日　　　　憑證編號：現收字第 00102 號

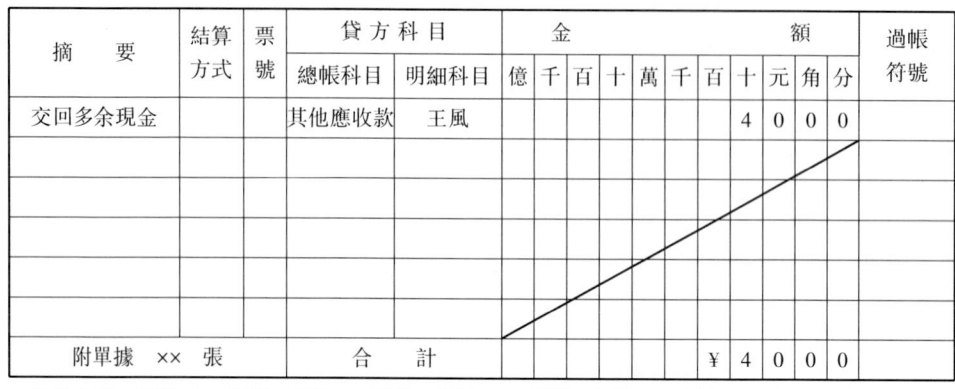

摘　要	結算方式	票號	貸方科目		金　　　　　額										過帳符號
			總帳科目	明細科目	億	千	百	十	萬	千	百	十	元	角	分
交回多余現金			其他應收款	王風							4	0	0	0	
附單據 ×× 張			合　　計							¥	4	0	0	0	

會計主管：謝意　　　記帳：李梅　　　稽核：姜平　　　製單：李梅　　　出納：金夏　　　交款人：王鳳

轉 帳 憑 證

2010 年 7 月 28 日　　　　憑證編號：轉字第 00289 號

摘　要	借方科目		貸方科目		金　　　　　額										過帳符號
	總帳科目	明細科目	總帳科目	明細科目	億	千	百	十	萬	千	百	十	元	角	分
報銷差旅費	管理費用	差旅費							1	9	6	0	0	0	
			其他應收款	王風					1	9	6	0	0	0	
附單據 ×× 張			合　　計					¥	1	9	6	0	0	0	

會計主管人員：謝意　　　記帳：李梅　　　稽核：姜平　　　製單：李梅

（二）填製的有關會計憑證如下：

悟道公司提貨單

2010 年 7 月 30 日　　　　　　　　　　　　　　　　№00955

品　名	單　位	數　量	單　價	金　額	備　註
長久牌工裝	件	196	5,180.00	1,015,280.00	每件 100 套

批准人：××　　　開票：××　　　保管員：×××　　　提貨人：宇飛

中國建設銀行進帳單（回單或收款通知） 1

2010 年 7 月 30 日　　　　　　　　　　　第×××××××××號

付款人	全　　稱	星月公司	收款人	全　　稱	悟道公司
	帳　　號	第×××××××號		帳　　號	第 0001995518 帳號
	開戶銀行	工商銀行××市分行×支行		開戶銀行	工商銀行××市分行×支行

人民幣（大寫）	壹佰壹拾捌萬柒仟捌佰柒拾柒元陸角整	千 百 十 萬 千 百 十 元 角 分
		¥ 1 1 8 7 8 7 7 6 0

票據種類	轉帳支票
票據張數	壹張

單位主管×× 　會計××× 　復核××× 　記帳××

××市增值稅專用發票

2010 年 7 月 30 日　　　　　　　　　　　　　No 00443801

購貨單位	名　　稱	星月公司	稅務登記號	稅登字第 0 0 2 7 4 7 9 7 8 7 2
	地址、電話	××市××街××號 4710445	開戶銀行及帳號	工商銀行×××市分行××支行 第 0002995519

貨物或應稅勞務名稱	型號規格	計量單位	數量	單價	金額 百 十 萬 千 百 十 元 角 分	稅率(%)	稅額 十 萬 千 百 十 元 角 分
長久牌工裝		件	196	5,180	1 0 1 5 2 8 0 0 0		1 7 2 5 9 7 6 0
合　計			196	5,180	1 0 1 5 2 8 0 0 0		1 7 2 5 9 7 6 0

價稅合計	壹佰壹拾捌萬柒仟捌佰柒拾柒元陸角整　　　　¥ 1,187,877.60
備　　註	

銷貨單位	名　　稱	悟道公司	稅務登記號	稅登字第 0 0 3 7 3 2 9 7 8 7 9
	地址、電話	××市×××街××號 5710446	開戶銀行及帳號	工商銀行××市分行×××支行 第 0001995518

收款憑證

借方科目：銀行存款　　　　2010 年 7 月 30 日　　　　憑證編號：銀收字第 00082 號

摘要	結算方式	票號	貸方科目		金額									過帳符號
			總帳科目	明細科目	億	千	百	十	萬	千	百	十	元	角	分	
銷售長久牌工裝	轉帳支票	略	主營業務收入	銷售工裝			1	0	1	5	2	8	0	0	0	
			應交稅費	應交增值稅銷項稅額				1	7	2	5	9	7	6	0	
附單據 叄 張			合　　計		¥	1	1	8	7	8	7	7	6	0	

會計主管人員：×× 　記帳：××× 　稽核：×× 　製單：××× 　出納：金夏 　交款人：××

（三）編製的有關會計憑證如下：

飛升公司限額領料單

領料單位：第一車間　　　　　　　　　　　　　　　　　　　　　　倉庫：1 號
用途：甲產品生產　　　　　　　　　　　　　　　　　　　　　　　計劃產量：100

材料類別	材料編號	材料名稱	規格	計量單位	單價（元）	領料限額	全月實領	
							數量	金額
鋼材	××	合金鋼	5厘米	千克	30	3,000	2,700	81,000

日期	請領		實發		代用材料			限額結餘
	數量	領料人簽章	數量	發料人簽章	數量	單位	金額	
9月1日	1,000	陳軍	1,000	遲升				2,000
9月11日	900	陳軍	900	遲升				1,100
9月22日	800	陳軍	800	遲升				300

倉庫保管員：遲升　　　　　　　　　　　車間生產計劃員：王珏

飛升公司限額領料單

領料單位：第一車間　　　　　　　　　　　　　　　　　　倉庫：1號
用途：甲產品生產　　　　　　　　　　　　　　　　　　　計劃產量：100

材料類別	材料編號	材料名稱	規格	計量單位	單價（元）	領料限額	全月實領 數量	全月實領 金額
鋼材	×××	等邊三角鋼	18厘米	千克	4	7,000	5,700	22,800

日期	請領 數量	請領 領料人簽章	實發 數量	實發 發料人簽章	代用材料 數量	代用材料 單位	代用材料 金額	限額結餘
9月1日	2,000	陳軍	2,000	遲升				5,000
9月11日	1,900	陳軍	1,900	遲升				3,100
9月22日	1,800	陳軍	1,800	遲升				1,300

倉庫保管員：遲升　　　　　　　　　　　　　　　車間生產計劃員：王珏

飛升公司領料單匯總表（5厘米合金鋼）
2010年9月

用途（借方科目）	上旬	中旬	下旬	月計
生產成本——甲產品	30,000	27,000	24,000	81,000
製造費用				
管理費用				
在建工程				
本月領料合計	¥30,000	¥27,000	¥24,000	¥81,000

製表人：李艷　　　　　　稽核：孫光　　　　　　會計主管：裴書

飛升公司領料單匯總表（18厘米三角鋼）
2010年9月

用途（借方科目）	上旬	中旬	下旬	月計
生產成本——甲產品	8,000	7,600	7,200	22,800
製造費用				
管理費用				
在建工程				
本月領料合計	¥8,000	¥7,600	¥7,200	¥22,800

製表人：李艷　　　　　　稽核：孫光　　　　　　會計主管：裴書

轉 帳 憑 證

2010 年 9 月 30 日　　　　　　憑證編號：轉字第 105 號

摘要	借方科目		貸方科目		金　　　　　　　額										過帳符號
	總帳科目	明細科目	總帳科目	明細科目	億	千	百	十	萬	千	百	十	元	角	分	
生產領料	生產成本	甲產品					1	0	3	8	0	0	0	0		
			原材料	5厘米合金鋼				8	1	0	0	0	0	0		
				18厘米三角鋼				2	2	8	0	0	0	0		
附單據 柒 張			合　　　　　計		¥		1	0	3	8	0	0	0	0		

會計主管人員：裴書　　　記帳：李艷　　　稽核：孫光　　　製單：李艷

第五章

一、單項選擇題

1. C　2. A　3. C　4. C　5. B　6. A　7. A　8. D　9. C　10. D　11. B
12. D　13. B　14. C　15. D

二、多項選擇題

1. ABCD　2. BC　3. BD　4. AB　5. ABCD　6. AB　7. AB　8. CD
9. AD　10. ABCD　11. AC　12. BCD　13. ABC　14. ABC　15. CD
16. ABCD　17. ACD　18. ABCD　19. ACD　20. BC

三、判斷題

1. 對　2. 錯　3. 錯　4. 對　5. 錯　6. 對　7. 錯　8. 錯　9. 錯　10. 對
11. 對　12. 錯

四、業務題

（一）1. 會計分錄

（1）現付1號

借：管理費用　　　　　　　　　　　　　　　　　250

　　貸：庫存現金　　　　　　　　　　　　　　　　　250

（2）銀付1號

借：庫存現金　　　　　　　　　　　　　　　　2,800

　　貸：銀行存款　　　　　　　　　　　　　　　　2,800

（3）現付 2 號
借：管理費用　　　　　　　　　　　　　　　　　300
　　貸：庫存現金　　　　　　　　　　　　　　　　　300
（4）現付 3 號
借：在途物資　　　　　　　　　　　　　　　　　　60
　　貸：庫存現金　　　　　　　　　　　　　　　　　　60
（5）銀付 10 號
借：庫存現金　　　　　　　　　　　　　　　　28,000
　　貸：銀行存款　　　　　　　　　　　　　　　28,000
（6）現付 4 號
借：應付職工薪酬　　　　　　　　　　　　　　28,000
　　貸：庫存現金　　　　　　　　　　　　　　　28,000
（7）現付 5 號
借：其他應收款　　　　　　　　　　　　　　　 1,000
　　貸：庫存現金　　　　　　　　　　　　　　　 1,000
（8）轉×號
借：管理費用　　　　　　　　　　　　　　　　　900
　　貸：其他應收款　　　　　　　　　　　　　　　900
現收 1 號
借：庫存現金　　　　　　　　　　　　　　　　　100
　　貸：其他應收款　　　　　　　　　　　　　　　100

2. 登記現金日記帳

現金日記帳

2010年		憑證		摘　要	對方科目	收入	付出	余額
月	日	種類	號數					
3	1			月初余額				300
	2	現付	1	支付辦公費	管理費用		250	50
	5	銀付	1	從銀行提取現金,備用	銀行存款	2,800		2,850
	6	現付	2	支付辦公費	管理費用		300	2,550
	10	現付	3	支付採購運雜費	在途物資		60	2,490
	15	銀付	10	提現備發工資	銀行存款	28,000		30,490
	15	現付	4	發放職工工資	應付職工薪酬		28,000	2,490
	19	現付	5	預付差旅費	其他應收款		1,000	1,490
	30	現收	1	退回多余差旅費	其他應收款	100		1,590
	31			本月合計		30,900	29,610	1,590

(二) 1. 會計分錄

(1) 借：生產成本　　　　　　　　　　　　　　22,000
　　　貸：原材料——甲材料　　　　　　　　　　　20,000
　　　　　　　——乙材料　　　　　　　　　　　　2,000
(2) 借：原材料——甲材料　　　　　　　　　　　40,000
　　　貸：應付帳款——T公司　　　　　　　　　　40,000
(3) 借：原材料——乙材料　　　　　　　　　　　20,000
　　　貸：應付帳款——W公司　　　　　　　　　　20,000
(4) 借：應付帳款——T公司　　　　　　　　　　20,000
　　　　　　　——W公司　　　　　　　　　　　30,000
　　　貸：銀行存款　　　　　　　　　　　　　　50,000

2. 登記總帳和明細帳

總分類帳

帳戶名稱：原材料　　　　　　　　　　　　　　　　　　　單位：元

2010年 月	日	憑證號數	摘要	借方	貸方	借或貸	餘額
1	1		期初餘額			借	65,000
	2	(1)	生產領用材料		22,000		
	6	(2)	購入甲材料	40,000			
	20	(3)	購入乙材料	20,000			
1	31		本月合計	60,000	22,000	借	103,000

總分類帳

帳戶名稱：應付帳款　　　　　　　　　　　　　　　　　　單位：元

2010年 月	日	憑證號數	摘要	借方	貸方	借或貸	餘額
1	1		期初餘額			貸	43,300
	6	(2)	購料欠款		40,000		
	20	(3)	購料欠款		20,000		
	26	(4)	償還欠款	50,000			
1	31		本月合計	50,000	60,000	貸	53,300

原材料明細帳

明細帳戶：甲材料　　　　　　　　　　　　　　　計量單位：千克
　　　　　　　　　　　　　　　　　　　　　　　金額單位：元

2010年		憑證號數	摘要	收入（借方）			發出（貸方）			結存		
月	日			數量	單價	金額	數量	單價	金額	數量	單價	金額
1			期初餘額							6,000	10	60,000
	2	(1)	生產領用				2,000	10	20,000	4,000	10	40,000
	6	(2)	購料入庫	4,000	10	40,000				8,000	10	80,000
1	31		本月合計	4,000	10	40,000	2,000	10	20,000	8,000	10	80,000

原材料明細帳

明細帳戶：乙材料　　　　　　　　　　　　　　　計量單位：千克
　　　　　　　　　　　　　　　　　　　　　　　金額單位：元

2010年		憑證號數	摘要	收入（借方）			發出（貸方）			結存		
月	日			數量	單價	金額	數量	單價	金額	數量	單價	金額
1			期初餘額							1,000	5	5,000
	2	(1)	生產領用				400	5	2,000	600	5	3,000
	20	(3)	購料入庫	4,000	5	20,000				4,600	5	23,000
1	31		本月合計	4,000	5	20,000	400	5	2,000	4,600	5	23,000

應付帳款明細帳

帳戶名稱：T公司　　　　　　　　　　　　　　　　　　　　　　　單位：元

2010年		憑證號數	摘要	借方	貸方	借或貸	餘額
月	日						
1	1		期初餘額			貸	23,800
	6	(2)	購料欠款		40,000		
	26	(4)	償還欠款	20,000			
1	31		本月合計	20,000	40,000	貸	43,800

應付帳款明細帳

帳戶名稱：W公司　　　　　　　　　　　　　　　　　　　　　　　單位：元

2010年		憑證號數	摘要	借方	貸方	借或貸	餘額
月	日						
1	1		期初餘額			貸	19,500
	20	(3)	購料欠款		20,000		
	26	(4)	償還欠款	30,000			
1	31		本月合計	30,000	20,000	貸	9,500

(三)（1）用「補充登記法」更正。

編製藍字記帳憑證如下：

借：生產成本　　　　　　　　　　　　　　　　　　　13,500

　　貸：原材料　　　　　　　　　　　　　　　　　　　13,500

並記入相關帳戶。

（2）用「紅字更正法」更正。

編製紅字記帳憑證如下：

借：生產成本　　　　　　　　　　　　　　　　　　　|1,800|

　　貸：製造費用　　　　　　　　　　　　　　　　　　|1,800|

並記入相關帳戶，☐表示紅字。

（3）用「紅字更正法」更正。

先編製紅字記帳憑證予以沖銷錯誤的記帳憑證：

借：管理費用　　　　　　　　　　　　　　　　　　　|500|

　　貸：應付利息　　　　　　　　　　　　　　　　　　|500|

再編製正確的藍字記帳憑證：

借：財務費用　　　　　　　　　　　　　　　　　　　500

　　貸：應付利息　　　　　　　　　　　　　　　　　　500

並記入相關帳戶。

（4）用「劃線更正法」更正。先將「庫存商品」帳戶和「生產成本」帳戶的錯誤記錄用單紅線劃去，再在錯誤金額上方登記正確的金額。

第六章

一、單項選擇題

1. A　2. A　3. C　4. D　5. B　6. B　7. A　8. B　9. C　10. D　11. C　12. C　13. C　14. C　15. D

二、多項選擇題

1. ABCD　2. ABCD　3. ABD　4. BCD　5. ABD　6. AD　7. BCD　8. ABC　9. ACD　10. ABC

三、判斷題

1. 錯　2. 錯　3. 錯　4. 對　5. 對　6. 錯　7. 錯　8. 錯　9. 對　10. 錯

四、業務題

（一）（1）借：原材料 200,000
　　　　　　貸：實收資本 200,000
（2）借：銀行存款 100,000
　　　　貸：短期借款 100,000
　　　借：財務費用 250
　　　　貸：應付利息 250
（3）借：銀行存款 800,000
　　　　貸：長期借款 800,000
（4）借：無形資產 200,000
　　　　貸：實收資本 200,000
（5）借：固定資產 120,000
　　　　貸：實收資本 120,000
（二）（1）借：固定資產 50,700
　　　　　　應交稅費——應交增值稅（進項稅額） 8,500
　　　　　　貸：銀行存款 59,200
（2）借：在途物資——甲材料 45,000
　　　　　　　　——乙材料 30,000
　　　　　應交稅費——應交增值稅（進項稅額） 12,750
　　　　貸：銀行存款 87,750
（3）運雜費分配率＝7,000/（1,500+2,000）＝2（元/千克）
甲材料分配運雜費＝1,500×2＝3,000（元）
乙材料分配運雜費＝2,000×2＝4,000（元）
　　借：在途物資——甲材料 3,000
　　　　　　　　——乙材料 4,000
　　　貸：銀行存款 7,000
（4）借：在途物資——丙材料 75,000
　　　　　應交稅費——應交增值稅（進項稅額） 12,750
　　　　貸：應付帳款——宏天公司 87,750
（5）借：在途物資——丙材料 3,000
　　　　貸：庫存現金 3,000
（6）挑選整理費分配率＝3,250/（1,500+2,000+3,000）＝0.5（元/千克）
甲材料分配挑選整理費＝1,500×0.5＝750（元）
乙材料分配挑選整理費＝2,000×0.5＝1,000（元）
丙材料分配挑選整理費＝3,000×0.5＝1,500（元）
　　借：在途物資——甲材料 750
　　　　　　　　——乙材料 1,000

——丙材料		1,500
貸：庫存現金		3,250
(7) 借：原材料——甲材料		48,750
——乙材料		35,000
——丙材料		79,500
貸：在途物資——甲材料		48,750
——乙材料		35,000
——丙材料		79,500
(三) (1) 借：生產成本——A產品		77,000
——B產品		106,000
製造費用		2,500
貸：原材料——甲材料		102,000
——乙材料		83,500
(2) 借：生產成本——A產品		30,000
——B產品		20,000
製造費用		10,000
管理費用		8,000
貸：應付職工薪酬——工資		68,000
(3) 借：生產成本——A產品		4,200
——B產品		2,800
製造費用		1,400
管理費用		1,120
貸：應付職工薪酬——職工福利		9,520
(4) 借：庫存現金		68,000
貸：銀行存款		68,000
(5) 借：應付職工薪酬——工資		68,000
貸：庫存現金		68,000
(6) 借：製造費用		3,700
管理費用		1,500
貸：銀行存款		5,200
(7) 借：製造費用		3,800
管理費用		1,030
貸：累計折舊		4,830

(8) 本月製造費用累計＝2,500+10,000+1,400+3,700+3,800＝21,400（元）

製造費用分配率＝21,400/50,000＝0.428

A產品分配的製造費用＝30,000×0.428＝12,840（元）

B產品分配的製造費用＝20,000×0.428＝8,560（元）

借：生產成本——A產品　　　　　　　　　　　　　　　12,840

	——B 產品		8,560
	貸：製造費用		21,400
（9）	借：庫存商品——A 產品		124,040
	——B 產品		137,360
	貸：生產成本——A 產品		124,040
	——B 產品		137,360
（四）（1）	借：銀行存款		22,464
	貸：主營業務收入——A 產品		19,200
	應交稅費——應交增值稅（銷項稅額）		3,264
（2）	借：應收帳款		119,340
	貸：主營業務收入——B 產品		102,000
	應交稅費——應交增值稅（銷項稅額）		17,340
（3）	借：銷售費用		1,350
	貸：銀行存款		1,350
（4）	借：主營業務成本——A 產品		9,200
	——B 產品		60,000
	貸：庫存商品——A 產品		9,200
	——B 產品		60,000
（5）	借：營業稅金及附加		1,710
	貸：應交稅費——應交城市維護建設稅		1,100
	——教育費附加		610
（6）	借：銀行存款		6,084
	貸：其他業務收入		5,200
	應交稅費——應交增值稅（銷項稅額）		884
	借：其他業務成本		4,900
	貸：原材料——丙材料		4,900
（7）	借：營業外支出		260
	貸：庫存現金		260
（8）	借：主營業務收入——A 產品		19,200
	——B 產品		102,000
	其他業務收入		5,200
	貸：本年利潤		126,400
（9）	借：本年利潤		89,320
	貸：主營業務成本——A 產品		9,200
	——B 產品		60,000
	營業稅金及附加		1,710
	其他業務成本		4,900
	銷售費用		1,350

管理費用	11,650
財務費用	250
營業外支出	260

（10）本月實現利潤＝126,400－89,320＝37,080（元）

所得稅費用＝37,080×25%＝9,270（元）

借：所得稅費用	9,270
貸：應交稅費——應交所得稅	9,270
借：本年利潤	9,270
貸：所得稅費用	9,270
（五）（1）借：利潤分配——提取法定盈余公積	50,000
——提取任意盈余公積	25,000
貸：盈余公積	75,000
（2）借：利潤分配——應付利潤	250,000
貸：應付利潤	250,000
（3）借：本年利潤	500,000
貸：利潤分配——未分配利潤	500,000
（4）借：利潤分配——未分配利潤	325,000
貸：利潤分配——提取法定盈余公積	50,000
——提取任意盈余公積	25,000
——應付利潤	250,000

第七章

一、單項選擇題

1. B　2. A　3. B　4. C　5. D　6. B　7. A　8. B　9. D　10. B　11. A　12. D　13. D

二、多項選擇題

1. ABCD　2. AB　3. ABC　4. ABC　5. ABCD　6. BCD　7. ABCD　8. AC　9. CD　10. ABD

三、判斷題

1. 對　2. 對　3. 錯　4. 錯　5. 對　6. 錯

四、業務題

（一）

銀行存款余額調節表

2011 年 9 月 30 日　　　　　　　　　　　　　　　　　單位：元

項目	金額	項目	金額
銀行對帳單余額	53,000	企業銀行存款日記帳余額	51,300
加：企業已收銀行未收款	3,900	加：銀行已收企業未收款	4,100
減：企業已付銀行未付款	1,900	減：銀行已付企業未付款	400
調整后余額	55,000	調整后余額	55,000

（二）（1）批准前：

借：待處理財產損溢　　　　　　　　　　　　　　　　　100
　　貸：庫存現金　　　　　　　　　　　　　　　　　　　　　100

批准后：

借：其他應收款　　　　　　　　　　　　　　　　　　100
　　貸：待處理財產損溢　　　　　　　　　　　　　　　　　100

（2）批准前：

借：原材料　　　　　　　　　　　　　　　　　　　　1,000
　　貸：待處理財產損溢　　　　　　　　　　　　　　　　1,000

批准后：

借：待處理財產損溢　　　　　　　　　　　　　　　　1,000
　　貸：管理費用　　　　　　　　　　　　　　　　　　　1,000

（3）批准前：

借：待處理財產損溢　　　　　　　　　　　　　　　　1,170
　　貸：原材料　　　　　　　　　　　　　　　　　　　　1,000
　　　　應交稅費——應交增值稅（進項稅額轉出）　　　　　170

批准后：

借：管理費用　　　　　　　　　　　　　　　　　　　1,170
　　貸：待處理財產損溢　　　　　　　　　　　　　　　　1,170

（4）批准前：

借：待處理財產損溢　　　　　　　　　　　　　　　　5,000
　　　累計折舊　　　　　　　　　　　　　　　　　　　5,000
　　貸：固定資產　　　　　　　　　　　　　　　　　　10,000

批准后：

借：其他應收款　　　　　　　　　　　　　　　　　　1,000
　　　營業外支出　　　　　　　　　　　　　　　　　　4,000
　　貸：待處理財產損溢　　　　　　　　　　　　　　　　5,000

第八章

一、單項選擇題

1. D　2. D　3. C　4. C　5. A　6. D　7. B　8. C　9. B　10. C　11. B　12. A

二、多項選擇題

1. AB　2. AB　3. ABD　4. BCD　5. ABC　6. ABD　7. CD　8. ABD　9. ABC　10. ABCD

三、判斷題

1. 錯　2. 對　3. 錯　4. 錯　5. 對　6. 錯　7. 錯　8. 錯　9. 錯

四、業務題

(一) 應收帳款項目的金額＝600+100−80＝620（萬元）

預付帳款項目的金額＝320+20＝340（萬元）

應付帳款項目的金額＝400+60＝460（萬元）

預收帳款項目的金額＝800+40＝840（萬元）

長期借款項目的金額＝（300+600+450）−450＝900（萬元）

長期借款中應列入「一年內到期的非流動負債」項目的金額＝450（萬元）

長期待攤費用項目的金額＝50−20＝30（萬元）

長期待攤費用中應該列入「一年內到期的非流動資產」項目的金額＝20（萬元）

(二)

利潤表

編製單位：乙公司　　　　　　　　2009 年度　　　　　　　　單位：萬元

項　目	本期金額
一、營業收入	4,650
減：營業成本	2,505
營業稅金及附加	150
銷售費用	75
管理費用	270
財務費用	30
資產減值損失	225
加：公允價值變動收益（損失以「−」號填列）	45
投資收益（損失以「−」號填列）	60

表(續)

項目	本期金額
二、營業利潤（虧損以「-」號填列）	1,500
加：營業外收入	360
減：營業外支出	60
三、利潤總額（虧損總額以「-」號填列）	1,800
減：所得稅費用	450
四、淨利潤（淨虧損以「-」號填列）	1,350

（三） 資產負債表

編製單位：丙公司　　　　2010年12月31日　　　　單位：元

資產	年初數	期末數	負債和所有者權益（或股東權益）	年初數	期末數
流動資產：			流動負債：		
貨幣資金		6,648,000	短期借款		1,260,000
交易性金融資產			應付票據		431,100
應收票據		450,000	應付帳款		1,861,200
應收股利			預收帳款		300,000
應收利息			應付職工薪酬		114,000
應收帳款		3,582,000	應付股利		
其他應收款		42,000	應交稅費		750,300
預付帳款		608,400	其他應付款		18,600
存貨		9,668,100	一年內到期的非流動負債		2,400,000
一年內到期的非流動資產			其他流動負債		
其他流動資產			流動負債合計		7,135,200
流動資產合計		20,998,500	非流動負債：		
非流動資產：			長期借款		12,600,000
可供出售金融資產			應付債券		
持有至到期投資			長期應付款		
長期股權投資		1,524,600	其他長期負債		
長期應收款			非流動負債合計		12,600,000
固定資產		27,024,000	負債合計		19,735,200
在建工程		2,416,200	所有者權益(或股東權益)：		
固定資產清理			實收資本（或股本）		30,000,000
無形資產		1,821,600	資本公積		
長期待攤費用		370,800	盈餘公積		3,000,000
其他長期資產			未分配利潤		1,420,500
非流動資產合計		33,157,200	所有者權益(或股東權益)合計		34,420,500
資產總計		54,155,700	負債和所有者權益（或股東權益）總計		54,155,700

國家圖書館出版品預行編目(CIP)資料

會計學基礎 / 張豔莉, 蘇虹, 陳富 主編. -- 第二版.
-- 臺北市：財經錢線文化出版：崧博發行, 2018.12
　　面 ; 　　公分

ISBN 978-957-680-266-9(平裝)

1.會計學

495.1   107018648

書　　名：會計學基礎
作　　者：張豔莉、蘇虹、陳富 主編
發 行 人：黃振庭
出 版 者：財經錢線文化事業有限公司
發 行 者：崧博出版事業有限公司
E-mail：sonbookservice@gmail.com
粉絲頁　　　　　　　網　址：
地　　址：台北市中正區延平南路六十一號五樓一室
8F.-815, No.61, Sec. 1, Chongqing S. Rd., Zhongzheng Dist., Taipei City 100, Taiwan (R.O.C.)
電　　話：(02)2370-3310　傳　真：(02) 2370-3210
總 經 銷：紅螞蟻圖書有限公司
地　　址：台北市內湖區舊宗路二段 121 巷 19 號
電　　話：02-2795-3656　　傳真：02-2795-4100　　網址：
印　　刷：京峯彩色印刷有限公司（京峰數位）

　　本書版權為西南財經大學出版社所有授權崧博出版事業有限公司獨家發行電子書及繁體書繁體版。若有其他相關權利及授權需求請與本公司聯繫。

定價：500 元
發行日期：2018 年 12 月第二版

◎ 本書以POD印製發行